田伟　郎小娇　著

图书在版编目（CIP）数据

大话代码架构：项目实战版/田伟，郎小娇著. —北京：机械工业出版社，2017.7

ISBN 978-7-111-57701-0

Ⅰ. 大… Ⅱ. ①田… ②郎… Ⅲ. C语言－程序设计 Ⅳ. TP312.8

中国版本图书馆CIP数据核字（2017）第194024号

大话代码架构（项目实战版）

出版发行：机械工业出版社（北京市西城区百万庄大街22号 邮政编码：100037）

责任编辑：欧振旭 李华君　　责任校对：姚志娟

印　刷：中国电影出版社印刷厂　　版　次：2017年9月第1版第1次印刷

开　本：186mm×240mm 1/16　　印　张：20.5

书　号：ISBN 978-7-111-57701-0　　定　价：69.00元

凡购本书，如有缺页、倒页、脱页，由本社发行部调换

客服热线：（010）88379426 88361066　　投稿热线：（010）88379604

购书热线：（010）68326294 88379649 68995259　　读者信箱：hzit@hzbook.com

序言

2017年是不平凡的一年。

时隔4年，Nokia终于带着情怀回归了。

苹果也迎来了10周年纪念。

微信小程序对个人用户开放了。

2017年是一个非常强调“工匠精神”的一年，但是MOL（即笔者本人）在本书中强调的是“懒人精神”。不管你承认与否，所有的人都希望自己能不劳而获。当然，这只是一个美好的愿望。MOL只能教大家做最少的事情来赚取更多的休息时间及陪伴家人的时间，这就是我所谓的“懒人精神”。

有些读者可能好奇为何笔者给自己起了MOL这个奇怪的笔名。关于这个问题，笔者在2014年出版的《ASP.NET入门很简单》一书中有过交代，有兴趣的读者可以去看看那本书。

凡属过往，皆为序章。

写《ASP.NET入门很简单》的时候，MOL刚刚结婚。在写本书的时候，MOL已经有了幸福的三口之家，宝宝已经可以通过一些简单的词汇来表达自己的情绪和意愿，并且还会跟MOL抢键盘。我的妻也在为这个幸福之家努力奋斗。想想自己真是幸运。虽然本书写得艰苦，家庭工作琐事也繁多，但是为了自己的这份幸运和广大期待本书已久的“摩丝”（MOL的粉丝），即使再艰苦，MOL都没有放弃。

所谓更牛，只是换个“罪”受。

作为一个技术宅男，MOL更愿意每天只对着计算机写写代码就可以完成自己养家糊口的任务。理想总是那么丰满，而现实又是如此骨感。对于一个职业程序员来说，MOL的经历还算比较丰富。记得图书市场上出版过一本《不想当厨子的裁缝不是好司机》，后来这个有点无厘头的书名成了一句经常被人引用的调侃语。在此MOL也想把这句话改改，和朋友们说“不想当程序员的艺术家不是好魔术师”。非常幸运，这几种职业MOL都做过，也希望读者朋友们的职业经历丰富一些。

在我带领自己的技术团队做项目的时候，经历过痛苦，也经历过欢笑。我一直都觉得自己非常幸运，因为在本书中出现的刘朋、岳鹏辉、李冲冲他们3个人，悟性非常高，而且颇有自己的见解。在征得他们的同意后，他们将以真实名字在本书中出现。

MOL不是大牛，只是愿意把自己的经历与更多的人分享。所以，本书中并没有讲解非常高、精、尖的技术，而是带领大家走进了“懒人”的世界。每个程序员都会进入迷茫期，不知道自己要干什么。所以希望本书能从另一个也许大家从未思考过的角度给大家一些启发。

从你翻开本书的第一页开始，MOL 相信你已经准备好换一种“受罪”的方式了，那你离“更牛”也就不远了！

最后，MOL 要响应习主席的号召，撸起袖子，加油干！对于 MOL 和大多数的“摩丝”来说，恐怕我们要脱掉秋裤，加油跑了！

先给自己定一个小目标，今年，2017 年，我要成为一个“**懒人**”！

田伟

前言

架构（Architecture）是什么？可能每个人给出的答案都不同。业界流行一句笑话：

Architecture is like teenage sex, everybody talks about it,nobody really knows what it is.

当然，MOL 也不可能给出一个关于架构的准确定义。MOL 更愿意把架构归为哲学的范畴。架构本身其实和软件开发并无太大关系。一个国家有自己的管理体系；一个公司有自己的组织架构；一个家庭也有独特的男权或女权的特色，小到一个人；也是可以分为自我、本我和超我的。每个事物都是由一个个更小的事物组合而成的，而这些其实都与架构相关。

在宏观世界里，所有的国家公民构成了一个国家主体，国家主体对每个公民进行管理和约束，这是架构。

在微观世界里，电子绕着原子核高速转动，始终不会脱离原子核的管辖范围。而原子核和电子又组成一个原子。原子对电子、质子、中子的管理就是架构。

本书的读者一定是软件行业的高手或菜鸟，那我们就回到软件编程的世界里。

每个软件项目都是由代码和服务器构成的，如何统筹安排代码和服务器，就是架构的范畴了。

一个项目可能要使用多台服务器，如 Web 服务器、数据库服务器、文件服务器、CDN……如何针对不同的要求对服务器进行选型，这是架构；如何统一管理这些服务器，这是架构；如何让这些服务器平稳运行，这也是架构。

开发项目使用什么语言，是 Java 还是 Node.js？选用什么数据库，是 Oracle 还是 MongoDB？这是架构。

具体到开发过程中，某个模块应该如何安排，是交给 DBA（数据库管理员）用存储过程来实现，还是让 C#程序员访问数据库实现？这是架构。

在写 C#代码的时候，采用三层架构，还是 MVC？这是架构。

如何写日志，是使用 I/O 读写文件？还是采用 log4net？或者是 AOP 切片写日志？这是架构。

甚至具体到某种技术的时候，也有架构。比如 MOL 规定项目要使用 MVC 架构，那么使用微软的 MVC，还是 Spring 的 MVC？这都是架构。

可见，架构涉及的范围非常之广。弱水三千，MOL 只给一瓢。本书将从**代码架构**的角度来让大家一窥架构的真面目。

C#是一门非常优雅的编程语言（当然 MOL 并无编程语言的偏见），所以本书中所有的代码都以 C#语言来描述。

本书特色

1. 风趣幽默

MOL 一直比较反对平铺直叙的讲解方式，所以本书的语言风格是比较幽默的。在本书的内容中将出现 3 个与 MOL 并肩作战的兄弟（公司老大邓总不在此列），以对话形式抛出问题并解决问题。

2. 案例分析

本书中只有一个项目“晋商卡”，但 MOL 会带着大家见证“晋商卡”从无到有的过程，大家可以在这个过程中获得很多意想不到的收获。

3. 向循规蹈矩说NO

正如 MOL 在结语中所说，2017 年是一个强调“工匠精神”的一年。几乎所有的人都在精益求精地做自己的事情。但 MOL 要分享给大家的是一种懒人精神，我们不愿意日复一日地重复昨天的自己，我们要站在更高的层面，做更少的事情，却有更多的收获。

本书内容及体系结构

第1篇　需求与三层架构（第1～3章）

本篇详细介绍了项目开发的前置节点——需求，并对常见的三层架构给出了分析。在第 1 篇中提出了面向对象的重点概念，并让大家初步认识抽象的过程。

相信很多人一定被书中大段的 SQL 代码搞得云里雾里，不用担心，在第 3 章中 MOL 将带领大家完成懒人的第一步——如何不写 SQL 代码。

第2篇　NoSQL和测试（第4、5章）

NoSQL 是现在比较流行的一个话题和技术。在第 4 章中将通过讲解 MongoDB 来介绍 NoSQL 如何使用，并且纠正大家的一个错误观念：NoSQL 和 ORM 不能搭配使用。

第 5 章分享了测试的工作，并讲解了单元测试、黑盒测试、白盒测试……让大家在收获的同时，也能理解测试工程师在工作中所要面临的一些痛苦。

第3篇　高精尖技术（第6～9章）

任何一个网站项目，似乎都绕不开“缓存”这个神奇的空间。缓存用得好，可以加快系统的反应速度。如果缓存用得不好，不仅用户体验差，还可能造成服务器宕机。第 6 章就分享了如何使用缓存。

每个程序员都有一个全栈的梦想，而前端又是全栈中必不可少的一部分，第 7 章讲解了如何使用 EasyUI 来搭建前端。

现在越来越多的电商网站都会做一些抢购或促销活动，当然这就使得网站不可避免地面临高并发。如何处理高并发呢？第 8 章将通过讲解消息队列，来说明如何应对高并发。

微信已经成了人们生活中必不可少的一部分。在 2017 年 3 月 27 日这一天，微信小程序也对个人用户开放了。我们如何把“晋商卡”挂到微信公众平台上，又如何开发微信小程序呢？这些问题都将在第 9 章中解决。

本书读者对象

- 对代码架构感兴趣的初学者；
- 对代码架构感兴趣的爱好者；
- 高校学生和相关培训学校的学员；
- 初入职场需要提高开发水平的开发人员。

因为书中所有的代码都以 C#语言来描述，所以本书读者如果有一定的 C#语言基础更佳。

本书配套资源及获取方式

为了方便读者高效地学习，本书特意提供了以下配套资源：

- 本书源代码文件；
- 本书涉及的一些开发工具的安装包。

这些配套资源需要读者自行下载。请读者登录机械工业出版社华章公司的网站 www.hzbook.com，然后搜索到本书页面，按照页面上的说明进行下载。

本书作者

本书主要由田伟（就是笔者 MOL）和郎小娇主笔编写。其他参与编写的人员还有李小妹、周晨、桂凤林等。

读者阅读本书时若有疑问，可以发邮件到 hzbook2017@163.com 以获得帮助。

目录

第1篇　需求与三层架构

第 3 篇 高精尖技术

引　　言

我叫 MOL，如果你是 MOL 的读者，那么一定知道“摩丝”了。MOL 者，“摩尔”也。摩丝者，MOL 的粉丝也。MOL 在本书里将带领大家一起做一个属于自己的代码架构。

代码架构和架构是一样的吗？且看 MOL 如何分解。

一谈到架构（Architecture），大家一定会觉得它是一个非常“高大上”的东西，当然，大部分人都是这样宣传的。为了让大家有一个更好的感性认识（因为本书并不是讲架构的，所以只要有感性认识就可以了），MOL 决定用一个简单的例子来告诉大家什么是架构。

一个架构师的例子

在 2015 年的时候，MOL 主导了一个 B2C（Business-To-Customer，商家对客户）网站，MOL 在这个项目里面充当了非常多的角色，如产品经理、项目经理、架构师、DBA（数据库管理员）、程序员、QA（质量管理员）、Tester（测试员）……现在来看一下 MOL 作为架构师时所做的事情。

MOL 作为架构师，是以大体需求为前提的，也就是说，我们在这里不去讲如何获取需求，因为这不是架构师份内的事。当 MOL 拿到需求以后，就可以进行架构了。架构大体上分为两部分：硬架构和软架构（这并不是标准的叫法，只是想让大家更好地理解架构）。

1．硬架构

顾名思义，硬架构就是关于硬件的架构。MOL 根据目标用户量和业务要求，采购了 3 台服务器，分别作为文件服务器、数据库服务器和 Web 服务器（同时兼任缓存服务器），同时，建议用户在客户量增加到一定数量级以后，增加 CDN（Content Delivery Network，内容分发网络）服务器，以加快访问速度。

OK，架构师的输出已经完成了。但大家以为架构师就买几台服务器就完事儿了吗？那就大错特错了。在买服务器的背后，MOL 对需求进行了研究，分析了网站需要承担的平均访问量和网站的业务内容。这个网站的访问量并没有大到令人发指的地步，所以我们暂时不用考虑硬件负载均衡的问题，只需要提供一台 Web 服务器就可以了。这台 Web 服务器需要处理用户发来的请求并做出响应给用户。为了提高 Web 服务器的性能，我们将会在这台 Web 服务器上安装虚拟机，并用 Nginx（一个 HTTP 服务器，类似于 IIS）做软负载均衡。

由于本系统中需要保存大量的用户文件，如果把这些文件都放在 Web 服务器上，那会给软件负载均衡产生额外的负担，并且大量的文件很容易把一台服务器“撑爆”。所以，我们用一台服务器专门来保存文件信息，这台服务器就叫文件服务器。

数据库是一个项目中必不可少的一部分，数据库的本质其实就是文件和内容的组合，所以数据库的空间增长也是不可小觑的。而且数据库的操作，将会耗费大量宝贵的 CPU 和内存资源。所以我们将数据库专门放在一台服务器上，这台服务器就叫数据库服务器。

好，硬件资源采购完成了，我们要把它们组合到一起。Web 服务器向网络公开，让用户可以访问，而文件服务器和数据库服务器只在局域网中，并不对外公开，这样可以在一定程序上保证安全性，而且也为客户节省了费用。Web 服务器可以访问文件服务器和数据库服务器。

其实硬架构是非常复杂的，但本书不是主要讲硬架构，所以这里讲得非常简单，有兴趣的读者可以自行找“某度”或“某狗”进行搜索。

2．软架构

本系统将采用.NET 平台下的 C#语言进行开发，采用 SQL Server 数据库，使用微软的 Cache 缓存配合 Redis 来做。前台将以 3 种终端展示，分别是 PC、手机、平板。所以前端将会使用 HTML 5 来做。Android 手机 APP 使用 Java 语言来开发，iOS 平台上的 APP 暂时不做。

同样的，软架构也只是让大家看到了输出，并没有讲为什么这样做，因为这也不是本书的重点。

上面粗略地讲了一下什么是架构。下面来具体看一下代码架构。废话不多说，直接来看图 1 和图 2。

图 1　正常的代码架构

图 2　不普通、非文艺的代码架构

图 1 是一个常见的代码架构，而图 2 可能是新手程序员最喜欢的“代码结构”。代码架构的目的是让不同的代码块去干不同的事，最后再把这些代码块整合在一起，组成一个项目。这是本书要讲的内容。

可以看到，代码架构和软件架构基本上不属于同一个层次的元素。但不可否认的是，代码架构是一个程序员应该具备的技能，也是通往架构师的必经之路。

PS：各位读者可能对用户和客户这两个概念理解有误，这里统一一下，用户（User）是指使用系统的人，客户（Customer）是指要求我们做这个系统并且支付开发费用的人。

背景及人物介绍

本书中，我们将延续 MOL 活泼幽默的风格。为了剧情的需要，书中将会出现 5 位主人公。

MOL：姑且称之为老鸟吧，从事代码工作多年，在公司中主要负责项目管理和代码架构。

邓总：公司老大，身材消瘦如马云，有一双深邃的眼睛。虽然是公司的老大，但在本书中出现的次数并不多。

刘朋：新入职员工，因为名字中的“朋”字“占地”面积很大，所以大家一般都会把“朋”字分开来念，所以他有另一个名字“月月”，性格比较幽默。

岳鹏辉：新入职员工，长得比较帅气（已有女朋友）。

李冲冲：新入职员工，打得一手好乒乓球。

这几位主人公将会在本书中出现，他们可能是说相声的，可能是打酱油的，也可能是回家跪搓衣板的。但是他们更重要的作用是构造一个个生动的故事，在这些故事里面，大家可以看到一个真正的项目是如何搭建的。

故事来源于生活，却不高于生活，这里的人是真实的，故事是真实的，当然，最重要的是，项目是真实的，知识也是真实的。MOL 尽量用最接地气的语言，最平实的故事，来讲述一个个“高大上”的知识和技术。

我们的目标

我们经常会听到这样的话：“加班不是目的，目的是不加班”。这样的话让人无比窝火，但又无比正确。我们还会听到这样的话：“我这样严厉地要求你，是为了让你成长得更快”。你有理由反驳吗？其实，换一种方式，我们可以快乐地成长。这也是 MOL 带团队的宗旨，也是本书的目的。MOL 要让你快乐地看完这本书，最后发出的感慨一定是：“代码架构其实挺简单！”

好了，我们要开始了！

第1篇 需求与三层架构

第 1 章　故事从一个电商网站开始

按照惯例，一本书的开始一般会介绍一些基础知识，如 Java 语法、XML 结构等。相信很多读者都立志做一名“高大上”的 Coder，但是一看这种开篇讲语法的书就先泄气了。为了不让大家泄气，我们将使用一个电商网站项目来作为开篇。

说到项目，大家一定会想到某培训机构的机票管理系统、通讯录……估计大家都要被这些标题党搞疯了。这些听起来很好听的系统，不一定有什么实用价值。但是我们要介绍的项目，是一个实打实的、已上线的、微信上可查找的一个项目。如果各位摩丝在任何时候觉得学习有点累了，或者迷茫了，可以上微信搜索“川商卡”，这就是我们要讲的系统。MOL 在做这个系统的时候，用到的技术并不多，像缓存、消息队列等这些技术在项目中没有出现，但在本书中 MOL 也会讲到。MOL 可以很负责任地说，当大家学完这本书后，可以毫不费力地给自己快速搭建一个“高大上”的代码框架。

下面的内容，将是一些非常杂乱的、与代码看似无关的基础知识，请大家耐心看完。

1.1　需求？需求！

相信大家对一些翻译软件的使用已达到炉火纯青的地步了，如果把“需求”这个词输入翻译软件，会出来一大堆对应的英文单词。这里只挑两个容易混淆的单词来说，即 Request 和 Demand。

通常出现需求的地方，一般都会用 Demand 来描述，但是偶尔也会看到 Request。这两个单词都是需求的意思，有啥区别嘞？

Demand 是必须要完成的，没有商量的余地。比如你的 BOSS 告诉你：我们的项目要加入某宝支付的功能。这就是 Demand。虽然过两天 BOSS 有可能把这个功能“砍掉”，但是令行禁止，你还是必须得把某宝支付的功能实现。

Request 是锦上添花的功能。比如你的 BOSS 是一位单身宅男，他问你：在网站某个页面的右下角加入一个美女的图片，可以吗？这就是 Request，它表示请求。也就是说，你不加这个图片，项目照样运行。至于这个图片是否要加，那就看你的心情喽。

下面，我们来描述一下本书中的项目需求。

由于本书中的项目采用的是敏捷开发，所以开发过程中的文档特别少（关键文档是不可以省略的）。这里不可能列出所有的需求文档内容，因此将使用 Brain Storm（头脑风暴）

的方式来描述需求：

- 这是一个电商网站；
- 这是一个 O2O 电商网站；
- 这个网站有登录注册功能；
- 这个网站有商品展示功能；
- 这个网站有订单功能；
- 这个网站有支付功能；
- 这个网站有积分功能。

OK，需求就是这么多。估计很多小伙伴都已经开始吐槽了吧：上面的描述也能算需求吗？MOL 可以很负责地告诉你，是的，而且这是沟通 4 个小时后的成果，你相信吗？好了，先不吐槽需求发起人了。上面的 7 个功能，就是我们这本书里要实现的需求。好像这也没什么难点啊。但如果你这样想就错了。至于哪里错了，MOL 不会做直接回答，在后面的每个章节中，都会对这个问题进行回答，请大家自行品悟。如果你想要了解详细的需求，那可能要失望了，因为 MOL 并不打算在这里描述一个完整的需求，而且这并不是实际开发中的情况。在敏捷开发的项目里，一般都是到开发的最后阶段，才能明白客户想要的是什么东西。

这里引用一幅项目开发领域流传很广的漫画来说明，如图 1-1 所示。

图 1-1　项目开发漫画

1.2　敏捷开发简介

前面提到了敏捷开发，听起来是一个非常“高大上”的名词。下面让我们来看一下敏捷开发的真面目。

敏捷开发以用户的需求进化为核心，采用迭代、循序渐进的方法进行软件开发。在敏捷开发中，软件项目在构建初期被切分成多个子项目，各个子项目的成果都经过测试，具备可视、可集成和可运行使用的特征。换言之，就是把一个大项目分为多个相互联系，但也可独立运行的小项目，并分别完成，在此过程中软件一直处于可使用状态。（引自百度百科）

如果专业的解释看不太懂，没关系。我们用简单的语言来描述敏捷开发的过程。

小明想买一部手机，他告诉手机厂家：我想要一部手机，这部手机要好看、好用。

厂家收到需求以后，肯定是一头雾水，一定在想，我们做的每一部手机都非常好用呀，此时的心情是崩溃的。但是本着顾客是上帝的原则，厂家开始做这部好看且好用的手机。首先，他们把手机壳做了出来，打电话把小明叫到工厂：小明，手机壳做好了，你看是否符合你的需求？

小明看完以后，无非就两种回答，符合或不符合。如果符合，那么厂家将继续研发手机屏幕。如果不符合，那么将根据小明的需求继续修改。

又过了几天，厂家打电话：小明，屏幕做好了，你看是否符合你的需求？……

终于，在一个阳光明媚的下午，小明交完钱，拿到了自己心仪的手机，留下孤寂的厂家负责人在风中凌乱：就一个诺基亚 1020，至于让我们这么费劲吗。

这就是一个敏捷开发的表现形式，它最明显的特点就是小迭代，每个小功能都去找客户确认，最后完成产品的同时，也就知道了客户的具体需求。

这样描述敏捷开发肯定是不全面的，我们的目的是不给出一个敏捷开发的准确定义，只是想让大家对敏捷开发有一个感性认识。

敏捷开发越来越多地被很多开发团体利用。它的好处就是开发周期短、与客户交流密切，一旦有问题出现，能很快做出响应。

在敏捷开发的团队里，逐渐地出现了一种人——“全栈工程师”，这种人的优势在于：他们是无所不知的。你说前端，他能给你讲 HTML 5 和 CSS 3；你说 C#，他能和你探讨.NET 框架；你说 Java，他能和你研究 JVM；你说大数据，他还对 Hadoop 的理解有独到之处，仿佛是无所不能。相信很多摩丝都有一个“全栈梦”，加油！

1.3 UI——用户界面

UI（User Interface，用户界面），这是一个可大可小的概念。往小了说，它就是一个图形界面，如网页、桌面窗口、手机窗口……只要是你看见的，都可以算是 UI；往大了说，UI 包括产品经理、用户体验工程师、美工（静态切图 PS）、前端（HTML、CSS）、前端交互（JavaScript、jQuery、EasyUI）……

1.3.1 从 UE 说起

UE 是一个容易让人产生歧意的缩写。经常写代码的人，尤其是写脚本语言（如 PHP、Python）的程序员一定会说，UE 是一个文本编辑器“Ultra Edit”；经常写需求的人一定会说，UE 是用户体验“User Experience”。

这里所讲的 UE 是用户体验。那么用户体验是什么？先来摘录百度百科对它的解释：用户体验（User Experience，简称 UX 或 UE）是一种纯主观的在用户使用一个产品（服务）的过程中建立起来的心理感受。由于它是纯主观的，因此就带有一定的不确定因素。个体差异也决定了每个用户的真实体验是无法通过其他途径来完全模拟或再现的。但是对于一个界定明确的用户群体来讲，其用户体验的共性是能够经由良好设计的实验来认识到的。随着计算机技术和互联网的发展，使技术创新形态正在发生转变，以用户为中心和以人为本的理念越来越被重视，用户体验也因此被称做创新 2.0 模式的精髓。

相信很多小伙伴都不愿意看这样长篇大论式的定义，那么我们用大白话来描述一下什么是 UE。微信做得好，大家都愿意用它来社交；支付宝做得好，大家都愿意用它来支付；百度做得好，大家都愿意用它来搜索。当然，也有一些网站或项目做得就比较一般了，上线以后导致用户骂声连天。“做得好”和“做得一般”表明用户心里是有一杆秤的，这杆秤就用来衡量这些产品是否符合用户的需求和使用习惯。这杆“秤”就是用户体验。

一千个人眼里就会有一千个哈姆雷特，也就是说，任何一款产品，都不可能百分之百地满足任何用户。就像对于一朵菊花来说，有人觉得它芳香四溢，也有人觉得它臭，就是这个道理。

综述，一个产品，只要满足了大多数用户的需求，就是一个好的产品。

1.3.2 HTML 5 & CSS 3

不得不说，HTML 5 和 CSS 3 的发展正如日中天。HTML 5 强大到可以完成手机 APP 的功能，如拍照、读取手机文件。CSS 3 较之前面的版本，有更方便、更强大的渲染功能。当然，MOL 并不是一个合格的前端工程师，所以这里对这些前端技术的描述只能点到为止。对于这些技术的运用，也不是后台程序员擅长的，我们更愿意把这些繁杂的前端工作交给专业的前端人员来做，因为他们一定比 MOL 有着更为专业的前端功底。

如果你的团队里正好没有前端人员，而你的 BOSS 又把前端的任务交给你了，怎么办？别着急，在后面的章节中，MOL 会告诉你如何应对这些不合理的要求。

1.3.3　微信

相信各位小伙伴的手机上一定会装微信 APP，微信以其极大的用户群体为基础，打造了一个互联网的社交平台。在这个平台上，有人“晒”幸福、有人吐槽春晚、有人发“鸡汤”、有人抢红包、有人卖面膜……当然，这些用法都有点 Low 了。对于我们这些 Coder 来说，更愿意看到自己做的东西挂在微信上面！本书中讲到的“川商卡”这个项目就是搭载在微信公众平台上面的。当然，你还可以开发微信公众服务号来展示自己的成果，这些都是后话。

之所以把微信公众号这个平台放在 UI 里面，是因为越来越多的电商网站愿意以手机为载体来实现用户流量的引入。如果商家自己去做推广的话，将是一笔不小的开支，所以商家更愿意使用已成型的平台来推广自己的产品，而微信公众号无疑是一个不错的选择。比如我们用的信用卡公众号，或者订阅了某个公众号，这些都属于微信推广的一种手段。微信作为一个平台，有一套自己的规范，也就限制了网站的展现形式，所以从这个角度来说，微信也算是 UI 的一份子。

1.4　数　据　库

别问我数据库是什么。MOL 说过，这本书里不讲基础知识。在这里讲的是如何去设计数据库。

MOL 相信很多大学老师一定是这样教学的：设计数据库一定要先设计数据字典，这个字典看起来像这样，如表 1-1 所示。

表 1-1　登录信息的数据字典

字段名称	类　型	注　释	主　键	可　空
ID	int	主键ID	是	否
userName	nvarchar	用户名	否	否
password	nvarchar	密码	否	否

这个字典描述了一个用户登录信息表。设计好这个字典以后，再去数据库（SQLServer\Oracle\MySQL……）中去实现这个字典，实现的方法无非就是 SQL 语句 create table，或者用图形化工具去设计表。

大家有没有觉得这个字典设计得有点鸡肋？如果要改需求，比如加入注册时间这个字段，试问，你会先修改字典，然后再去修改数据库吗？如果需求更改得比较频繁，那么你一定会厌烦“数据字典”这个东西的。

其实不然，数据字典是一个神器，只是你的打开方式不对。

1.4.1　PowerDesigner 设计工具

面向对象是本书的一条主线，本书中对面向对象的表述甚至有些“极端”，但是一定可以把 OO（面向对象）思想灌输给大家的。

面向对象里说，一切皆对象。也就是说，数据库是对象，数据库中的表也是对象。因此，我们将以对象的形式来描述一个数据库表，这个描述将以用户登录信息来举例。

在数据库里，对“对象”的体现莫过于“属性”，属性是什么？说白了，属性就是字段。怎么理解？一个登录对象，必然有用户名和密码，这是它的属性。那么反映到数据库中，就是用户名字段和密码字段，这样就理解了吧。

为了让一个数据字典看起来更像是一个对象，我们将借助 PowerDesigner（以下简称 PD）工具来设计。如果不会用 PD，请自行去“某度”或“某狗”去搜索一下。

下面先来做一个概念模型 CDM（Concept Data Model），如图 1-2 所示。

这样看是不是有点对象的意思了？有对象名，有对象属性。

那为什么建立的是 CDM 而不是物理模型 PDM（Physical Data Model）？先不着急来回答这个问题，先把建立的 CDM 生成 PDM，然后进行对比。生成的 PDM 如图 1-3 所示。

登录信息		
#	主键	Variable characters (32)
*	用户名	Variable characters (50)
*	密码	Variable characters (50)

图 1-2　登录信息的概念模型

登录信息	
主键	varchar(32) <pk>
用户名	varchar(50)
密码	varchar(50)

图 1-3　登录信息的物理模型

看起来二者好像没什么区别，那么下面再建立一个用户订单的对象。我们知道，一个用户可以有 0 个或多个订单，那么用户&订单的 CDM 看起来像下面这样，如图 1-4 所示。

它生成的 PDM 如图 1-5 所示。

到这一步，就看出二者的区别了吧。PDM 的描述更接近于数据库，因为可以从 PDM 中清晰地看到关于外键等数据库表的描述；而 CDM 更接近于需求，我们只需要关心一个用户有多个订单就可以了，至于外键之类，不是 CDM 要关心的问题。

在设计数据库的时候，一定是从需求出发，所以设计 CDM 会更贴近需求，也会更容易一些。

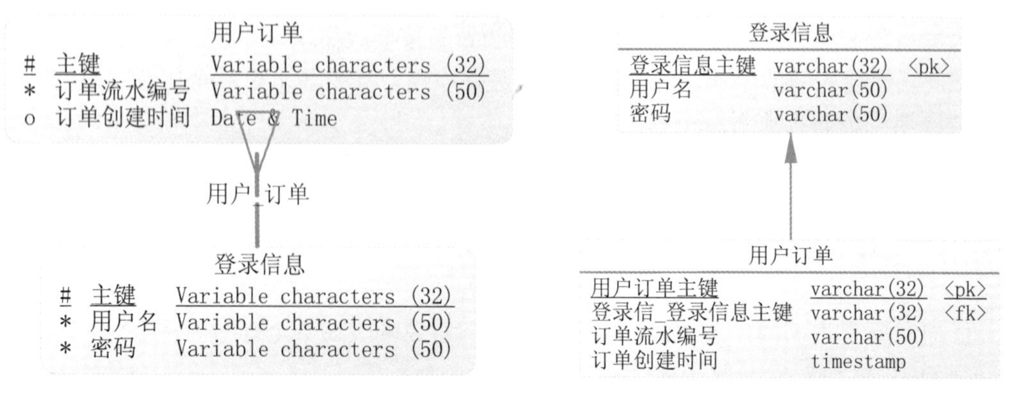

图 1-4　多表间关系的概念模型　　　　图 1-5　多表间关系物理模型

OK，我们再回到数据字典的问题，为什么要用 PD 来画一个 CDM，而不是用 Excel 之类的软件来做一个数据字典的表格？用 PD 做数据库设计的好处有很多，这里只列举两点：

- 便于管理。当有很多项目的数据库需要管理的时候，可以很轻松地从 PD 里面找到想要维护的表。
- 便于生成数据库。我们建立的 CDM 可以生成 PDM，PDM 又可以生成数据库脚本，这些脚本是可以直接在数据库中执行的。当然，如果为 PD 设置了 ODBC（Open Database Connectivity）连接，则可以直接在 PD 里通过操作数据库来生成表。

以上两点好处，足以让我们选择 PD 来设计和维护数据库了。

1.4.2　关于 SQL 语句

相信很多新手程序员都喜欢用大量的 SQL 语句来实现一个又一个复杂的功能，而且非常有成就感。但本书不会教你怎样写 SQL 语句，而且会劝大家尽量少写 SQL 语句。为什么呢？很简单，我们要面向对象！一个复杂的 SQL 语句是很难体现对象特性的。那么如何保证尽量少地去写 SQL 语句呢？这是第 3 章的内容，这里先不做介绍。

少写 SQL 语句，并不是不写 SQL 语句。那么哪些地方需要写 SQL 呢？答案是存储过程、事务、触发器。可以看出来，这里列举了存储过程、事务、触发器这 3 种 SQL 语句的出现形式，它们有一个共同点，就是业务规则是相对固定的。比如，新用户注册完成以后，数据库要悄悄地给这个用户添加一个购物车，这种业务场景最好使用触发器。关于触发器的优势，这里也不会细说，MOL 只会轻轻地告诉你，触发器比你写代码提交快很多。

既然项目中出现了 SQL 语句，那么就需要对这些 SQL 语句进行分析，看它们的执行效率是否符合要求。比如一个 select 语句要执行 10 分钟，那么这个 SQL 语句就得“枪毙”重写了。通常，看一个 SQL 语句的执行效率，主要集中在全表扫描和索引上面，尽量不使用全表扫描，尽量使用索引，目的都是让 SQL 执行起来更快一些。

关于数据库，要说的最后一点是主键的问题。主键的类型有多种多样，可以使用数字、字母、时间等，只要保证它是唯一的就可以了。那么我们到底应该取用什么类型呢？一些专家一定会说：看情况而定。MOL 当然不会这么说。建议大家使用 GUID 类型。使用 GUID 类型的好处就是：它的长度是固定的，而且永远都不会重复。如果使用 int 类型，虽然可以很轻松地使用主键自增保证它是唯一的，但当它增长到一定数量的时候，int 已经不足以描述了。

MOL 曾经经历过一件事，彩票奖池金额在 2016 年元月的时候已经到达 2.4 亿多，这个数字是无法用 int 来描述的，所以把程序中所有用 int 描述主键的地方都改成了 long。其他的数据类型都有自己的缺陷，所以使用 GUID 来作为主键字段的数据类型。当然，GUID 也有自己的缺陷，如不直观、没有数据含义等。但这些功能其实都可以解决和避免，所以为了简单和实用，我们使用 GUID 作为主键字段的数据类型。可以看到，MOL 说建议 GUID 这件事情时说了 3 遍，正所谓重要的事情说 3 遍嘛。

前端和数据库都描述完了，最重要的代码就要登场了，你以为代码就是一堆 C#关键词的集合？我就只能“呵呵”了。

那么我们应该如何去组织代码呢？面对频繁的数据库操作，要如何尽量少地写 SQL 语句呢（在本书的项目中，C#代码中是不掺杂任何 SQL 语句的）？大量的 SQL 查询是否会影响网站速度？……

这些疑问，将在后面的章节中一一解答。

第 2 章　为什么是三层

还记得在引言中提到的几位主人公吗？从这一章开始，他们就要粉墨登场了！

“三层架构”这个词一定是新手程序员经常听到的，大家听起来一定觉得它有点“高大上”的感觉，然后纷纷把自己的项目进行分层，以求变成三层。那么，三层架构到底是什么？为什么要分三层？我们慢慢说来。

2.1　MOL 带兄弟们去吃饭

时维九月，岁属三秋，这是一个阳光明媚的金秋，MOL 所在的公司又新招了三位同学，MOL 总算不是孤军奋战了，于是 MOL 带大家去了楼下一家餐厅吃饭。吃饭不是目的，这是给大家上的第一堂课。

到了餐厅以后，一个很水灵的妹子迎上前来，问道：“几位帅哥要饭吗？”

MOL 当时就不高兴了，回道：“你看我们长得像丐帮的吗？”

妹子脸一红：“我的意思是，各位想吃点什么？”

这时，月月搭腔了：“蒸羊羔、蒸熊掌、蒸鹿尾儿、烧花鸭、烧……”

妹子赶紧打住：“哥哥，我得问一下厨房师傅，看看能不能做。”

不大一会儿，妹子出来了：“实在对不住，您几位刚才点的那些，我们这里都做不了，因为这里是西餐厅。”

月月：“那二尺长的龙虾有吗？”

妹子：“二尺长的没有，有二尺七的，要吗？”

MOL 一看不对劲，这是要把我吃到破产的节奏啊，赶紧说：“二尺长的龙虾都没有，那就来小龙虾吧。”

妹子：“小龙虾暂时没有，如果您可以等的话，等采购师傅回来了，就有了。”

MOL：“可以等，不就几分钟嘛。”

妹子愤愤地下去了，月月也一脸不满意，MOL 赶紧打圆场：“不就是龙虾嘛，大小都是龙虾，小怎么啦？小就不能满足你了？”

然后是等待吃饭……

吃完饭回到公司，MOL 招集大家开会。

MOL：“今天这顿饭不能白吃，它将开始我给你们的第一课——三层架构。”

月月："吃饭都能扯上架构，神了嘿。"

鹏辉："今天的饭吃得确实有点意思，不过还能和程序扯上关系就有点意思了。"

MOL："我们刚才在餐厅吃饭的时候，总共有这么 4 个角色，分别是我们 3 个"饭桶"、服务员、大厨和采购师傅。"

（下面都是 MOL 口述，将不再以引号来包含）

在程序员的世界里，这几个角色分别对应的关系是：

- 我们 3 个"饭桶"对应用户，因为我们是花钱享受服务的。
- 服务员是 UI（User Interface 用户接口）层，她是要展示给用户，并且和用户进行交互的，而且她还要和大厨进行交互。
- 大厨是 BLL（Business Logic Layer 业务逻辑层），他的任务是把食材加工成美食，并交给服务员，所以他既要和采购师傅交互，又要和服务员交互。
- 采购师傅是 DAL（Data Access Layer 数据访问层），它的任务是把食材采购回来并交给大厨。

除此之外，还有一个隐形的角色是菜市场的大妈，她负责把菜卖给采购师傅。她对应我们软件系统中的数据库。当然，我们对大妈是不感兴趣的，所以这里先不说大妈的事。

OK，根据上面的描述，我们可以把一个餐厅里的工作分成 3 个部分，分别是服务员、大厨和采购师傅，他们之间的相互关系如图 2-1 所示。

图 2-1　餐厅分工

大家有没有想过，如果我雇佣一个人，这个人既会炒菜又能采购，还会当服务员，那么这些角色不就不用分开了吗？

非常好，我们假设有这样一个人存在，他既要当服务员与食客沟通，还要炒菜，还要去买菜，那么将会发生什么情况呢？

这个人先要恭敬地问食客“您来点什么？”，然后再跑到厨房换上工作服开始炒菜，如果发现没菜了还得自己去买菜。我相信，即使有这样一个人存在，那么他也会累得够呛。而且他炒菜或者采购的时候，是不能与其他的食客沟通的。最后他累得实在不行了，辞职走人了，老板就哭了，因为他一走，餐厅就没人干活了，餐厅也得关门。

所以，分开服务员、大厨、采购员这几个角色，有利于每个角色都专注于自己的职责任务，而且，即使有人撂挑子不干了，那也只需要找一个对应职责的工人来顶上就可以了，不至于让整个餐厅都变得很被动。

好了，说完了餐厅的分工，再来说一下我们所关心的代码中的三层架构。

通常意义上来说，三层架构是 UI、BLL、DAL 这 3 层。这 3 层可以对应到餐厅中的 3 个角色来对比理解。UI 层负责与用户交互，并将用户的请求交给 BLL 层处理；BLL 层负责从 UI 层获取请求并将处理后的数据交给 UI 层，同时它还向 DAL 层发送请求，并获取 DAL 层返回的数据；DAL 层负责接收 BLL 层的请求，并进行数据处理然后返回给 BLL 层，在大多数情况下，DAL 还需要从数据库中获取数据。它们之间的关系如图 2-2 所示。

同样的，我们完全可以不使用三层结构就可以完成一个项目，这种代码结构最常见于新手程序员写的代码。这样的结构将会面临很大的风险，如果业务逻辑变动，那么将会出现“牵一发而动全身”的现象，由此不得不对整个项目进行修改。所以，分层可以让专业的层（Layer）去做专业的事情，如果逻辑有变动，那么只需要修改相应的层就可以了。

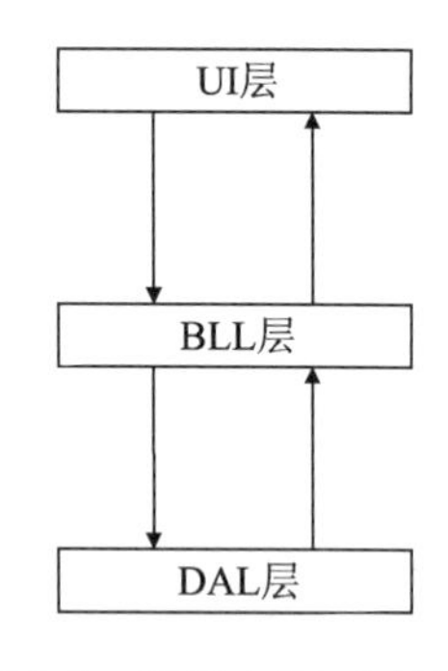

图 2-2　程序中的三层结构

PS：餐厅吃饭的例子非常经典，它将贯穿于本书中的章节，在后面的章节中经常会说到“如果餐厅中的大厨有个助手……”，希望大家能立刻回想起 MOL 在这一节给大家讲的餐厅吃饭的例子。

2.2　动手写一个三层结构

说了这么多，都只是停留在概念的层次，接下来，我们要写一个简单的三层结构的框架。这个框架只需要实现一个功能：用户输入两个数，并选择运算方法，运算只包括+、一、*、/。程序通过计算，将计算结果输出到用户界面上。

OK，需求已经非常明确了，就是要做一个简单的能进行加、减、乘、除运算的计算器。那么前端可以使用任何方式，比如控制台、WinForm、WebForm、MVC……为了直观和简单，这里将采用 WebForm 来做为前台界面。而 BLL 主要是将数据逻辑进行处理，并调用 DAL 层计算结果，将得到的结果返回给界面。DAL 只需要提供数据就 OK 了。在本例中，不考虑边界异常（如太长的数字会溢出等情况）。

首先需要把项目的框架搭建好。新建一个名为 Mol.Calc 的解决方案，并加入一个 Web 项目（Mol.Calc.Portal）和两个类库项目（Mol.Calc.Bll 和 Mol.Calc.Dal），如图 2-3 所示。

图 2-3　三层代码框架

PS：项目的命名一定要规范，一般来说，项目命名都是“公司.项目.模块名”。MOL 所使用的开发环境是 Windows 7+Visual Studio 2015+SQL Server 2012。关于环境的配置这里不会多说，否则显得本书很 low，大家也会很不耐烦。

2.2.1　DAL 层的实现

有了项目框架以后，就可以写代码了。首先需要一个处理数据的功能，这个功能大家一定要记住，和数据打交道的功能，最好放在 DAL 里。

在本例中，DAL 层只需要处理加、减、乘、除 4 种运算就可以了。所以我们分别写 4 个函数来实现这 4 种运算，如图 2-4 所示。

```
namespace Mol.Calc.Dal
{
    0 个引用|0 项更改|0 名作者，0 项更改
    public class Operate
    {
        /// <summary>
        /// 两位数加法
        /// </summary>
        /// <param name="inputFir"></param>
        /// <param name="inputSec"></param>
        /// <returns></returns>
        0 个引用|0 项更改|0 名作者，0 项更改
        public long Add(long inputFir, long inputSec)...
        /// <summary>
        /// 两位数减法
        /// </summary>
        /// <param name="inputFir"></param>
        /// <param name="inputSec"></param>
        /// <returns></returns>
        0 个引用|0 项更改|0 名作者，0 项更改
        public long Sub(long inputFir, long inputSec)...
        /// <summary>
        /// 两位数乘法
        /// </summary>
        /// <param name="inputFir"></param>
        /// <param name="inputSec"></param>
        /// <returns></returns>
        0 个引用|0 项更改|0 名作者，0 项更改
        public long Muli(long inputFir, long inputSec)...
        /// <summary>
        /// 两位数除法
        /// </summary>
        /// <param name="inputFir"></param>
        /// <param name="inputSec"></param>
        /// <returns></returns>
        0 个引用|0 项更改|0 名作者，0 项更改
        public long Divide(long inputFir, long inputSec)...
    }
}
```

图 2-4　四则运算的实现

在本例中，加、减、乘、除这 4 种运算确实是太简单了，用它来占用一层有点浪费，不过在大项目中，这样写是非常有必要的。

2.2.2　BLL 层的实现

接下来要实现 BLL 层。BLL 层是三层里最难学的一层，因为大部分的 BLL 中的代码都是这样的：

```
//实例化一个 DAL 对象
operate dal=new Mol.Calc.Dal.operate();
//调用 DAL 计算加法 1+2
dal.Add(1,2);
```

这样的代码看起来毫无生气，甚至没有存在的意义，因为 DAL 层就可以把计算做完了，为什么还要硬生生地加一个 BLL 层呢？

大家一定要记住，我们不是为了分层而分层，而是为了实现高效可维护的代码结构。

BLL 层的作用是要处理业务逻辑，所谓的业务逻辑就是要判断 UI 层传入的数据应该如何排列组合提交给 DAL 层，如果有不合法的数据，就要及时中断，不向 DAL 层提交。

本例中，需要判断用户选择的是哪种运算，并去调用 DAL 层中相应的运算；除此之外，还要判断：当用户要计算除法时，用户输入的除数是否为 0。

BLL 层的代码如图 2-5 所示。

```
/// <summary>
/// 计算
/// </summary>
/// <param name="inputFir">第一个计算数</param>
/// <param name="inputSec">第二个计算数</param>
/// <param name="operateSign">运算符</param>
/// <returns>计算结果</returns>
0 个引用|0 项更改|0 名作者，0 项更改
public string OperateNumbers(string inputFir, string inputSec, string operateSign)
{
    try
    {
        long firNum = Convert.ToInt64(inputFir);
        long secNum = Convert.ToInt64(inputSec);
        Mol.Calc.Dal.Operate operDal = new Dal.Operate();
        switch (operateSign)
        {
            case "+":
                return operDal.Add(firNum, secNum).ToString();
            case "-":
                return operDal.Sub(firNum, secNum).ToString();
            case "*":
                return operDal.Muli(firNum, secNum).ToString();
            case "/":
                if (secNum == 0)
                    throw new Exception("除数不能为0! ");
                return operDal.Divide(firNum, secNum).ToString();
            default:
                return "";
        }
    }
    catch (Exception ee)
    {
        return string.Format("运算时出现了异常，异常信息是{0}", ee.Message);
    }
}
```

图 2-5　BLL 层代码

注意： 其实除数不能为 0 这样的验证应该放到前台 UI 层去验证，这里把它放到 BLL 层里，是为了强化大家对 BLL 层的理解。

2.2.3　UI 层的实现

前面的 2.21 节和 2.22 节，我们实现了数据的获取和处理。接下来就要写前台 UI 的代码了。UI 代码比较简单，就是新建一个 WebForm 页面，名称为 Calc.aspx，并在这个 WebForm 页面中加入两个文本框、一个下拉列表框（设置下拉列表框选项为+、－、*、/）、一个按钮、和一个显示计算结果的 Label。UI 后台，只需要实例化一个 BLL 层对象，并调用 BLL 层的方法既可。前台界面如图 2-6 所示。

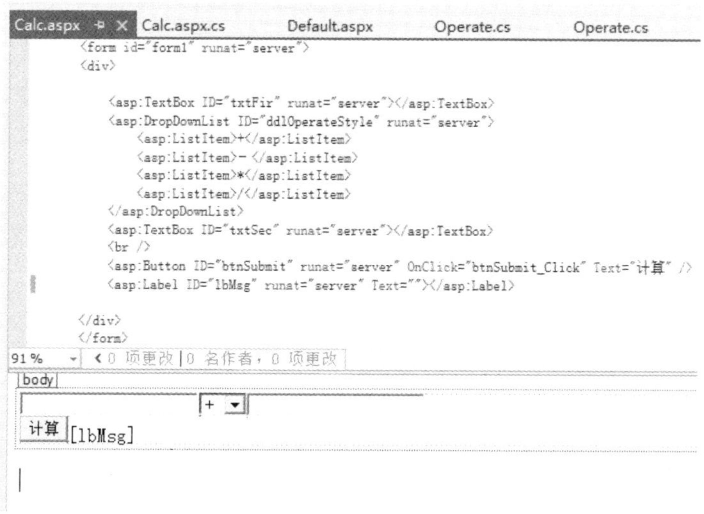

```
Calc.aspx   Calc.aspx.cs   Default.aspx   Operate.cs   Operate.cs
<form id="form1" runat="server">
<div>

    <asp:TextBox ID="txtFir" runat="server"></asp:TextBox>
    <asp:DropDownList ID="ddlOperateStyle" runat="server">
        <asp:ListItem>+</asp:ListItem>
        <asp:ListItem>-</asp:ListItem>
        <asp:ListItem>*</asp:ListItem>
        <asp:ListItem>/</asp:ListItem>
    </asp:DropDownList>
    <asp:TextBox ID="txtSec" runat="server"></asp:TextBox>
    <br />
    <asp:Button ID="btnSubmit" runat="server" OnClick="btnSubmit_Click" Text="计算" />
    <asp:Label ID="lbMsg" runat="server" Text=""></asp:Label>

</div>
</form>
91 %   < 0 项更改 | 0 名作者，0 项更改
body
[+ ▾]
计算 [lbMsg]
```

图 2-6　UI 界面

UI 后台的代码如图 2-7 所示。

```
namespace Mol.Calc.Portal
{
    2 个引用 | 0 项更改 | 0 名作者，0 项更改
    public partial class Calc : System.Web.UI.Page
    {
        0 个引用 | 0 项更改 | 0 名作者，0 项更改
        protected void Page_Load(object sender, EventArgs e)
        {

        }

        0 个引用 | 0 项更改 | 0 名作者，0 项更改
        protected void btnSubmit_Click(object sender, EventArgs e)
        {
            Mol.Calc.Bll.Operate operBll = new Bll.Operate();
            lbMsg.Text = operBll.OperateNumbers(txtFir.Text, txtSec.Text, ddlOperateStyle.SelectedValue);
        }
    }
}
```

图 2-7　UI 后台代码

这样，一个简单的三层代码结构的示例就完成了，运行结果如图 2-8 所示。

图 2-8　程序运行结果

2.3 简 说 MVC

提到三层架构，很多人就会想到 MVC（Model View Controller，模型-视图-控制器）模型。MVC 的结构如图 2-9 所示。

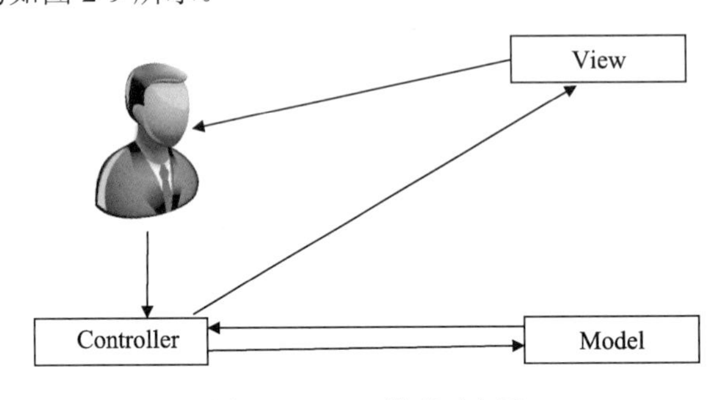

图 2-9　MVC 模型示意图

图 2-9 描述了一个 MVC 框架处理用户请求的流程。

（1）用户发起请求，请求将被送给 Controller。

（2）Controller 去 Model 中取数据。

（3）Model 返回数据给 Controller。

（4）Controller 将数据返回给 View。

（5）View 展示给用户。

如果这个流程让你觉得难以理解，不要担心，因为我们还没有开始写 MVC 的代码，所以我们无法理解用户请求为什么是到控制器（Controller）而不是到视图界面（View），最后返回的时候不通过控制器返回，而通过视图来返回……大家只需要对 MVC 有一个感性认识即可，知道每一部分是干什么用的就 OK 了。

2.3.1　纠正一下老师的说法

很多老师在讲到 MVC 的时候，都会和三层架构进行对比，并且会给出下面一幅图（如图 2-10 所示）。

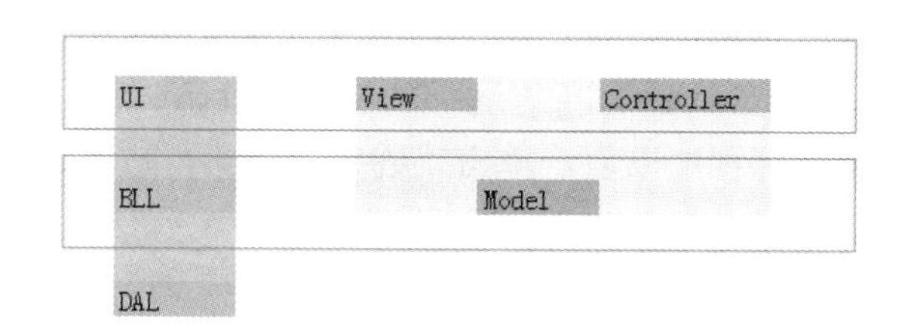

图 2-10　很多老师都会这样画

老师画完这个图以后，告诉大家：MVC 中的 View 和 Controller 相当于三层架构中的 UI 层。而 MVC 中的 Model 相当于三层架构中的 BLL。

每当听到这样的解释时，MOL 特别想问问老师：你把 DAL 层吃了？当然，这样的做法有点激进。但是，老师这样的讲法肯定是不对的。三层架构是一种思维，MVC 是另一种思维，如果非要把二者放在一起对比的话，难免牵强。

接下来，我们来写一个 MVC 的程序，看看 MVC 到底是什么样子的。

2.3.2　MVC 的第一个程序

前面提到过，MVC 只是一种设计思想和程序框架，那么，也就是说 MVC 并不是.NET 特有的，其他语言也有自己的 MVC 实现，我们在真实项目中使用的，其实也不是真正的 MVC。但是第一个 MVC 程序一定要简单，所以我们使用微软提供的 MVC 来做。

微软在.NET 3.5 以后的版本都支持 MVC，这里使用的是.NET 4.5 版本下面的 MVC 4。好了，下面来新建一个 Web 项目，如图 2-11 所示。

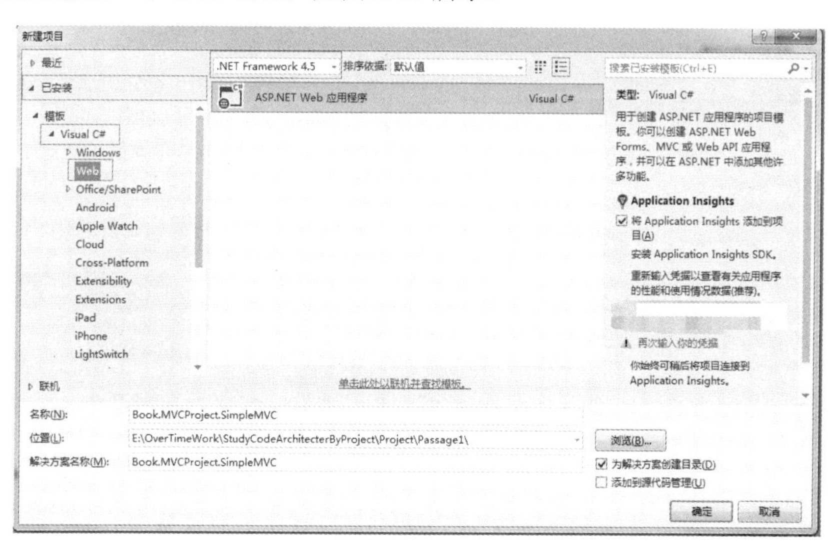

图 2-11　新建 Web 项目

如果读者以前用的是 Visual Studio 2010，那么这个界面可能不太习惯。从 Visual Studio 2012 开始，WebForm、MVC、Web API 等这样的 Web 项目都变成了一个“ASP.NET Web 应用程序”，选择这个应用程序以后，单击“确定”按钮，进入选择项目类型步骤，如图 2-12 所示。

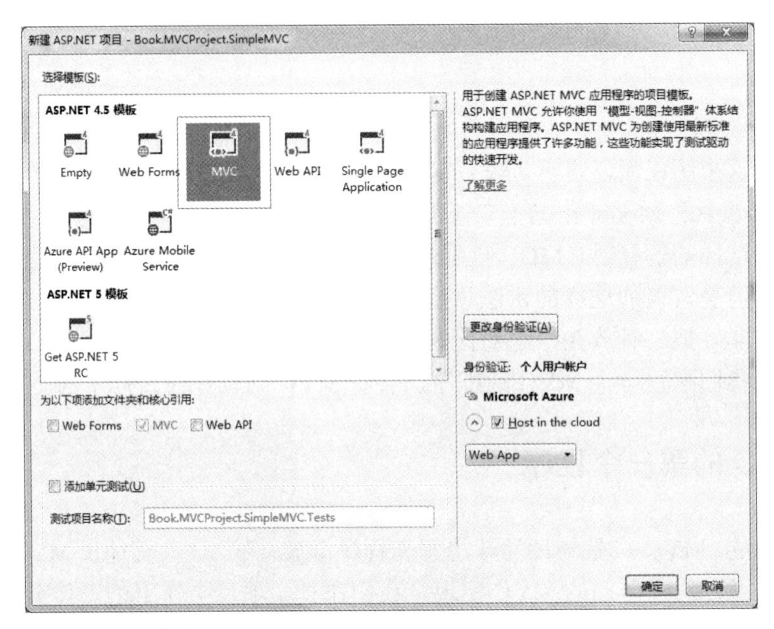

图 2-12　选择 Web 类型

在这一步中选择 MVC 项目，然后单击“确定”按钮，进入项目解决方案的管理界面，如图 2-13 所示。

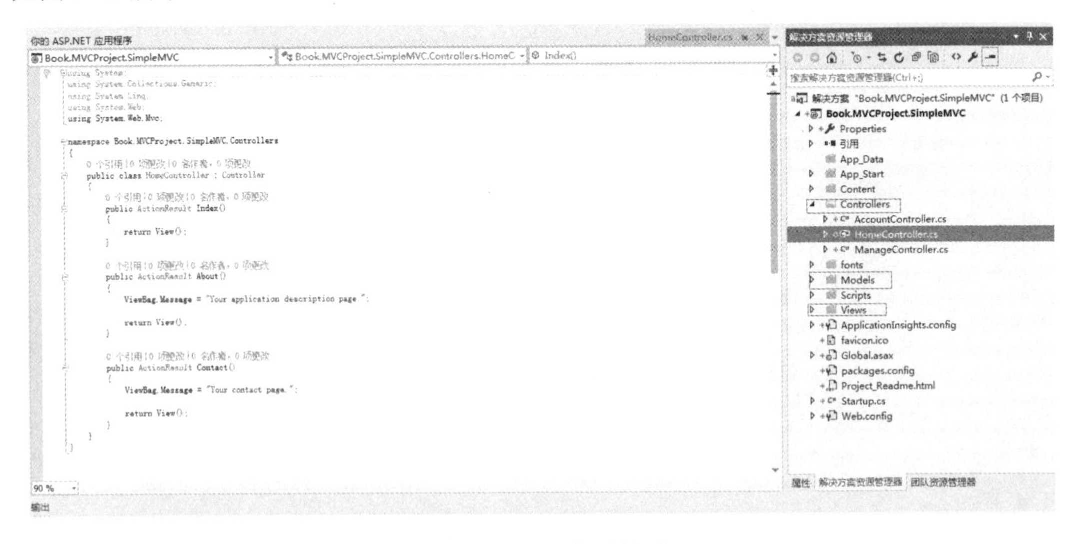

图 2-13　MVC 代码界面

可以看到，在图 2-13 中，用标注框所标出来的地方就是我们前面所提到的 Model、View、Controller。

打开 HomeController.cs，修改 Index 方法为下面的代码：

```
public ActionResult Index()
{
    string msg = string.Format(@"这世界，我来了！");
    ViewBag.Message = msg;
    return View();
}
```

然后修改对应的 Index.cshtml 为下面的代码：

```
<div class="jumbotron">
  @ViewBag.Message
</div>
```

直接运行代码后会发现，我们写的文字已经显示在页面上了。页面效果如图 2-14 所示。

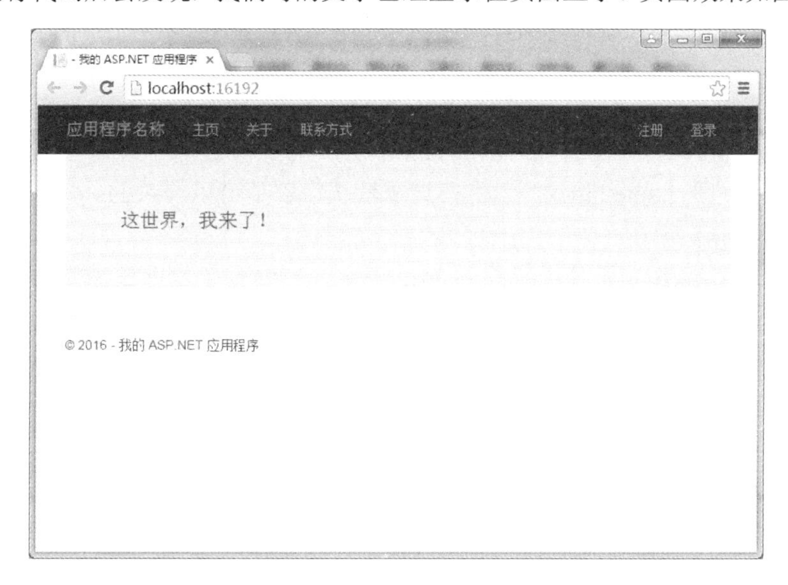

图 2-14　第一个 MVC 程序页面效果

运行程序以后会发现，URL 只是 localhost:端口号，而没有实质的页面路径。我们把 URL 补全为 localhost:端口号/home/index，还能看到相同的效果。通过这个简单的程序可以看到，用户（这里是浏览器）是向控制器（Controller）中的 Action（这里是 Index）发起请求，Action 会进行数据处理（本例中是给 ViewBag.Message 赋值），然后返回给 View（视图），View 接收到返回数据以后，将数据显示到页面上，最后就可以通过浏览器看到效果了。

这段话里埋下了太多没有讲解的知识点。

（1）为什么 localhost:端口号==localhost:端口号/home/index

打开 App_Start 下面的路由配置文件 RouteConfig.cs，如图 2-15 所示。

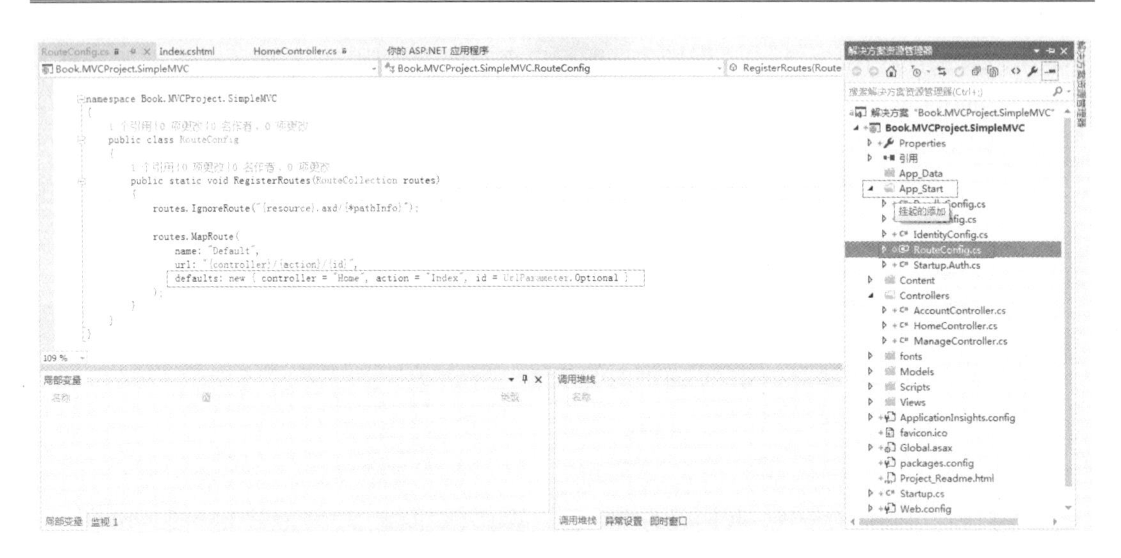

图 2-15　路由配置文件

可以看到这个文件中配置了一个叫 Routes.MapRoute 的对象。这个对象有一个默认属性 defalts，表示当 URL 中没有控制器和 Action 的时候，指向哪个控制器下的 Action。在本例中，它指向的是 home/index。当然，这个默认设置是可以修改的。

（2）ViewBag 是什么

在 Index 这个 Action 中使用了 ViewBag 对象，它是一个数据传递的载体，只需要为这个对象的属性赋值，前台就可以取到了，ViewBag 的属性是不需要提前定义的，例如，要给 ViewBag.Mol 赋值为“帅”，那么前台就可以通过 ViewBag.Mol 来获取到“帅”。是不是很神奇？

除了 ViewBag，还有一个叫 ViewData 的对象也可以完成类似的操作。它的用法是：ViewData["Mol"]="帅";

关于 ViewBag 和 ViewData 的区别，这里不做详述，大家需要自行去学习。

（3）Model 跑哪里去了

Model 呢？前面用到了控制器和视图，单单把 Model 落下了。Model 是一个实体集合，可以定义任何实体类。这个实体类可以是用户类，可以是订单类……可以把 Model 理解为这样一种东西：它是一种载体，通过这种载体，可以以面向对象的思维去处理数据。例如，定义一个 User 类，那么在控制器中就可以实例化一个 User 类，然后传给视图去展示。伪代码如下：

```
User user=new User();
user.name="Mol";
user.gender="male";
ViewBag.Person=user;
```

如果大家还不太了解 MVC，那么就找一些资料学习一下。本书的重点不是 MVC，所以这里只是略带一说。

2.3.3　为什么要用 MVC 之我见

其实 MVC 与传统 WebForm 的区别还是很多的，但是很多不同点还不足以引起大家使用 MVC 的欲望。这里只说几点大家可能会关注的地方。

- WebForm 更容易上手，也就意味着程序员会忽略更多的细节。比如一个按钮是如何被解析成 input 标签的。这样的编程方式其实不利于对程序的理解。
- WebForm 中设计了“生命周期”的模式，从页面出生到消亡，会经历很多个状态，比如常见的 Page_Load 就是其中的一个状态。这样多的生命周期，其实并不利于新手理解程序是如何处理请求的。
- WebForm 页面中会保存大量的 ViewState，这样就可以记住“之前”（事件触发前）的状态。这些 ViewState 会对优化工作造成不小的困扰，而且经常在程序员不注意的时候，页面就会狂飙到好几兆的大小。

如果你用过 WebForm，也用过 MVC，那么一定会觉得 MVC 是非常纯净的，因为它的流程透明，页面干净，不会生成意想不到的 ViewState。

- WebForm 中的页面都是继承自 System.Web.Page 类。而 Page 类是不可以实例化的，那么这种现象就会对单元测试造成很大的困难，有些程序员甚至直接跳过了单元测试。而在 MVC 中，所有的请求将会被汇集到 Controller 类中，而对控制器和其中的 Action 做单元测试是比较容易的。
- WebForm 中的前台是 aspx 页面，也就是说这个前台页面并不是一个纯净的 HTML 页面。当程序员从美工手中接过静态页面的设计以后，需要把大量的 input 标签转换成按钮、单元框、文本框……这个枯燥的工作一定会把人逼疯的。
- 这一点其实算是个彩蛋，因为并不能算是一个非常直接的原因。把项目提交到 Git 上以后，Git 平台中的“代码分析”功能会检查整个项目的代码完整性、可读性、规范性等。其中，规范性要求代码需要按照一定的命名规则来书写，而如果项目使用了 WebForm，那么 Page_Load 这样的函数名就一定会被检查出来，并且还没有办法把它改成其他的函数名，这是多么的“坑爹”。

其他的区别还有很多，但以上所列几点已经有足够的理由让我们去使用 MVC。

在本章中，我们将使用微软提供的 MVC 来做示例。在前面的内容中提到过，MVC 只是一种编程思想，而不是某个公司或机构的专有技术，在后面的章节中，我们会引入 Spring.NET 中的 MVC。

2.4　向三层代码中加入面向对象

面向对象其实是一个非常宽泛的概念，宽泛到不足以用一个章节甚至是一本书来说明面向对象，但 MOL 将尽量在书中的例子中浸透面向对象的思维。

前面已经讲述了通常的三层代码结构，本节将在三层代码中加入面向对象的元素。这种面向对象的思想在本节中将体现在两个地方：

- 数据库表的面向对象；
- 将所有的 SQL 操作都放到一个类（SqlHelper）中。

2.4.1　实例化数据库表

通常意义上，从数据库中获取数据，一般都需要按照 ADO.NET 的步骤来写，ADO.NET 的代码如下：

```
        /// <summary>
        /// 获取所有的订单信息
        /// </summary>
        /// <returns></returns>
        public DataSet GetOrder()
        {
            string connectionString = @"Data Source=.;Initial Catalog=
    ReportServer;User ID=sa;Password=000";
            DataSet re = new DataSet();
            using (SqlConnection con = new SqlConnection(connectionString))
            {
                string sql = @"select userid,username from users";
                SqlDataAdapter ada = new SqlDataAdapter(sql, con);
                ada.Fill(re);
            }
            return re;
        }
```

获取到数据源以后，需要在 BLL 层进行数据装配。BLL 层代码比较简单，只是简单调用 DAL 层返回数据，BLL 层代码如下：

```
    public class OrderBll
    {
        /// <summary>
        /// 调用 DAL 获取数据
        /// </summary>
        /// <returns></returns>
        public DataSet GetOrder()
        {
            OrderDal dal = new OrderDal();
            return dal.GetOrder();
        }
    }
```

然后再以 DataSet 的形式返回到前台，前台在展示的时候，就需要按照 DataSet 的格式来展示。比如，展示 userid 字段，那么就需要这样写：

```
        <ul>
            <li><span>userid:</span>@ViewBag.userid</li>
```

```
        <li><span>username:</span>@ViewBag.username</li>
    </ul>
```

展示效果如图 2-16 所示。

图 2-16　获取数据展示效果

通过上面的代码可以发现，DataSet 这个类将贯穿于 DAL-BLL-UI 这三层之间。而 DataSet 类是一个与数据库打交道的类，这样就导致我们不管在哪一层（Layer）都需要知道这个数据集（DataSet）里的结构，包括这个数据集中有几个表，每个表中包含哪些字段等。

当操作的表达到几十个的时候，用 DataSet 操作数据已经变得非常痛苦，所以我们更希望 DataSet 只停留在 DAL 层，而其他层只需要与业务相关的类来接收数据既可。

为了达到这样的目的，首先创建一个 UserInfo 类。这个类包括两个属性，分别是 userid 和 username。这样就可以用 UserInfo 这个类来接收数据库的查询结果了。通常情况下，我们都会新加一个实体层 Mol.Calc.Model，这个层里定义了所有需要实例化的类。在这个层里加入 UserInfo 类，它的定义代码如下：

```
namespace Mol.Calc.Model
{
    /// <summary>
    /// 定义一个用户实体类
    /// </summary>
    public class UserInfo
    {
        public string userid { get; set; }
        public string username { get; set; }
    }
}
```

接下来修改 DAL 层的代码，使得查询结果返回的是一个用户实体对象。修改后的代码如下：

```
/// <summary>
/// 获取所有的订单信息
/// </summary>
/// <returns></returns>
public UserInfo GetOrder()
{
    string connectionString = @"Data Source=.;Initial Catalog= ReportServer;
User ID=sa;Password=000";
    //定义返回对象
    UserInfo re = new UserInfo();
    DataSet ds = new DataSet();
```

```
    using (SqlConnection con = new SqlConnection(connectionString))
    {
        string sql = @"select userid,username from users";
        SqlDataAdapter ada = new SqlDataAdapter(sql, con);
        ada.Fill(ds);
    }
    //为返回对象赋值
    re.userid = ds.Tables[0].Rows[0]["userid"].ToString();
    re.username = ds.Tables[0].Rows[0]["username"].ToString();
    return re;
}
```

这样就不用再去操作 DataSet 了，而是转而去操作 UserInfo，这样做更贴近业务，也更符合面向对象的代码思路。

同样的，修改 BLL 层的代码，返回的也是业务实体 UserInfo。代码如下：

```
/// <summary>
/// 调用 DAL 获取数据
/// </summary>
/// <returns></returns>
public UserInfo GetOrder()
{
    OrderDal dal = new OrderDal();
    return dal.GetOrder();
}
```

修改 UI 层的代码如下：

```
public ActionResult Index()
{
    //获取数据
    OrderBll bll = new OrderBll();
    UserInfo model = bll.GetOrder();
    ViewBag.userid = model.userid;
    ViewBag.username = model.username;
    return View();
}
```

这样就完成了将数据库表实例化的过程。回过头来看一下，在实例化的过程中都做了哪些事情。

- 定义一个业务类（本例中是 UserInfo）；
- 修改 DAL 层和 BLL 层，使之返回的数据是一个业务实体；
- 修改 UI 层，使之接收的数据是一个业务实体。

除此之外，别无其他。那么，多加一个“业务类”（实体类），对我们的开发有什么影响呢？

弊：

- 多写了一堆描述业务类的代码，增加了工作量；
- 实体类的出现，增加了内存的消耗，在一定程度上影响了程序的运行速度。

利：

- 业务类的出现，使开发人员不用过多地关心数据返回的结构（DataSet），解放更多的精力去关心业务规则；
- 符合面向对象的编程思路；
- 易复用；
- 可扩展。

利弊都分析完了，我们来解释一下比较抽象的两个概念“易复用”和“可扩展”。这两个概念是大家最常见到的，但又是最不容易理解的，好像只要谈到什么新技术，都是这两个优点。下面我们就把这两个概念说透。

易复用这个概念是指，我们在A场景的时候，定义了一种事物O。在类似的B场景中，我们可以直接调用事物O，而不是再去定义一个事物。

以上面的示例代码来看，在用户信息展示的功能里，我们定义了一个UserInfo类。如果还有一个页面是“订单信息”，订单页面中也需要展示用户信息，那么可以直接使用UserInfo类。

如果不定义实体类，那么在用户信息展示的功能里，需要用DataSet来接收查询数据，在订单页面，也需要再来一次查询，并放到DataSet中。随着业务复杂度的提交，这样的DataSet会越来越多，即使是再高明的工程师，也会崩溃的。

可扩展，是说如果业务规则有调整的话（在实际情况中会频繁出现），我们只需要修改少量代码，甚至不修改代码，就可以符合实际要求。比如，现在新增一个添加用户的需求，那么只需要在UserInfo中新增一个Insertuser()函数就可以实现了。

其实，上面一大堆让大家听起来似懂非懂的话，说得简单一点就是：SQL语句只出现在DAL层中，除了DAL层，其他层都不知道数据库的存在。

2.4.2 增加数据库操作类

当业务足够复杂的时候，项目中一定会充斥着大量的SQL语句的操作，也就意味着，下面的代码会非常多。

```
using (SqlConnection con = new SqlConnection(connectionString))
{
    string sql = @"SQL语句";
    SqlDataAdapter ada = new SqlDataAdapter(sql, con);
    ada.Fill(ds);
}
```

也就是说，除了SQL语句，程序中有大量的相似代码，这显然是和DRY原则相违背的。

PS: DRY原则——Don't Repeat Yourself Principle，直译为“不要重复自己”原则，说白了就是不要写重复的代码。

可以把这些重复的代码都拿出来，然后将其写成一个公共的类，这个类就是数据库操作类。

PS：这样的思想非常重要，根据这样的思想，你可以写出很多帮助类，如 http 帮助类、文件帮助类……

大家都知道，关于数据库的操作无非就是 CRUD（增、删、改、查），那么我们在数据库操作类中只需要实现这些功能的函数就可以了。例如，下面的代码要实现一个查询的功能。

```
public DataSet Get(string sql)
{
    DataSet ds = new DataSet();
    using (SqlConnection con = new SqlConnection(connectionString))
    {
        //这里的 SQL 语句将会以参数的形式传递到本函数中
        SqlDataAdapter ada = new SqlDataAdapter(sql,con);
        ada.Fill(ds);
    }
    return ds;
}
```

当我们需要查询的时候，只需要把查询的 SQL 语句传到 Get 函数中就可以了。当然，这个帮助类还需要支持存储过程。

大家可以去网络上找找 SqlHelper，网络上有很多版本的帮助类，但都大同小异。MOL 在这里不会带大家去实现一个帮助类，不过大家一定要掌握这个抽象过程的思路。

MOL 今天有点累了，就先讲到这里了。大家回去以后一定要在网络上找找 SqlHelper，并且自己动手写一下。

2.4.3　加强版的数据库操作类

又是一个阳光明媚的早晨，MOL 刚坐在工位上，泡上一杯“千年养生”茶，打开网页准备看看新闻，这时，刘朋、鹏辉、冲冲 3 个人就杀气腾腾地向我走了过来。

刘朋：MOL，昨天我查了很多 SqlHelper，它们确实把大部分的类似代码都抽象了出来，并进行了封装，但是老感觉哪里不对。

鹏辉：是的，你昨天讲的时候说，我们更希望用一个业务类去接收数据，但是 SqlHelper 的返回值都是 DataSet 类型的，我们没办法把所有的业务类都抽象出来啊。

冲冲：我在自己写代码的时候，也遇到了相同的问题，比如我利用 SqlHelper 类的查询函数，得到一个 DataSet，还需要自己把这个 DataSet 转换成 UserInfo 类。而且这些转换的代码是有点类似的，不同的地方只是属性名称。那我们是不是可以把这个转换功能也抽象出来呢？

MOL：非常好，我就喜欢你们这没有见过世面的样子，今天我们就来说一下，如何做一个加强版的 SqlHelper。

不管是你自己写，还是从网络上找，我们现在已经得到了一个 SqlHelper。这个 SqlHelper 已经可以封装大部分相似的代码，但它还是一个面向 SQL 语句的类。如何让 SqlHelper 操作一个实体类呢？我们还以 UserInfo 来举例。

1．查询功能

我们想让 SqlHelper 中的查询函数返回值不是 DataSet，而是一个 IList<UserInfo>集合。那么就需要在代码中为 UserInfo 对象的每一个属性赋值，这个功能在 2.4.1 节中已经实现。对 SqlHelper 的 Get()方法进行修改如下（也可能你的查询方法不叫 Get，只需要修改你对应的查询方法就可以）：

```
public IList<UserInfo> Get(string sql)
{
    DataSet ds = new DataSet();
    using (SqlConnection con = new SqlConnection(connectionString))
    {
        //这里的 SQL 语句将会以参数的形式传递到本函数中
        SqlDataAdapter ada = new SqlDataAdapter(sql,con);
        ada.Fill(ds);
    }
//定义一个要返回的实体集合
IList<UserInfo> userList = new List<UserInfo>();
//遍历数据库的查询结果
foreach (DataRow dr in ds.Tables[0].Rows)
{
//对于查询结果中的每一行记录，都对应一个业务实体对象
//定义这样一个对应的业务实体对象
    UserInfo user = new UserInfo();
//为业务对象的属性赋值
    user.userid = dr["userid"].ToString();
    user.username = dr["username"].ToString();
//将这个业务对象添加到实体集合中
    userList.Add(user);
}
return userList;
}
```

这样做显然是不行的，我们写 SqlHelper 的目的是抽象出大部分的共同的、相似的代码，用来剥离相同的操作。

但是经过我们这样修改，SqlHelper 的 Get 方法就只能返回 UserInfo 集合了，这样明显违背了开发的初衷。我们想要的是这样的 Get 方法：我让它输出什么，它就乖乖地输出什么。

刘朋：我知道，我们只需要输出 Object 类型就可以了，然后在需求的地方再进行类型转换，如在 UserInfo 的 BLL 中，我就把 Object 转换成 IList<UserInfo>，在 Order 的 BLL 中，我就把 Object 转换成 IList<Order>。

MOL：不错，朽木可雕。给你10分钟，把你的想法用代码实现。

MOL又可以看几分钟的新闻了，得意中……还没得意两分钟，刘朋垂头丧气地回来了。

刘朋：这想法根本就不现实嘛，说是返回Object，我连实体的属性都没办法抽象啊。而且在需要的时候再进行转换，这个转换的代码也会重复，这样违反了DRY原则。

MOL：非常好，碰个墙，长个见识。说明用Object作为返回类型也是行不通的。那么到底用什么来作为返回类型呢？MOL也不知道。

一片吐槽声响了起来……

MOL：安静，安静，大家都是有身份证的人，要注意文明用语。

MOL：既然我们都不知道应该用什么类型返回，那何不让调用方来决定它返回什么类型呢？

鹏辉：我知道了，用泛型！

MOL：非常好，就是用泛型。利用泛型，可以定义一个“假”的返回类型。它看起来像这样：

```
public IList<T> Get<T>(string sql)
```

这里出现了两个T，第一个T以IList<T>的形式出现，表示Get()函数要返回的是一个IList<T>的类型；第二个T以Get<T>的形式出现，表示调用Get()函数的时候就需要指定T是什么类型了。如果想要返回一个IList<Panda>集合，那么就需要这样调用：

```
SqlHelper helper=new SqlHelper();
IList<Panda> pandas=helper.Get<Panda>();
```

有了这样的思路以后，只需要去实现Get()函数就可以了。实现的时候，我们从数据库中查询数据得到DataSet，给T赋值，T的属性是什么呢？需要通过反射得到T的属性，并为之赋值。实现后的Get()函数如下：

```
01  public IList<T> Get<T>(string sql) where T:class,new()
02  {
03      DataSet ds = new DataSet();
04      using (SqlConnection con = new SqlConnection(connectionString))
05      {
06          //这里的SQL语句将会以参数的形式传递到本函数中
07          SqlDataAdapter ada = new SqlDataAdapter(sql, con);
08          ada.Fill(ds);
09      }
10      //定义一个业务对象集合
11      IList<T> modelList = new List<T>();
12      //获取T类型实体的属性类型和值
13      PropertyInfo[] pis = typeof(T).GetProperties();
14      foreach (DataRow dr in ds.Tables[0].Rows)
15      {
16          //定义一个业务对象
17          T model = new T();
18          //为业务对象的属性赋值
19          //因为我们不知道具体的属性名，所以需要遍历业务对象的每一个属性，并为之赋值
20          foreach (PropertyInfo pi in pis)
```

```
21          {
22              //这样的赋值方法是反射机制特有的
23              pi.SetValue(model, dr[pi.Name], null);
24          }
25          modelList.Add(model);
26      }
27      return modelList;
28  }
```

注意看，在第 1 行的后面有这样的代码“where T:class,new()”，它是用来描述 T 这个类型是一个类（class），并且这个类是可以 new 的。如果不写这句代码，在函数体内，就不可以用 T modle=new T();了。

这样就实现了一个可以返回实体集合的查询方法，接下来的一个小时，大家把现有的 SqlHelper 中的函数都改造成泛型方法，使得这些函数都可以返回泛型对象。

2. SqlHelper

一个小时后，大家陆续都写完了自己的泛型编程，MOL 把他们 3 个人的代码都看完以后，又提出了一个问题：每个函数后面都有描述 T 的代码 where T:class,new()，这是非常明显的重复代码，是违反 DRY 原则的，所以最好把这一句代码放在 SqlHelper 类后面，这样，SqlHelper 就变成了一个泛型类，而类里的函数后面也不用分别再去描述 T 类型了。修改后的 SqlHelper 是这样的：

```
public class SqlHelper<T> where T : class, new()
{
    public IList<T> Get(string sql){……}
    public T Get(string sql){……}
    public bool Insert(T model){……}
    public bool update(T model){……}
    public bool delete(T model){……}
}
```

到这里为止，一个相对完美的 SqlHelper 就完成了。

MOL 不会给出 SqlHelper 的示例，正如前面所讲的，一千个人眼里就有一千个哈姆雷特，每个人对 SqlHelper 的理解不一样，实现也会不一样，只要适合自己的，就是好用的。

正当 MOL 说得眉飞色舞的时候，突然停电了，冲冲一声怒吼：“我的代码还没保存呢，那可是我一个小时的心血啊！”

2.5 小说代码管理

安抚一下冲冲受伤的心灵，MOL 又开始借题发挥了。

MOL：亲爱的同学们，你们写代码的时候一定要经常用 Ctrl+S 命令保存一下代码，就算下一秒是世界末日，也要把你的劳动成果保存下来。

冲冲：有一次，我的计算机丢了，心疼死了。倒不是心疼计算机，而是心疼里面的好多学习资料。

鹏辉：得了吧，你是心疼你那好几百 GB 的“学习资料吧”。

刘朋：瞎说啥实话。你把这些资料备份到网盘上不就得了？

冲冲：瞧你们一个个龌龌龊龊的样子，我的学习资料都是编程代码神马的。我还遇到一个问题，就是我在公司写的代码，如果要拿到家里看的话，就需要用 U 盘拷回家，或者用邮箱存储起来，这样拷贝非常不方便，并且很容易有错拷、漏拷的现象，想想还是有点小纠结的。如果有一个软件，可以记录我每次修改的时间和修改的内容，那就非常 happy 了。

MOL：世界上不缺乏美，而是缺少发现美的眼睛。你刚才说的这种软件很多，MOL 接下来给大家展示一下这些软件。

2.5.1　什么是代码管理软件

MOL 刚接触开发的时候，每天都要写大量的代码，当然就会遇到各种各样的情况，MOL 简单说几个小场景。

1．场景一

MOL：老板，登录的功能写完了，代码是这样的

```
01  //登录方法
02  public ActionResult Login()
03  {
04  //用户输入的用户名
05  string userName=Request["user"];
06  //用户输入的密码
07  string passWord=Request["pwd"];
08  //查询用户是否存在的 SQL 语句
09  string sql=String.Format("select count(1) from t_user_TB where
    username={0} and passWord={1}",userName,passWord);
10  //定义一个数据集用来存放查询结果
11  DataSet ds=new DataSet();
12  //开始在数据库中查询
13  using(SqlConnection con=new SqlConnection("SQL 连接字符串"))
14  {
15      SqlDataAdatper ada=new SqlDataAdatper(sql,con);
16      ada.Fill(ds);
17  }
18  if(ds.Tables.Count<1||ds.Tables[0].Rows.Count<1)
19  {
20      //没有查询到合法的用户 跳转到登录页面
21      Redirect(@"/Login/Index");
22  }
23  else
```

```
24  {
25      //用户输入的用户名和密码在数据库中存在，跳转到主页
26      Redirect(@"/Main/Index");
27  }
28  }
```

老板：写得很快嘛。但是（领导发言，一般都是有“但是”的），我们不能仅仅只有用户名和密码，我们还需要有手机号、邮箱……来作为用户名。

MOL：明白，稍等片刻，我改改就来。

一分钟后……

MOL：老板，只需要把 SQL 语句改一下就可以了。修改后的 SQL 语句如下：

```
//查询用户是否存在的 SQL 语句
string sql=String.Format("select count(1) from t_user_TB where (username=
{0} or phone={0} or mail={0}) and passWord={1}",userName,passWord);
```

老板：不错，那我们登录界面上是不是应该还会有“记住我”的功能啊。

MOL：明白，那就在登录成功以后，把用户信息写入到 cookie 中。代码如下：

```
//登录成功以后
//把用户名写入 cookie
Response.Cookie["user"]=userName;
//把密码写入 cookie
Response.Cookie["pwd"]=passWord;
```

老板：cookie 是保存在客户端的，那我们怎么能把明文密码保存在客户端呢？这样是非常危险的。

MOL：明白……

一个小时后……

MOL：没想到一个简单的登录功能还有这么多名堂。

老板：这个登录功能做完了，做一下总结吧，从最开始写的代码开始梳理。

MOL 脸上出现了一个大写的“懵”，**我也记不住我都改了多少啊，没用的代码我都删除掉了……**

2. 场景二

MOL 开发完登录功能了，MOL 的同事（暂且叫他 Jack）的注册功能也开发完了。我们需要把这两个功能合并到项目中，于是……

MOL：Jack，把你写的注册功能的代码发给我，我要合并到我的代码中。

Jack：好嘞。

没过一会，MOL 就把注册功能合并到了自己的代码中，按 F5 键运行，走你！

MOL：Jack，你怎么也写了一个 Login()函数？这和我的代码冲突了啊。

Jack：我写的 Login()函数是用来登录数据库的，并不是用户的登录。

MOL 脸上出现了一个大写的“懵”，**我把 Jack 写的函数改成 Login2()?**

3．场景三

老板：这个订单浏览的功能是谁写的？出 Bug 了，快去处理一下。

MOL：Jack 写的吧，我没有写过这个系统的订单功能。

Jack：MOL，肯定是你写的，你上次还问我怎么清空缓存来着，你忘了？

MOL 脸上出现了一个大写的“懵”，**到底是谁写的代码呢？**

4．场景四

相信大家都会有这样的体会，在公司写程序时没有写完，就拷贝回家接着写，第二天再带到公司覆盖昨天未完成的代码。或者是我们在写代码的时候，总会被这样或那样的事情打断，比如老板让你去拖地，或者女朋友吵着要买包……

这样的次数多了以后，我们根本无法知道哪些代码是新增加的，哪些代码是什么时候为什么增加或删除的。这是一个非常头疼的事情。

那我们每行代码到底**是什么时候、为什么要写呢？**

5．场景五

我们做的系统上线了，大家还没来得及高兴，就被老板通知：新加的会员管理的功能不要了，赶紧从系统中删除。

MOL 和 Jack 开始报怨了，要删除好多代码，一不小心删除错了还会影响其他的功能。

如何恢复到上一个可用的系统版本呢？

MOL 抛出了这么多问题，就是为了引出“代码管理”，代码管理也叫版本管理，它的功能是管理文件的版本，这里说的“文件”可以是代码文件（如.CS、.ASPX 等）也可以是 Office 文件（如 Word、Excel 等）。编写这些文件的人可能是一个或多个，那么代码管理软件也要对每个人的文件版本进行管理，还需要解决多个人修改同一个文件的冲突。通过代码管理，就可以很清晰地追溯到每一行代码是什么时间、哪个人、为什么写的；还可以知道哪些代码被删除了；如果有需求变更，可以很方便、快捷地恢复到以前的某个版本。

其实代码管理的好处还有很多，MOL 在这里就不一一细说了。

常见的代码管理软件有 TFS、SVN、Git、VSS、CSV……，其中，VSS 和 CSV 属于“过气”的软件，所以本书中不会介绍它们。下面我们来看一下 TFS、SVN、Git 这几个软件。

2.5.2　TFS 管理软件

TFS（Team Foundation Server）是.NET 程序员最常用到的一个代码版本管理软件。TFS 由服务端和客户端两部分组成，服务端一般是由公司的网管或者项目经理来搭建并管理，而程序员只需要使用客户端就可以了。TFS 的客户端已经被集成到 Visual Studio 2010 以上的开发环境，在 Office 中也可以很方便地使用 TFS，甚至在浏览器中输入 TFS 的地址，也可以进入 TFS 的管理界面，可以说 TFS 的使用已经非常方便。接下来，我们来看一下如何使用 TFS 客户端。

打开 Visual Studio 2015（或者读者自己的 Visual Studio），找到“团队资源管理器”，如果主界面上没有“团队资源管理器”，可以通过选择“视图→团队资源管理器”选项来显示，如图 2-17 所示。

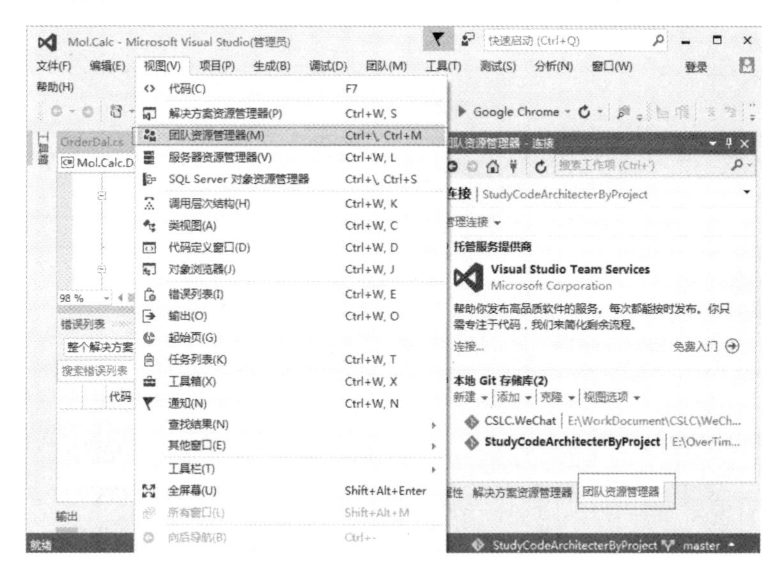

图 2-17　“团队资源管理器”界面

单击“团队资源管理器”中最上方的插销图标，然后单击“连接”按钮，打开连接 TFS 对话框，如图 2-18 所示。

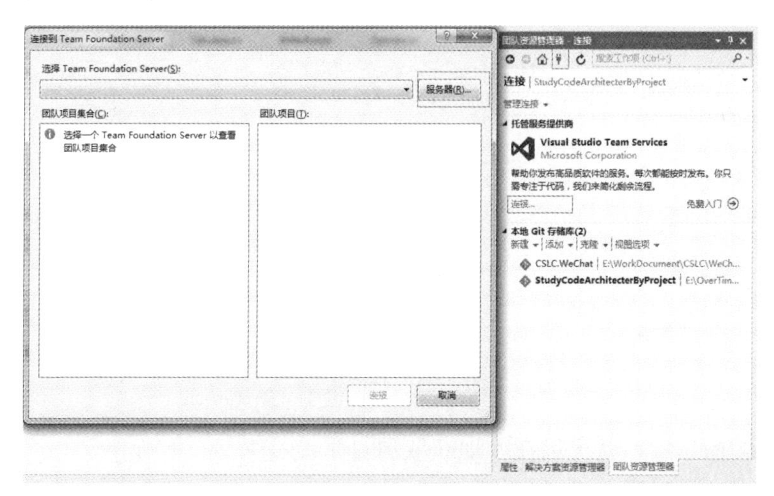

图 2-18　打开连接 TFS 对话框

单击对话框右上角的“服务器”按钮，在新弹出的对话框中单击“添加”按钮，并输入 TFS 服务器的地址（这个地址一般由项目经理或开发经理来提供），如图 2-19 所示。

输入地址以后单击“确定”按钮，Visual Studio 会提示需要输入对应的用户名和密码。完成这一切以后，再回到 TFS 的主对话框，可以在“团队项目集合”中选择要连接的项目，然后单击“连接”按钮，如图 2-20 所示。

图 2-19　输入 TFS 服务地址

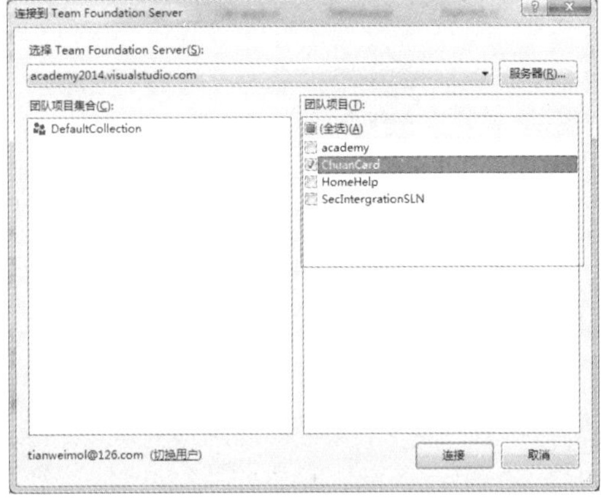

图 2-20　选择要连接的项目

在“团队资源管理器”中，选择“源控件资源管理器”选项，在主界面中选择要下载的项目，右击，在弹出的快捷菜单中选择“获取最新版本”命令，如图 2-21 所示。

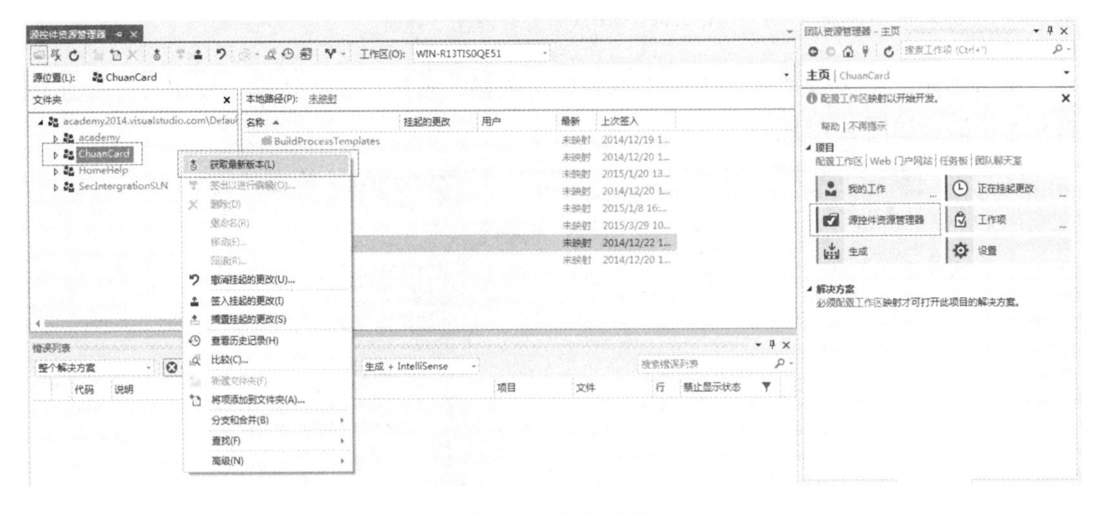

图 2-21　获取源码

经过上面的操作后，就可以在本地获取项目了。

在本地获取项目以后，可以对代码进行增加、修改、删除的操作。操作完成以后，可以把这些修改后的代码提交到 TFS 上。例如，新加了一个 Elands.ChuanCard.UI.MVC 的项目，那么就可以在这个项目上右击，然后在弹出的快捷菜单中选择“源代码管理”→“提交”命令。提交以后，其他人连接到 TFS 上后就可以获取项目了，如图 2-22 所示。

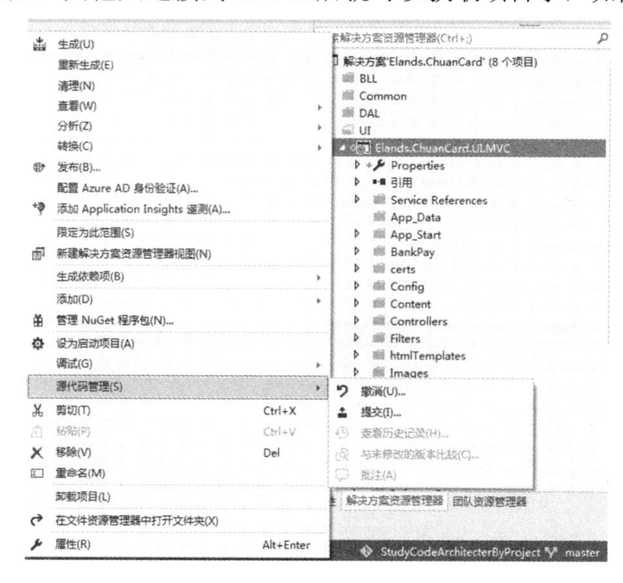

图 2-22　提交代码

如果在家中，用家中的计算机连接到 TFS 上，也可以进行代码的修改和提交。这样是不是很方便呢？

如果一个文件被修改了很多次，那么怎样看出每次都是谁在什么时候为什么修改呢？很简单，找到要查看的文件，右击，在弹出的快捷菜单中选择“查看历史记录”命令，这些信息就会显示出来，如图 2-23 和图 2-24 所示。

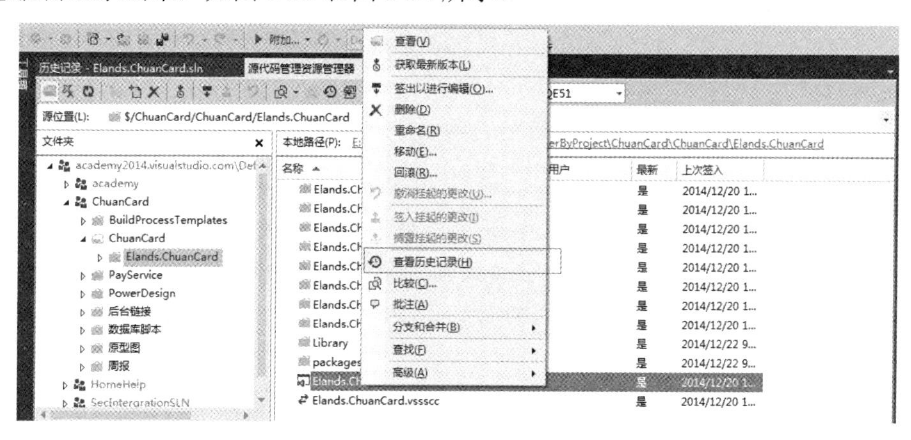

图 2-23　查看历史记录

双击某个版本，可以看到这个版本的内容。选中两个版本，右击，选择右键快捷菜单中的“比较”命令，可以查看这两个版本中不同的内容，如图 2-25 所示。

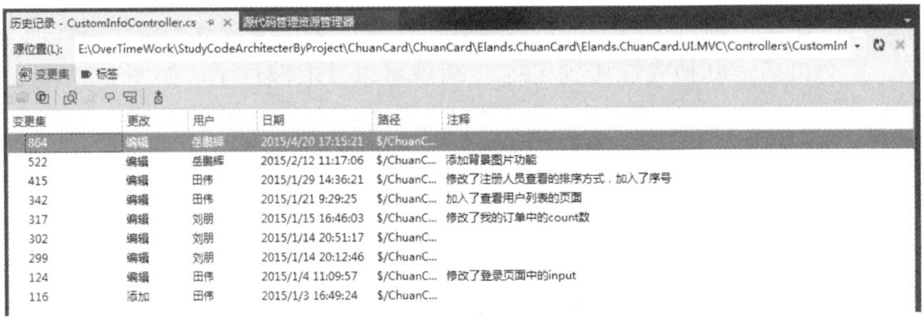

图 2-24　历史记录的详细信息

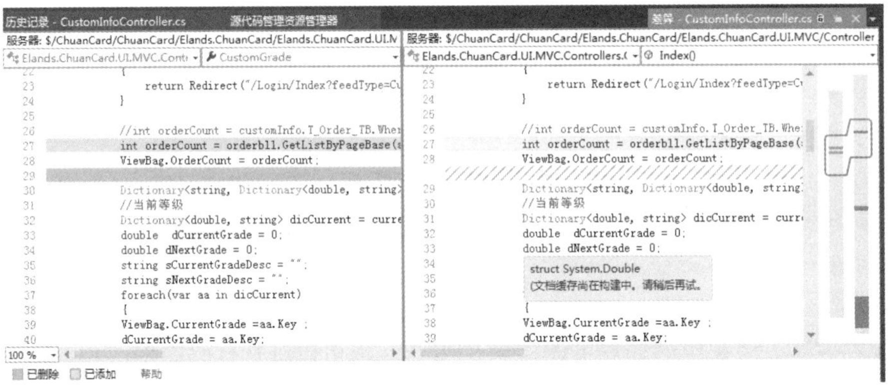

图 2-25　比较两个版本

选择某个版本，右击，然后在弹出的快捷菜单中选择“获取此版本”命令，可以获取到特定的版本。这样就可以实现版本回退的功能。

如果提交代码的时候，发现自己写的代码和其他人写的代码有冲突，TFS 还提供了合并冲突的功能。

如此一来，TFS 就可以解决前面描述的场景中遇到的问题。

PS：TFS 服务端的安装步骤相对比较麻烦，但 TFS 客户端的使用确实是很简单。而且，如果不想安装 TFS 服务端的话，还可以使用微软提供的在线 TFS，这样可以省去安装过程而直接使用，当然，它的获取速度和提交速度都是非常慢的。MOL 在上文中演示的 TFS 就是微软提供的在线 TFS。

2.5.3　SVN 管理软件

TFS 对于.NET 开发来说，有着得天独厚的优势，因为它本身就是微软家族的一员，所以在 Visual Studio 中使用 TFS 来说是非常方便的。但 TFS 也有它的缺点。如果用 PHP 或者 Python 来开发项目，那么没必要再装一个 TFS，如果是在 Linux 下开发的，那么 TFS

就不能发挥它的长处了。

鉴于此，MOL 给大家推荐另一款代码管理软件，即 SVN。

- 和 TFS 不同，SVN（Subversion）是一个自由/开源的版本控制系统；
- 和 TFS 相同的是，SVN 提供一个服务端和一个客户端。SVN 的服务端安装相对简单一些。

接下来讲会简单地说一下 SVN 的使用，而且比你想得要简单得多，因为在后面的章节中并不会用 SVN 去管理代码。

安装客户端的过程非常简单，从网上下载一个 SVN 客户端（别问 MOL 从哪里下载，从 SVN 官网或者通过搜索引擎都可以很轻松得得到客户端的安装包），然后直接选“下一步”→“下一步”……

安装完成以后，右击，你会发现右键快捷菜单中多了一些关于 SVN 的操作，如图 2-26 所示。

SVN Checkout 命令是用来获取代码的。如果知道代码的 SVN 路径，那么可以直接使用这个功能来获取。选择 SVN Checkout 命令后，在弹出的对话框中输入代码的 SVN 路径，然后一直单击“确定”按钮，就可以在当前目录获取代码了。

TortoiseSVN 命令中包含了很多关于 SVN 的操作，如图 2-27 所示。

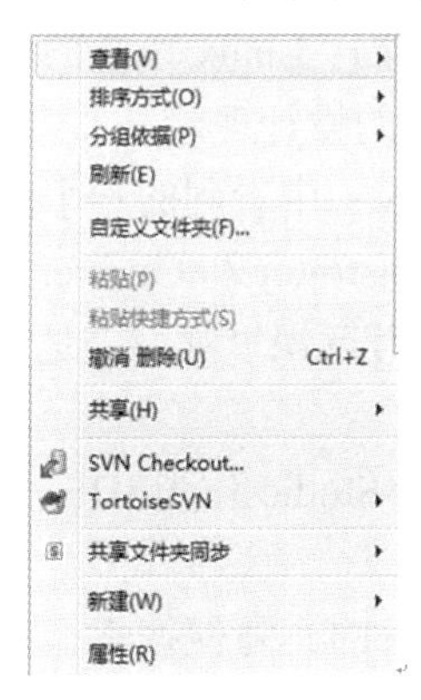

图 2-26　右键快捷菜单中的 SVN 命令

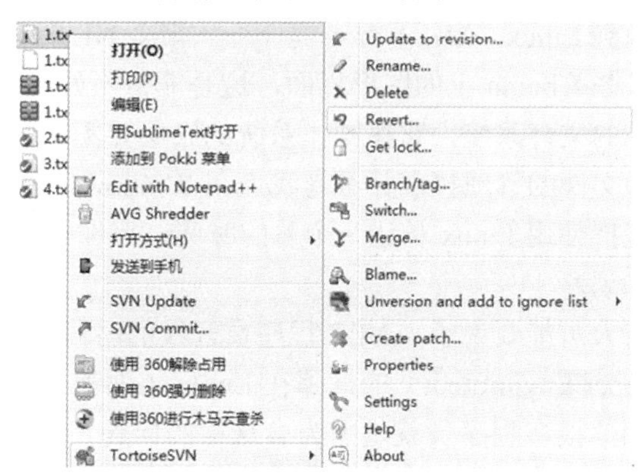

图 2-27　TortoiseSVN 命令下的各子命令

到此为止，SVN 就介绍完了。如果大家有兴趣，可以自己搭建一个 SVN 练习一下。

PS：SVN 还可以作为一个插件嵌入到 Visual Studio 中。

2.5.4　Git 管理软件

TFS 功能强大，但它只能依赖于微软自己的产品。

SVN 不依赖于任何产品，任何操作系统，但它在.NET 开发中的表现又没有 TFS 那么优秀。

正所谓鱼和熊掌不能兼得，但 MOL 就是这样一个不满足的人。有没有这样一种软件，既可以有 TFS 一样的表现，又不依赖任何产品？当然有啦，要不然 MOL 也不会说这么多了。下面就该 GIT 闪亮登场了。

TFS 和 SVN 都属于集中版本控制系统，就是说代码是保存在服务器上的，开发时需要先从服务器上签出（check out 俗称“获取”）操作，开发完成以后或阶段性完成之后，再进行签入（check in 俗称“上传”）操作。签入和签出都是依赖网络的，不管是局域网还是 Internet。我们设想这样一种情况：一个在 TFS 平台上开发的团队，进展非常顺利，有一天公司的路由器坏了，导致所有人的代码无法提交，领导无法查看所有人的进度，那么在路由器坏掉的这一段时间内，这个 TFS 平台上的项目是处于无法维护的状态。

Git 是一个分布式的版本管理系统，它没有一个固定的代码服务器，每一台安装了 Git 的机器都是一个服务器。在英语中，Git 表示“一个不开心的人”，翻译成中文也叫“二货”，这恐怕是 Git 的发明人——Linus Trovald 当时自嘲的真实写照吧。这个 GIT 的发明人是不是听起来非常耳熟？没错，他就是 Linux 的发明人，所以在使用 Git 的时候，经常可以发现一些 Linux 的元素。

题外话：关于Linux

说到 Linux，ML 不得不提一下。很多.NET 程序员是比较排斥 Linux 系统的，或者只会用一些 Ubuntu 上的图形界面，这是非常不好的心态。Linux 的设计理念是非常强大的，如常见的文件系统，它在操作系统的底层并不像我们在 Windows 中看到的一个个的文件夹；如文件的管理权限并不是我们在 Windows 中见到的 Administrator 和 Guester。如果你可以坚持使用 Linux 长达一个月的时间，那你将会明白很多你潜意识里觉得“是这样”的一些知识。

有人可能要说了，.NET 程序员开发的时候肯定是用 Visual Studio 作为 IDE（Interface Developer Enviorment）的，那在 Linux 上面就不能开发了啊。

相信很多程序员就是因为有这样的问题，才会抛弃 Linux 的。随便搜索一下，其实 Linux 下也是有很多优秀的开发平台，如 Mono。如果你对程序开发的本质比较了解（涉及 CLR 和编译原理的知识），那么就会明白，所有的程序，其实就是一大堆文本文件，由编译器将它们转换成中间语言。既然程序是文件文件，那么完全可以用文本程序来编写代码。Windows 下的记事本、Notepad++、EditPlus 等都是非常优秀的软件。在 Linux 下，Vi（Visual Identity，简称 Vi）是最强大的文本软件，没有之一。如图 2-28 所示为 MOL 用 Vi 写的一个 HelloWorld 程序。

它看起来非常像是 Windows 下面的 CMD 程序。但 Vi 要比你想像的强大得多。

Linux 有着非常高的安全性的配置，而且 Linux 对硬件的要求并不高，可以很轻松地用一些低配的机器来搭建一个非常稳定的服务器集群。如果你家里还有一些奔腾时代的计算机，就让它们重新焕发活力吧。MOL 没有多余的计算机，所以 MOL 的计算机上有好多个虚拟机上装了 Linux，它们可以充当 Web 服务器（Apache、Nginx）、缓存服务器（Redis）、数据库服务器（MySQL、MongoDB）。每台服务器的配置都是单核 CPU+256MB 的内存，如图 2-29 所示。

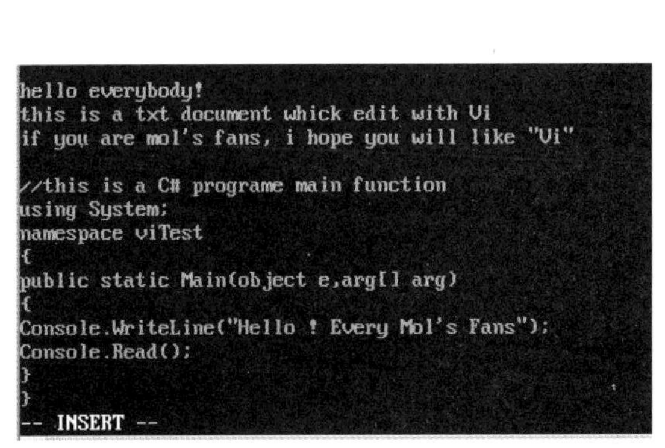

图 2-28　简单的 Vi 示例

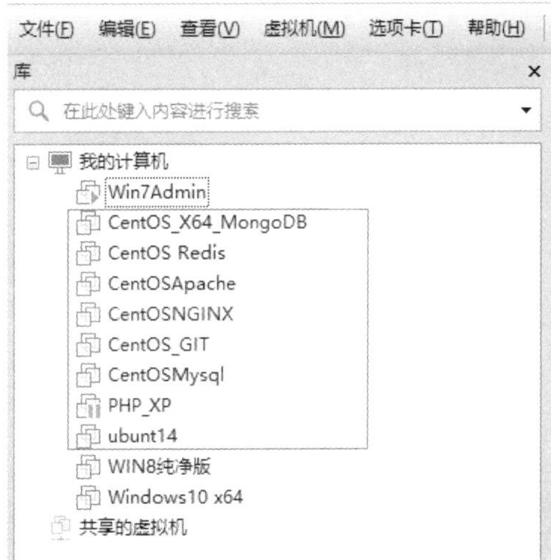

图 2-29　Linux 虚拟机示例

好了，关于 Linux 的题外话就说到这里。希望大家不要只局限于微软的技术。世界很大，多看看总是好的。

接着来说 Git。Git 的安装步骤非常简单，主要分两大步（其实只需要第一步，为了让初学者更好地接受 Git，MOL 增加了关于 TortoiseGit 的描述）。第一步安装 Git，安装包可以从搜索引擎上搜索，如果你懒得搜索，也可以下载 MOL 在本书配套资源中提供的“安装包/Git/Git_V2.5.1_64_bit_setup.1441791170.exe”进行安装。安装过程非常简单，一直选“下一步”就可以。安装完 Git 以后，进入第二步，第二步是安装 Git 的图形界面，找到安装包（可以从搜索引擎上搜索，也可以使用上述安装包目录下的 TortoiseGit-1.8.16.0-64bit.msi 和 TortoiseGit-LanguagePack-1.8.16.0-64bit-zh_CN.msi 。TortoiseGit-1.8.16.0-64bit.msi 是图形界面的安装包，TortoiseGit-LanguagePack-1.8.16.0-64bit-zh_CN.msi 是中文语言包的安装包。安装过程也是一直选“下一步”即可。由于安装过程太过简单，所以这里就直接略过了，相信大家都可以正确安装。

安装完成后，去开源中国或者 Git Hub 上注册一个账号，注册完成以后，可以得到一个免费的空间用来存放代码。这里以开源中国进行讲解。

开源中国关于 Git 的注册网址为 https://git.oschina.net/signup，注册过程也比较简单，这里不再赘述。登录 Git 服务，登录地址为 https://git.oschina.net/login。登录后的主界面上，会显示最近提交的项目、我的项目等，如图 2-30 所示。

单击主界面右上角的加号，然后选择“新建项目”，如图 2-31 所示。

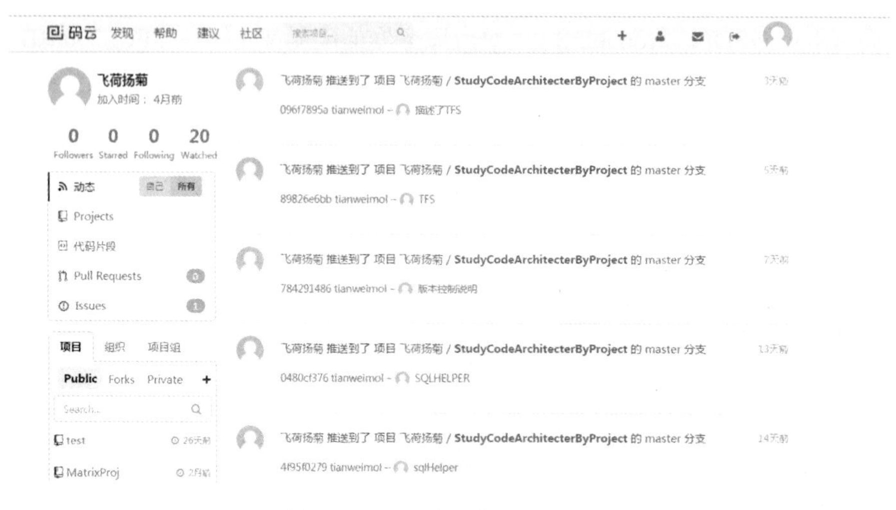

图 2-30　开源中国的 Git 主界面

图 2-31　新建项目

然后填写自己项目的信息，填写完成以后单击“创建”按钮，就可以创建一个项目的 Git 服务了，如图 2-32 所示。

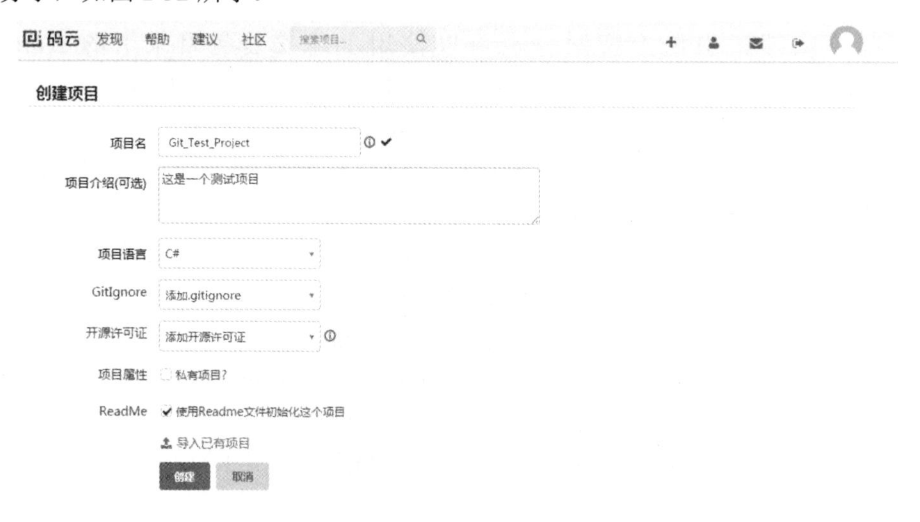

图 2-32　填写项目信息

创建好以后，会展示项目的基本信息，找到页面右上角关于项目的服务地址并复制，如图 2-33 所示。

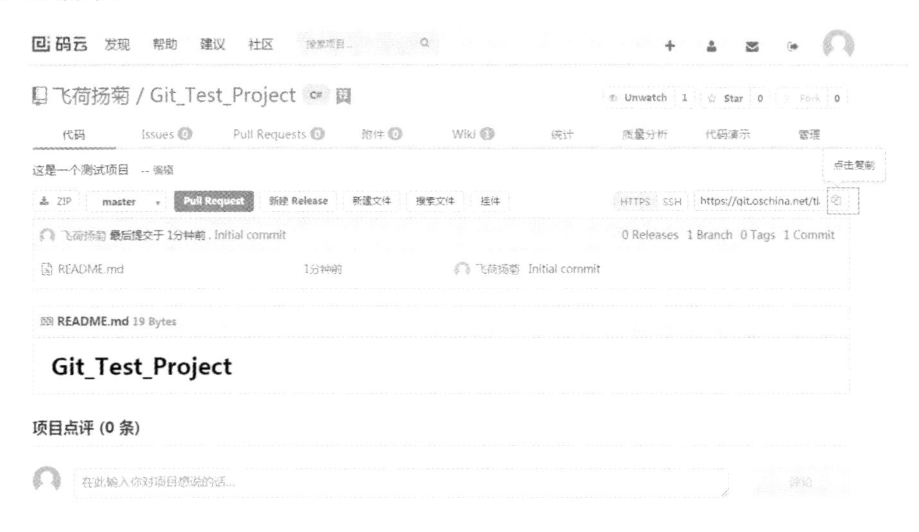

图 2-33　复制 Git 地址

这个被复制的地址就描述了一个代码仓库，这个代码仓库是存放在开源中国的服务器上的，现在要把这个代码仓库中的代码（或其他的文件）“搬”到自己的计算机上。选择一个要存放代码的文件夹，右击这个文件夹，在弹出的快捷菜单中选择 Git Clone 命令，如图 2-34 所示。

选择 Git Clone 命令以后，会弹出一个对话框，如图 2-35 所示。

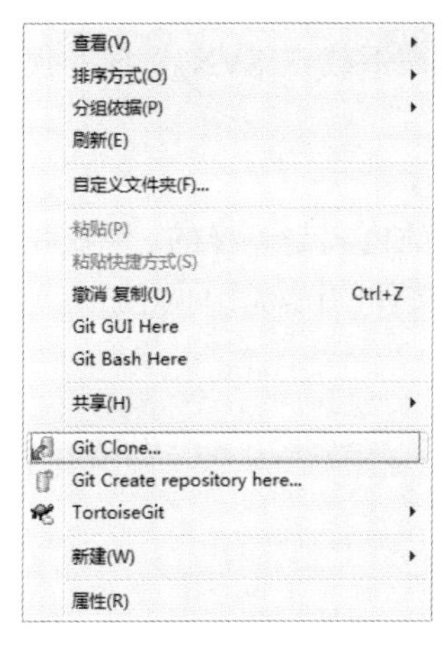

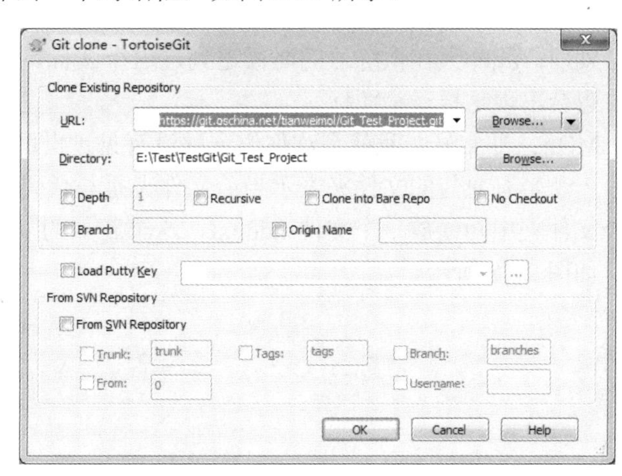

图 2-34　选择 Git Clone 命令

图 2-35　弹出的对话框

可以看到，Git 还是比较智能的，它已经自动从剪贴板中取到了刚才复制的代码仓库的 URL，所以我们不需要做其他的操作，直接确定即可。确定以后，代码就会被下载到指定的文件夹中，下载完成后，Git 会有友好的提示，如图 2-36 所示，直接单击 Close 按钮关闭即可。

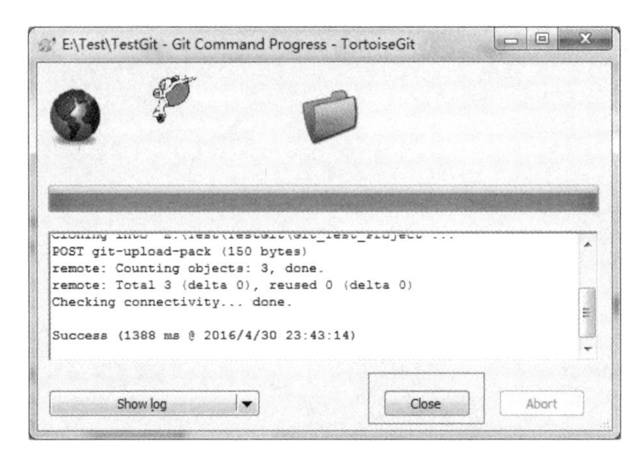

图 2-36　下载完成的提示

关闭对话框以后，可以看到一个名为 Git_Test_Project 的文件夹已经存在了，这个文件夹名和代码仓库中的项目名称是一样的，如图 2-37 所示。

图 2-37　下载得到的文件夹

鹏辉：这个文件夹有点怪怪的啊，图标上面绿色的勾是什么？

刘朋：我昨天在做练习的时候遇到过这个图标，就是我在下载完 SVN 管理的代码以后，也会出现这样一个图标。

MOL：非常好，我就喜欢你们这种没有见过世面的样子。

一个带有对勾的文件夹表示当前文件夹是与代码仓库中的内容是一样的。现在我们在这个文件夹中随便放一个文件 add.txt，这个新加的 add.txt 文件的图标上面会加上一个问号，如图 2-38 所示。

图 2-38　新增一个文件

这个带问号的图标表示是新加的文件，接下来在 add.txt 文件上右击，选择右键快捷菜单中的 TortoiseGit→Add 命令，并在弹出的对话框中一路单击 OK 按钮，如图 2-39 所示。

操作完成后，add.txt 的图标上面的问号就消失了，取而代之的是一个加号。这个加号表示 add.txt 文件已经加入到本地的 Git 项目中，但是还没有提交到 Git 代码库中。

在 add.txt 文件上右击，选择右键快捷菜单中的 Git Commit→master 命令，如图 2-40 所示。

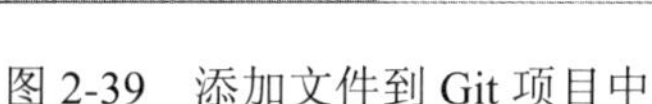

图 2-39　添加文件到 Git 项目中

图 2-40　提交到本地库

在弹出的对话框中输入对当前操作的描述，并单击 Commit 按钮，如图 2-41 所示。

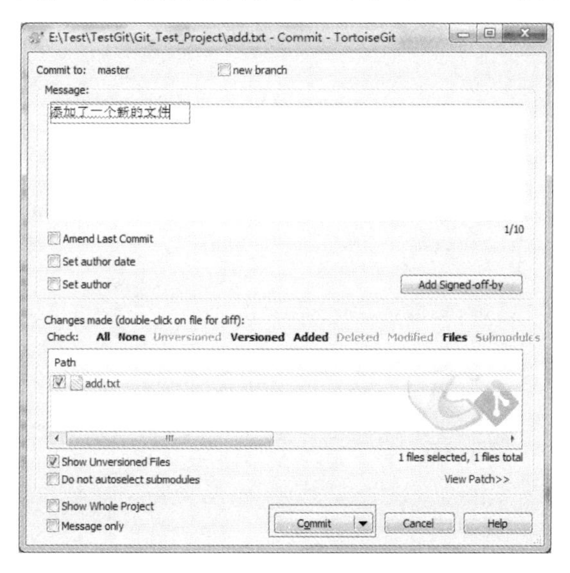

图 2-41　提交更改

提交以后，会弹出一个新的对话框，该对话框会显示提交的进度，当然，本地提交是非常快的。进度完成后，关闭对话框即可。

PS：每次提交的时候，一定要写好当前提交的内容和目的，以便代码管理的时候进行查看。

根据提示可以猜测出，这个操作就是要提交更改，当然，事实也是如此。需要注意的是这里并没有提交到开源中国的代码仓库，而是提交到本地的代码仓库。这一步是不需要联网的，也就意味着如果断网了，提交操作是可以照常进行的。

这一步是特别需要注意的，用过 TFS 或 SVN 这样集中代码管理软件的程序员尤其要注意，这里的提交本质就是在本地做一个代码管理，这也是分布式代码管理软件的特点。每一个程序员的计算机都是一个代码仓库，只有在需要的时候，才会把本地代码仓库“推”到一个特定的代码仓库上（本书中特定的代码仓库默认是开源中国的代码仓库）。这个“推”字非常传神，它形象地表达了我们将本地代码库提交到特定代码库的目的和过程。那“推”是如何操作的呢？

在项目文件夹上右击，然后在右键快捷菜单中选择 TortoiseGit→Push 命令，如图 2-42 所示。

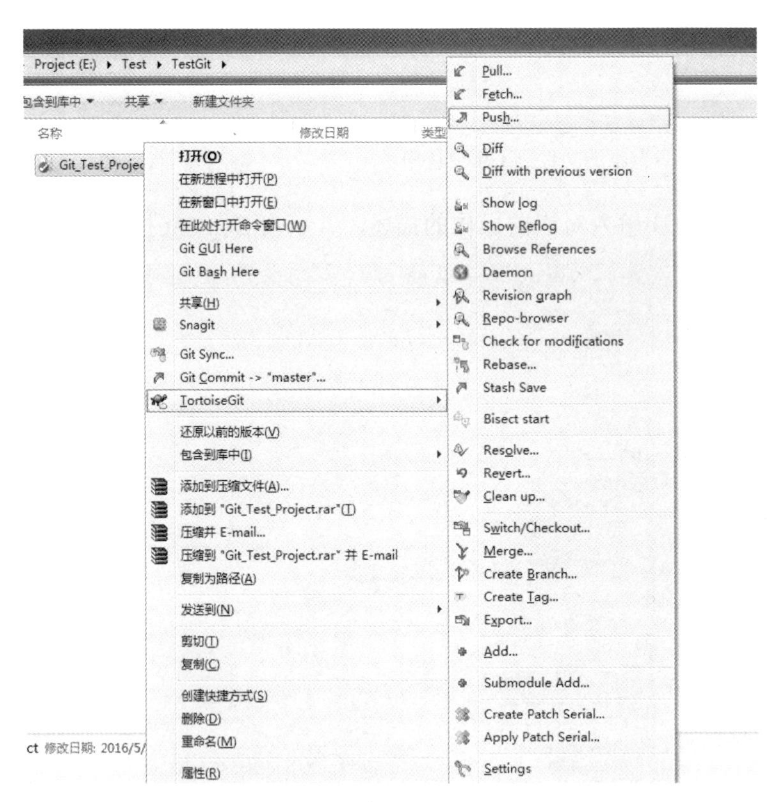

图 2-42　推送第一步

在弹出的对话框中，直接单击 OK 按钮，然后再在弹出的对话框中输入用户名和密码，之后一直单击 OK 按钮就完成了“推”的操作，如图 2-43 所示。

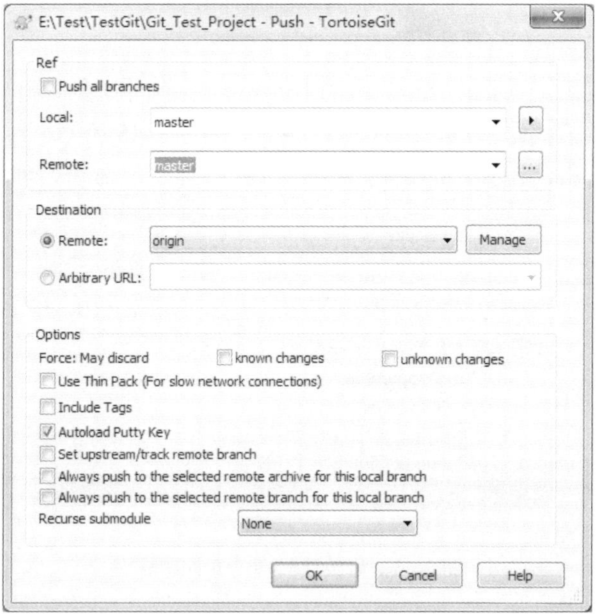

E:\Test\TestGit\Git_Test_Project - Push - TortoiseGit
Ref
Push all branches
Local: master
Remote: master
Destination
Remote: origin　Manage
Arbitrary URL:
Options
Force: May discard　known changes　unknown changes
Use Thin Pack (For slow network connections)
Include Tags
Autoload Putty Key
Set upstream/track remote branch
Always push to the selected remote archive for this local branch
Always push to the selected remote branch for this local branch
Recurse submodule　None
OK　Cancel　Help

图 2-43　推送第二步

在图 2-43 中有两个地方需要注意一下，第一处是 Local，表示当前提交项目的分支；第二处是 Remote，表示目标代码库的分支。在本例中只有 master 一个分支，所以保持默认就可以了。在实际的工作中，需要根据管理员分配给你的具体分支来提交。

经过上面的操作，我们就把代码提交到了开源中国的代码库中。打开开源中国的代码管理页面会发现，我们提交的文件已经被开源中国的代码库管理起来了，如图 2-44 所示。

图 2-44　推送后的页面

在 Visual Studio 2013 中，已经集成了对 Git 的支持，因此可以更容易地使用 Git 了。接下来，MOL 演示一下如何在 Visual Studio 2013 中使用 Git。

按照前面所讲的方法，新建一个项目解决方案 TestProjectSLN，这个项目中只有一个控制台程序。创建好以后，同步到开源中国。打开这个项目，并修改 Main 方法，添加一条打印语句：

```
Console.WriteLine("这世界，我来了！");
```

修改完成并保存后，Visual Studio 中的 Program.cs 前面就会多出一个红色的对勾，表示已经对当前文件做了代码修改，但还没有提交，如图 2-45 所示。

在修改文件上右击，在弹出的快捷菜单中选择“提交”命令，如图 2-46 所示。

图 2-45　修改代码后的文件图标

填写操作注释，然后单击“提交”按钮，如图 2-47 所示。

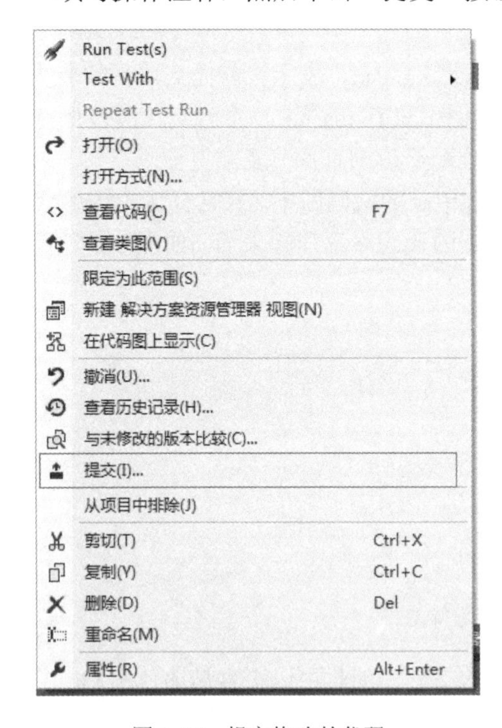

图 2-46　提交修改的代码

图 2-47　在 Visual Studio 中提交变更

这样就完成了在 Visual Studio 中提交变更的操作。

如果对多个文件都做了更改，那么可以在解决方案上右击，在弹出的快捷菜单中选择“提交”命令，之后的操作同单文件提交是一样的，不再赘述。

2.6 小　结

本章主要讲述了简单的三层架构，进而讲到了 MVC 架构，并在代码中加入了面向对象的元素，最后提到了代码管理的一些软件，着重讲解了 Git 的使用。

正如我们在 2.4 节中提到的，“面向对象”是本书中的一条主线，希望大家能接受它，爱上它，并在你的代码中使用它。

第 3 章　ORM 实体关系映射

冰河解冻，彩蝶纷飞，狗熊撒欢。柳絮飘舞，万物复苏，这是一个……

正当 MOL 抒发感情到不能自已的时候，以刘朋为首的三人小分队又如鬼魅一般地冒了出来。正所谓来者不善，善者不来，MOL 先气沉丹田，使了一个夜战八方藏刀式：“呔，来将所谓何事？”

刘朋：主帅莫慌，小的们有好东东要分享。

MOL 理了一下三七分的毛寸发型：“我慌了吗？”

MOL：言归正传，有何事分享？

刘朋煞有介事地说：This way please。

鹏辉：说人话！

刘朋：请上坐，待吾慢慢呈于您敬观。

MOL 不慌不忙地坐在工位上，刘朋打开 Visual Studio。一边点着鼠标一边解说：我们听完三层架构以后，做了一个简单图书查询系统，这是 DAL 层，负责访问数据库；这是 BLL 层，负责处理业务逻辑，UI 层用 MVC 写的。

MOL 看着，脸上露出了欣慰的微笑。

刘朋：这个项目的功能非常简单，但是……

中文就是如此的博大精深，一个“但是”足以让人从万丈高楼的楼顶跌落到无尽的深渊，这个“但是”把 MOL 的小心肝吓得扑通扑通的。

刘朋一脸坏笑，接着说道：但是，DAL 层存在大量重复的 SQL 语句的片断，无法抽象出来，而且存在大量的硬编码，不利于代码的扩展。

MOL：吓死朕了，给我来杯 82 年的雪碧压压惊。

MOL 喝了一口水之后，接着说道：我以为多大点事呢。以你们现在的水平，能把这个项目写完了，已经很了不起了，写完了还能自己进行分析，甚至还能提出代码扩展方面的见解，这大大超出了我的预期。今天我就来带着你们去把 SQL 语句“扼杀在摇篮里”。

3.1　说说 OCP 开放封闭原则

我们都知道，数据要存放在数据库中，程序要操作数据，就要直接或间接地操作数据库，要操作数据库，就不可避免地要写大量的 SQL 语句。这些 SQL 语句可以满足很多初级程序员的虚荣心，看着这些简单或复杂的 SQL 语句被程序运行以后就可以得到自己想要的数据，是不是很有成就感？但是，问题也就随之而来了。

当写一个 SQL 语句的时候，就注定了这条 SQL 语句只能满足一种业务场景或一种类型业务场景。当业务场景发生变化的时候，SQL 语句也有可能发生变化。SQL 语句的变化又可能引起 DAL 层的变化，进而影响到 BLL 层。这样一系列的连锁反应，是我们不想看到的。

当不得不修改某些代码的时候，我们更希望这些修改的影响范围最小，尽量不要涉及其他的层（Layer）。设计模式（Design Pattern）中的开放封闭原则（OCP Open Closed Principle）的目的就是要解决上面提到的问题。

开放封闭原则简称开闭原则，是设计模式中非常基础的一个原则，它的表述是：在软件开发过程中，代码应该对扩展是开放的，对修改是封闭的。也就是说如果你要新增功能，欢迎；如果要修改现有的功能，对不起，此路不通。

那问题来了：如果业务有更改，就是要修改代码，怎么办？

看来修改 SQL 是势在必行了。既然绕不过这个问题，那么就只能让修改 SQL 的影响范围变为最小。最起码，DAL 的修改不要影响到 BLL 层。但是 BLL 层调用 DAL 层的时候，经常会这样写：

```
dalClass dal=new dalClass();        //实例化一个 dal 对象
```

这样的代码导致 DAL 的修改必然会影响到 BLL 层，我们通常把这种关联关系叫做“耦合”。那么怎么能让 DAL 不影响到 BLL 层呢？如何让 DAL 层和 BLL 层的耦合关系不要那么密切呢？甚至让 BLL 层根本不知道 DAL 层的存在，就达到了让 BLL 层和 DAL 层没有耦合的目的，也叫“解耦”。

PS：计算机科学领域的任何问题都可以通过增加一个间接的中间层来解决。

这句话是计算机界中的格言，那我们就试着加一个“中间层”来解决上面提到的问题。

3.2　解耦第一步——接口要上位

从本节开始，我们要开始慢慢地搭建自己的代码结构了，我们将要做一个类似“川商卡”的项目。MOL 是山西人，所以把项目名称定为“晋商卡”。

3.2.1　代码结构的前提

1. 创建数据库

首先，我们必须有一个数据库来供程序使用，MOL 在前面的章节中已经提到 PD（PowerDesigner）是设计数据库的利器，所以在这里还是使用 PD 来设计“晋商卡”的数据结构。为了方便大家，MOL 已经把设计好的概念模型（CDM）和物理模型（PDM）都打包放在本书的配套资源里了（代码位置：源代码\第 3 章\数据库模型）。打开 Workspace.sws，依次展开 JinCardPD→JinCardPDM 选项，选择菜单栏中的 Database→Generate Database 命令，如图 3-1 所示。

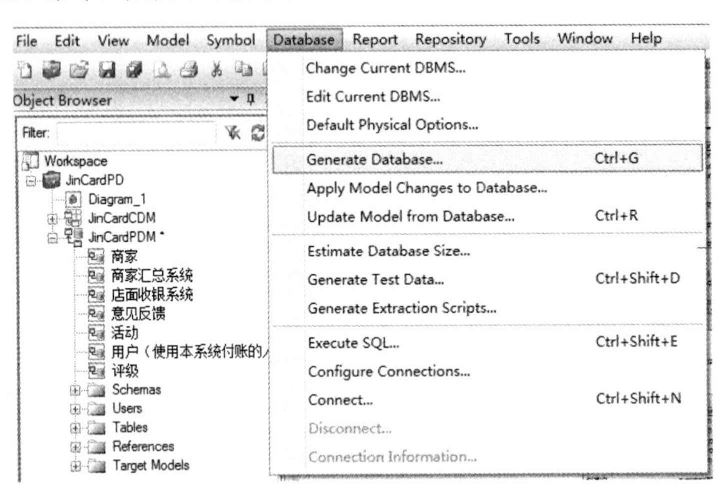

图 3-1　生成数据库

在弹出的对话框中填写输入脚本存放的路径后，单击“确定”按钮，如图 3-2 所示。

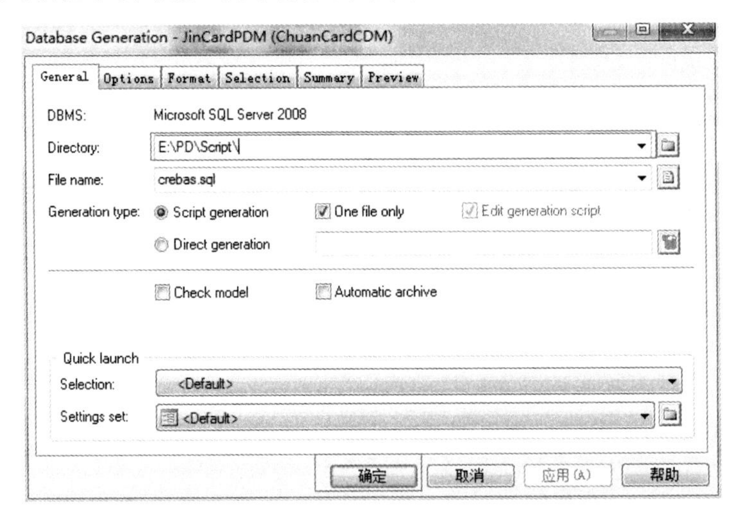

图 3-2　填写输入脚本存放的路径

这样，创建数据库的脚本就生成了，是不是特别简单？把这个脚本放到 SQL Server 中执行一下，就可以得到我们需要的数据库表了（必须先在 SQL Server 中创建数据库 JinCardDB），如图 3-3 所示。

图3-3　生成后的数据库

每个表的含意和表中字段的范围都在PD文件中进行了描述，MOL就不再赘述了。在下面的讲述中，我们只针对两张表进行搭建架构，其他的表怎么办呢？这个问题放到本章的3.3节中进行讲述。

下面用到的两张表分别是T_CustomInfo_TB用户信息表、T_Order_TB订单表。之所以选择这两张表进行讲述，是因为用户表和订单表存在“一对多”的关系，这样可以理解在面向对象的世界里，一对多是什么样子的。

2. 创建基础的三层架构

除了数据表之外，还需要搭建一个简单的三层架构，这个三层架构实现对数据库表进行CRUD（增、删、改、查）。关于三层架构，前面已经提到过了，即包含了DAL（数据访问层）、BLL（业务逻辑层）和UI（用户界面层）这三层。后来，我们在这个基本三层架构中增加了实体层（Model Layer）。

我们就按照这样的思路去建立一个简单的三层架构，这个架构中使用SqlHelper实现对数据库的访问，使用MVC实现用户界面的CRUD。具体搭建步骤请参考第2章，搭建完成后的代码架构如图3-4所示（代码位置：源代码\第3章\简单三层）。

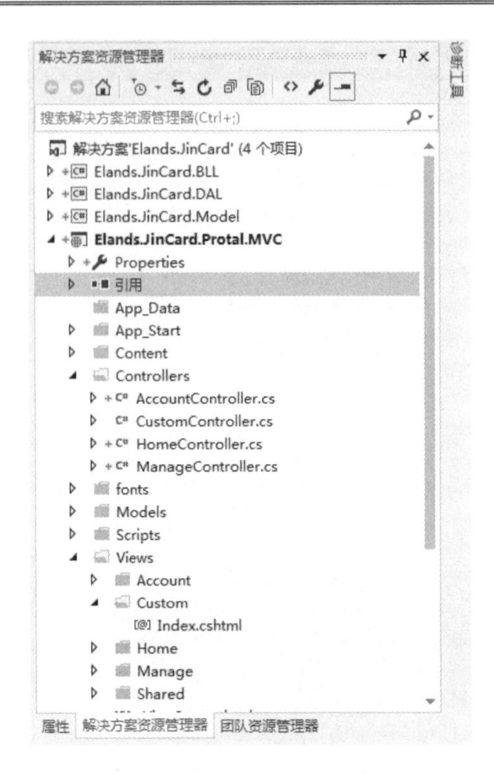

图 3-4　简单三层代码示意图

这个代码框架比较简单，大家花点时间就可以自己写出来。需要注意的是，MOL 在给出的代码中所使用的是微软提供的 SqlHelper，在这个基础上，MOL 添加了将 DataTable 转换为实体的方法。

3.2.2　创建接口层

我们更希望在使用实体的时候，不要直接去实例化一个对象，例如：

```
dalClass dal=new dalClass();                //实例化一个 dal 对象
```

大家可以设想一下，一个公司可能有很多程序员，有的程序员只会写与数据库打交道的代码（DAL 层），有的程序员只会写业务逻辑代码（BLL 层），有的程序员只会写 UI 代码。如果在 BLL 层直接实例化一个 DAL 对象，可以想象一下这是什么样的场景。

BLL 程序员：我想要一个获取用户信息的方法，你写完以后把函数名发给我。

DAL 程序员：写完了，public ArrayList getUser()。

BLL 程序员：嗯？返回的是什么？ArrayList 里放的是什么？

DAL 程序员：集合里面当然放的是用户对象集合了啊。

BLL 程序员：但是 ArrayList 里的元素是不固定的，万一哪天我取出一个元素不是“用户”类型，那程序岂不是要报错了？

DAL 程序员：那你不会用 try...catch 来处理一下？

BLL 程序员：try...catch 不是这样用的啊……

程序员的交流往往就是这么简单直接，而且毫无美感。没办法，谁让程序员就是一种高智商低情商的“物种”呢。

吵完了以后，DAL 程序员做出了让步，修改函数为：

```
public List<User> getUser()
```

BLL 程序员得知消息以后，欣慰地写下了：

```
DAL dalInstance=new DAL();
List<User> userList=dalInstance.getUser();
```

好景不长，DAL 程序员找到了 BLL 程序员。

DAL 程序员：我们老大说了，这个函数名不符合编码规范，返回类型也没有遵循最小原则，所以这个函数需要修改，现在改为：

```
public IList<User> getLiveUser()
```

BLL 程序员：你是猴子派来的救兵吗？你这一改，我也要跟着改……

BLL 程序员很无奈，只能修改程序为：

```
DAL dalInstance=new DAL();
IList<User> userList=dalInstance.getLiveUser();
```

改完以后，默默地祈祷 DAL 不要再修改了。

直到 DAL 程序员再告诉 BLL 程序员说要修改的时候，两人之间就上演了不死不休的争吵。

其实，并不是这两个人有什么私人恩怨，也不能追究谁对谁错，如果要说有一个人错的话，那也只能是架构师，一个坏的架构足以搞垮一个优秀的团队。

上面描述的这种情景中，BLL 程序员对 DAL 程序员有着较强的依赖，DAL 层的修改经常会影响到 BLL 层。我们通常把这种较强依赖的关系叫做“强耦合”。

还记得前面说的一句名言吗——计算机科学领域的任何问题都可以通过增加一个间接的中间层来解决。

我们增加一个接口层来解决上面提到的强耦合问题。这个接口层承上启下，一手连接 DAL，一手连接 BLL。其实它更重要的作用是隔开了 BLL 和 DAL 层，使它们不会发生直接关系。增加了接口层以后，解决方案如图 3-5 所示。

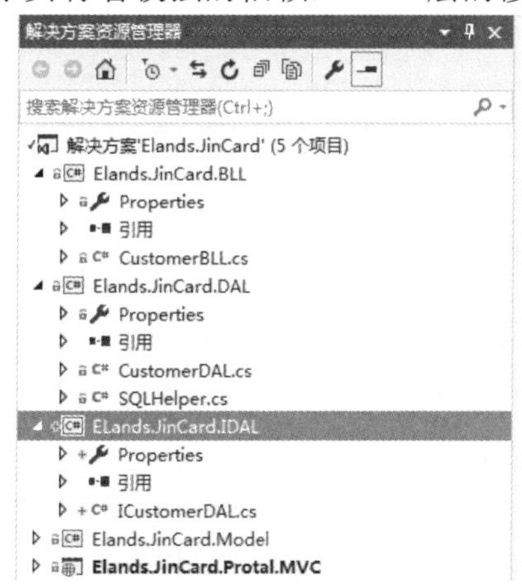

图 3-5　增加了 IDAL 接口层

图 3-5 只是拉了一个接口层 IDAL，如何让 IDAL 一手托两家，连接 DAL 和 BLL 层呢？

1. 连接DAL层

IDAL 连接 DAL 层的意义在于，IDAL 给 DAL 层做出了规范。比如在 IDAL 中定义了一个接口：

```
void InsertUser(T_CustomInfo_TB user);
```

那么，在 DAL 中就一定要实现这个接口。

```
Public void Insertuser(T_CustomInfo_TB user)
{
    //实现代码
}
```

2. 连接BLL层

IDAL 连接 BLL 层的意义在于，IDAL 只告诉 BLL 层说我可以干什么，但我是怎么干这些事的，就不告诉你了。这样，BLL 层就只关心 IDAL 的作用。就好像我要做一个雪糕，那么就需要找一个可以冷冻的家电（如冰箱、冷柜……），但我不需要关心这个家电是如何工作的，只需要知道这个家电有冷冻功能即可。“有冷冻功能的家电”就是 IDAL，“制作雪糕”就是 BLL，而具体的冰箱或冷柜就是 DAL。

在 BLL 中调用 IDAL 的过程是这样的：

```
//实例化一个 IDAL 接口
IDAL customerDAL=new CustomerDAL();
//调用接口的 InsertUser()方法
customerDAL.InsertUser(user);
```

3.3　解耦第二步——工厂模式解决 new 的问题

刘朋：接口层就长这个样子啊，好像也没什么用嘛。

鹏辉：如果没有接口层的话，我们是这样定义的：

```
CustomerDAL customerDAL=new CustomerDAL();
```

有了接口层以后，我们的定义是这样的：

```
IDAL customerDAL=new CUstomerDAL();
```

在写法上的差别并不是太大，而且增加了接口层还会增加开发量。接口层的意义也就是在设计层面吧。

冲冲：你讲的接口层的目的是阻断 BLL 和 DAL 层之间的关联，但我们在写代码的时候还是会去 new 一个 DAL 对象，好像也没有达到目的啊。

MOL：你们提的问题，也是我们接下来要探讨的知识。其实，冲冲的疑问是比较关键的，只要把 new 的问题解决了，大家也就自然了解了接口层其实并不是鸡肋。

为了不使用 new 来实例化一个 DAL，那么我们会考虑使用工厂模式来达到这个效果。

工厂模式算是一种比较常见的设计模式（Design Pattern），工厂模式的目的是不用 new 来创建一个实例。接下来用“演绎法”来描述一下工厂模式。

前面已经说过，加入接口层以后，实例化一个对象可能是这样：

```
IDAL customerDAL=new CUstomerDAL();
```

我们不想用 new 的方式来创建实例，而希望是这样：

```
IDAL customerDAL=工厂.创建（实例类型）;
```

第一反应，就是把 new 的操作放到工厂中去执行。那么工厂就需要根据传入不同的实例类型来“制造”出不同的对象实例。最简单的方式是使用 switch...case 来输出对应的对象实例。例如：

```
public static object GetInstences(string className)
{
    switch (className)
    {
        case "userDal":
            return new userDal();
        case "orderDal":
            return new orderDal();
        case "pageDal":
            return new pageDal();
        case "customerDal":
            return new customerDal();
        default:
            return null;
    }
}
```

这样就不用再显式地去 new 一个对象出来了，这种写法就是传说中的“简单工厂”，因为它足够简单，所以会带来很多问题。

首先，这种写法是违反 DRY（Do not Repeater Yourself）的，我们可以看到大量重复的代码（return new ...）。

其次，这种写法需要穷举项目中所有需要 new 的类名。这是一个不小的工作量，而且很有可能会遗漏掉某些类。如果直接使用简单工厂来代替 new 其实并没有用，反而会带来额外的工作。

那么就没有其他的办法了吗？

在.NET 的机制里，有一种技术叫反射。反射可以动态地加载 DLL，并实例化类（class）。例如：

```
//只有在当前解决方案里添加了该 dll 的引用后才可以使用 Load
Assembly objDALAss = Assembly.LoadFrom(@"E:\Project\Elands.JinCard.DAL.
dll");

//Elands.JinCard.DAL.userDAL 类的全路径
Type t = objAss.GetType("Elands.JinCard.DAL.userDAL");
```

```
//动态生成类 StringUtil 的实例
IuserDal obj = System.Activator.CreateInstance(t) as IuserDal;
```

上面的代码就是反射的一个基本应用，使用反射的基本步骤如下。

（1）找到 dll 所在的路径。

（2）找到 class/interface 的全路径。

（3）实例化 class/interface。

这意味着不需要再去判断输入的类型，也就不需要出现大量重复的代码，最后完成的工厂代码如下：

```
public class DALSimpleFactory
{
    public static Object GetInstences(string assemblyName, string typeName)
    {
        return Assembly.Load(assemblyName).CreateInstance(typeName);
    }
}
```

是不是看起来干净许多了？

接下来再来创建一个 userDAL，用来说明这个工厂代码如何使用：

```
IuserDAL userDal=DALSimpleFactory.GetInstences("Elands.JinCard.DAL", "Elands.
JinCard.DAL." + "userDal") as IuserDAL;
```

OK，到这里为止工厂模式的使用就已经讲述完了。

鹏辉：用工厂模式的写法确实是没有 new 了，但是也不可避免地要写入硬编码，比如要实例化 userDAL 的时候，必须写入 userDAL 的路径，并且写入 userDAL 的全路径，这样和直接 new 有什么本质的区别呢？

MOL：new 属于静态编译，也就是在编译网站的时候 userDAL 就会被编译放到网站中。而反射生成 userDAL 属于动态编译，生成网站的时候不会被编译到网站中，只有在使用 userDAL 的时候才会生成。最重要的是，工厂模式有效地切断了 BLL 和 DAL 层的强关联。那么实例化 userDAL 的时候，我们需要传入 userDAL 所在的 DLL 的路径、userDAL 的全路径，这样看似有点“剪不断，理还乱”的关系，其实不然。我们传入的参数是字符串（string）类型的。也就是说，传入 Elands.JinCard.DAL 是正确的，传入“阿猫阿狗”也未尝不可。重点是“字符串”，作为字符串，传入的参数就可以写在配置文件中，当需要新增或修改的时候，直接修改配置文件就可以了，而不用重新编译项目。

例如，配置文件是这样的：

```
<appSettings>
  <add key="userDalRef" value="Elands.JinCard.DAL,Elands.JinCard.DAL.userDal"/>
  <add  key="customerDalRef"  value="Elands.JinCard.DAL,Elands.JinCard.DAL.
customerDal"/>
  <add  key="orderDalRef"  value="Elands.JinCard.DAL,Elands.JinCard.DAL.
orderDal"/>
</appSettings>
```

这样，就把每一个 DAL 的配置放在了 web.config 中。每一个 add 节点都是一个 DAL 配置，其中，key 值表示 DAL 配置名称，value 表示配置值。key 和 value 中描述的配置名称一定要一目了然，比如上面的配置中，key="userDalRef"表示 userDal 这个 DAL 的引用（Refrence）；value 中是一个以逗号分隔的字符串，其中，逗号前面的部分是 DAL 所在的 DLL 的路径，逗号后面的部分是 DAL 类的全路径。例如，要实例化一个 userDAL，那么实例化的代码就是：

```
public void GetuserDal()
{
    string[] dalCfgArr = System.Configuration.ConfigurationManager.AppSettings
["userDalRef "].Split(',');
    IuserDAL userDal=GetInstences(dalCfgArr[0],dalCfgArr[1]) as IuserDAL;
    //调用 IuserDAL 的方法
    userDal.Select();
}
```

这样就完美解决了鹏辉所提到的硬编码的问题。

刘朋：这样做确实是达到了“解耦”的目的，但调用工厂去创建一个实体，也就是说，怎么老感觉有点没有“解”干净的意思呢？BLL 虽然不依赖于 DAL 了，但却依赖了工厂。

MOL：对，BLL 从依赖具体的 DAL，变成了依赖抽象的工厂，这是工厂模式给我们带来的最大好处。但是 DIP（Dependence Inversion Principle，依赖倒置原则）告诉我们，高层模块不应该依赖低层模块，两者都应该依赖于抽象。显然，BLL 依赖了工厂，而工厂又依赖了 DAL，这样互相依赖，造成了解耦不彻底。那么如何彻底地解耦呢？

PS：顺便提一下，new 一个 class 的时候，.NET 会先在内存堆中开辟一块用来存放实例的空间，然后再对实例进行初始化。而开辟内在堆空间的时候，这些空间并不是连续的，所以当一个项目中大量地使用了 new 的时候，就会造成内存堆中存在大量的碎片。这种现象会对真实的系统造成故障，而且这种故障会给排查过程带来很大的困难。

例如，一个服务器的内存是 1GB，我们把一个网站发布到这台服务器上，这个网站在运行一段时间后，服务器的空间内存可能只剩余 200MB，这 200MB 由一些小于 2KB 的内存碎片组成。如果这个时候再去 new 一个大于 2KB 的对象，那么程序就会报错。

3.4　Spring.NET 横空出世

3.4.1　酒文化发展史

MOL 是一个喜欢喝酒的人，MOL 一直认为酒是人类一个很伟大的发明。追溯到遥远的母系氏族社会，我们的祖先就已经将剩余的野果储存起来，放置一段时间后，就酿成了香甜的甘醴。

我们想一下，原始的祖先们想要喝酒，他们会怎么办？首先采一堆野果，然后放在一个瓦罐中，等几个月，就可以喝到酒了。

这是不是类似于我们写代码的时候直接 new 一个对象出来？采一堆野果（输出构造函数的参数），放到一个瓦罐中（分配内存），等几个月（CPU 工作时间），就可以喝到酒了（得到实例化对象）。从“想要”到“得到”中间所有的过程都是自己亲力亲为。

进入了封建社会后，出现了很多商铺、酒坊。如果 MOL 想要喝酒，就不用自己采野果酿酒了，直接到咸亨酒店，把 9 个大钱排开放在柜台上，说：“温两碗酒，要一碟茴香豆”，自有酒保把酒端上来。喝酒的时候，还可以和店小二讨论关于茴字有几种写法的问题。

我们再来想一下，这是不是就是工厂模式的过程？MOL 想喝酒了，只需要找咸亨酒店（工厂）表明自己的需求（需要实例化的对象），工厂就会把相应的对象实例化并输出，而 MOL 完全不用关心酒是怎么做出来的（实例化过程）。

到了 21 世纪，MOL 喝酒也不用去咸亨酒店了，直接在网上订购就可以了，MOL 甚至不用关心是哪个工厂做的酒，只需要表达“我要喝酒”的强烈愿望就可以了。

那么，我们在写程序的时候是否也可以做到这样？只需要说“我需要一个 IuserDal 对象”，然后随着一声惊雷，这个对象就呱呱坠地了。听起来是不是很神奇？但这并不是天方夜谭，接下来的内容将带你完成这个看似神奇的过程。

3.4.2　神奇的 IOC

很多 80 后 90 后的程序员一定看过 86 版的西游记。作为影片中的男一号（貌似这个电影中的男一号很多），唐僧这个角色性格鲜明。比如他经常会对一些化妆成为美女的妖怪自我介绍：“贫僧从东土大唐而来，前往西天拜佛求经。”；又比如他经常会说：“施主莫怕，我这几个徒弟相貌虽丑陋点，但心地善良”。可是大家有没有注意过，在 86 版的西游记中，唐僧这个角色是由 3 个演员组团塑造的。

这里不方便写出这 3 位演员的真实名讳，暂且以演员 A、演员 B、演员 C 来说明吧。我们以唐僧把孙猴子从五行山下救出的那一集来举例说明。

在电影开拍的时候，导演基本上是不会想到扮演唐僧的演员换了一茬又一茬，所以演员 A 在表演把孙猴子从五行山下救出来的时候，他会说：“揭了压帖矣，你出来么。”

用程序表示就是：

```
演员 A actor=new 演员 A();
Actor.Say("揭了压帖矣，你出来么。");
```

事实往往就是这么不可预料，当到拍唐僧救孙猴子的那一集时，演员 A 已经离开了剧组，替代演员 A 的是演员 B，所以这句台词应该由演员 B 来说。

用程序表示就是：

```
演员B actor=new 演员B();
Actor.Say("揭了压帖矣，你出来么。");
```

这样写程序肯定是不对的。角色（Actor）和演员之间造成了强依赖，当演员变换时，就需要重新修改程序、重新编译。

我们完全可以使用一个接口来规范演员，这个接口是这样的：

```
public Interface IActor
{
    void Say();
}
```

也就是说，只有实现了 IActor 接口的对象才可以充当演员的角色。借助工厂模式，代码如下：

```
IActor actor=Factory.CreateInstance("演员B的DLL所在的路径","演员B的DLL
的全路径");
```

问题解决了，电影可以接着往下拍了！

但好景不长，演员 B 也离开了剧组，演员 C 替代了他的位置，程序不得不修改为：

```
IActor actor=Factory.CreateInstance("演员C的DLL所在的路径","演员C的DLL
的全路径");
```

前面提到，工厂方法里的参数可以写在配置文件中，因此直接修改配置文件就可以了。

但这还不够完美，完美的过程是下面这样的。

编剧说：第 13 集中的唐僧有一个武打片断。

导演说：没问题，你不用关心演员的事情，你只需要确定“角色”就可以了。

演员 XXX 说：导演，我有特殊技能，我会跳远。

导演说：好的，你实现了动作演员的接口，等到动作演员需要出场的时候我叫你。

这样一来，编剧不知道演员的存在，而演员也不认识编剧。演员和编剧之间通过导演来调配，需要演员的时候，把演员叫出来上场（实例化），不需要演员的时候就可以把他辞退（销毁）。

用程序来描述就是：

```
private IActor actor{get;set;};
public void Display()
{
   This.actor.Say("揭了压帖矣，你出来么。");
}
```

有人可能疑惑了：就声明一个接口类型的对象，都没有实例化，就可以直接使用了？答案是肯定的。

声明接口类型的对象，这是编剧做的事情。表示“我需要 IActor 类型的演员”。

程序运行到 This.actor.Say("揭了压帖矣，你出来么。")的时候，导演发现 Actor 还没有实例化，赶紧找一个演员补上。也就是说，编剧只需要表达需求就可以了，剩下的工作完全是由导演来完成。

原本需要编剧来创建一个演员，现在由导演来“现找”一个演员来完成。这样把原来的过程进行颠倒就是“控制反转”（Inverse Of Control，IOC）。

编剧本来是依赖具体的演员，而现在变成了依赖于抽象的导演“注入”一个演员（导演先找到一个IActor对象，然后再提供给编剧），这就是依赖注入（Dependence Injection，DI）。

这就是大家经常会听到的控制反转和依赖注入。这两个概念比较抽象、难于理解且易混淆的，MOL 不要求大家能快速地说出这两个概念到底是什么意思，但是一定要理解这种“注入”的思想。

3.4.3　引出 Spring.NET

了解了 IOC 的思想后，就需要介绍一下常见的 IOC 框架。

常见的 IOC 框架有 Autofac、Castle Windsor、Unitl、Spring.NET、MEF 等。在这些框架中，Autofac 在 IOC 方面的表现是非常良好的，但 MOL 挑选的是 Spring.NET 来讲解的，这是为什么呢？

Spring.NET 是开源的，这一点就足以吸引大量开源爱好者的眼球了。开源意味着程序员可以很方便地看到源代码，很容易地了解它的工作原理，并且还可以和很多志同道合的程序员交流、探讨。

Spring.NET 是从 Java 移植到.NET 平台的。如果一个项目由.NET 部分和 Java 部分组成，那么应尽量使用双方都熟悉的框架，这样会给沟通和维护带来很大的方便，包括以后还会提到的 NHibernate，都是这样。

Spring.NET 不仅有 IOC 的功能，还集成了很多其他好用的功能，如 AOP（面向切片的编程）等。除此之外，我们还能通过使用 Spring.NET 来体验一下 Java 程序员是怎么思考的，这对.NET 程序员的帮助很大。

综合考虑，因此 MOL 选择 Spring.NET 来进行讲解。

1. 认识Spring.NET

前面已经说过了，Spring.NET 有很多功能，还有很多好处，那么 Spring.NET 到底该怎么使用呢？

Spring.NET 中包含有很多概念，MOL 挑一些我们能用得着的概念简单说一下。

IOC 容器是 Spring.NET 在 IOC 方面的一个“灵魂”概念，容器就相当于剧组中的“导演”，它负责生成一个对象给调用者（编导）。

IOC 目标对象就相当于演员，编导不关心演员是谁，那就只能由导演来实例化演员了。导演（IOC 容器）会从配置文件中找到对应的 Object 节点进行实例化。

在具体的代码中，就需要在配置文件中描述这两个角色（IOC 容器、IOC 目标对象）。配置文件可以是 App.config 或 web.config。在配置文件中其配置如下：

```
<?xml version="1.0" encoding="utf-8"?>
<configuration>
  <configSections>
    <sectionGroup name="spring">
      <section  name="context"  type="Spring.Context.Support.ContextHandler,
Spring.Core"/>
      <section name="objects" type="Spring.Context.Support.DefaultSection
Handler, Spring.Core"/>
    </sectionGroup>
  </configSections>
</configuration>
```

我们可以很清晰地看到，sectionGroup 节点中描述了两个角色，分别是 context 和 objects，context 就是 IOC 容器，而 objects 就是 IOC 目标对象。

当然，只有这些描述还是不够的，还需要描述具体的 IOC 目标对象的类型。注意，IOC 目标对象的描述一定要在容器中进行，而容器一定要放在 spring 节点中，例如下面的配置：

```
<?xml version="1.0" encoding="utf-8"?>
<configuration>
  <configSections>
    <sectionGroup name="spring">
      <section  name="context"  type="Spring.Context.Support.ContextHandler,
Spring.Core"/>
      <section name="objects" type="Spring.Context.Support.DefaultSection
Handler, Spring.Core"/>
    </sectionGroup>
  </configSections>
  <spring>
    <context>
     <object id="userDALRef" type=" Elands.JinCard.DAL.userDal" />
    </context>
  </spring>
</configuration>
```

上面粗体显示的配置描述了我们要在容器中配置一个 userDal 的对象，这个对象由 context 容器来管理。

是不是 so easy？

配置完成以后，代码中应该如何使用呢？

首先需要有一个容器对象，这个容器对象将管理配置文件中的所有 IOC 目标对象，获取容器对象的方法很简单：

```
IApplicationContext ctx = ContextRegistry.GetContext();
```

IApplicationContext 接口类型是容器类型的父类，在 Spring.NET 中有很多的容器类型，这里就不展开说了。

有了容器对象，就可以通过容器来获取 IOC 目标对象了。获取 userDal 的方法如下：

```
IuserDAL userDal= (IuserDAL)ctx.GetObject("userDALRef");
```

其中，userDALRef 就是配置文件中描述的 object 节点中的 Id 属性。

这样就可以使用 IuserDAL 对象了。

2．只配置，不写代码

经过 MOL 的讲解，大家似乎已经知道了怎么使用 Spring.NET 解耦。

李冲冲：虽然通过容器来获取对象这种写法和我们以前的代码风格不一样，但还是比较好接受的。你以前说可以只声明，不实例化就可以使用 IuserDAL 对象，但上面的代码还是在声明之外，需要再做一下获取的步骤吗？

MOL：我们的目标是只声明 IuserDAL，其他的啥都不做，这也是接下来要讲的内容。只要理解了上面讲的获取对象的方法，下面的内容就很好理解了。

通过前面的讲解我们了解到，获取一个对象，需要以下两个步骤：

（1）获取容器。

（2）通过容器来获取接口对象。

我们可以通过单例设计模式来获取容器，保证获取容器的代码不会重复。但是获取接口对象就不能幸免了，必须写大量的获取接口的代码，例如：

```
IuserDAL 对象 A= (IuserDAL)ctx.GetObject("接口 A");
IuserDAL 对象 B = (IuserDAL)ctx.GetObject("接口 B ");
IuserDAL 对象 C = (IuserDAL)ctx.GetObject("接口 C ");
```

在写 WinForm 代码的时候，这样的重复是不可避免的。但是“晋商卡”项目是一个 Web 应用，那么这个事情就变得简单了。

Spring.NET 简直就是一个神器，它包含了许多功能。接下来要使用的 MVC 组件，也是其功能之一。

大家都知道，MVC 项目中关于 MVC 的定义是在 Global.asax 这个文件中的，如果使用微软自带的 MVC，定义是这样的：

```
public class MvcApplication : System.Web.HttpApplication
```

而 MOL 更愿意使用 Spring.NET 提供的 MVC（至于原因，之后就明白了），需要把 MVC 的定义修改为：

```
public class MvcApplication : Spring.Web.Mvc.SpringMvcApplication
```

其他的代码不需要做任何调整。

那么为什么使用 Spring.NET 提供的 MVC 呢？使用 Spring.NET 的 MVC 可以不用关心容器是什么样的，也不用管它存放在哪里；不用去手动写代码获取 IOC 目标对象了。这样一来，就不会出现大量重复性的代码，真正地实现了：声明接口对象就可以直接使用。

例如，现在有一个 BLL 层需要调用 IuserDAL 对象，这个 BLL 层如下：

```
public class userBll
{
    //定义一个 IuserDAL 类型的对象
    Public IuserDAL userDal{get;set;}
    Public AddUser(userModel input)
    {
    //调用 IuserDAL 的 Add()方法
        userDal.Add(input);
```

```
        }
    }
```

在这段代码里，我们没有写任何获取 IuserDAL 对象的代码，那么 UserDAL 对象是怎么来的呢？请看配置文件：

```
<?xml version="1.0" encoding="utf-8"?>
<configuration>
  <configSections>
    <sectionGroup name="spring">
      <section name="context" type="Spring.Context.Support.MvcContextHandler,
Spring.Web.Mvc3" />
      <section name="parsers" type="Spring.Context.Support.NamespaceParsers
SectionHandler, Spring.Core" />
    </sectionGroup>
  </configSections>
  <spring>
    <context>
    <object type="Elands.JinCard.BLL.userBLL, Elands.JinCard.BLL" singleton=
"false" >
          <property name="IuserDAL" ref="IuserDALREF" />
    </object>
    <object id="IuserDALREF" type="Elands.JinCard.DAL.userDAL,Elands.JinCard.
DAL"  singleton="false" ></object>
    </context>
  </spring>
</configuration>
```

在这个配置文件中，描述了 userBLL 中需要一个叫 IuserDAL 的对象，而 IuserDAL 对象是引用 id= " IuserDALREF " 的 object 节点的。

找到<object id= " IuserDALREF " …>这个节点，就可以确定 IuserDAL 是要用 userDAL 这个类来实例化，然后容器就会按照相应的类型去实例化该对象。

所有这一切过程，都是在 Spring.NET 的 MVC 组件中完成的。细心的读者一定看出来了，我们在定义容器的时候使用的已经是 Spring.Web.Mvc3 了。

经过这样的配置，就达到了“只配置，不写代码”的目的。

很多读者觉得这些配置好乱，看得太晕了，还是 new 来得简单一些。其实学 Java 的人刚开始也是这样的，被各种各样的配置弄的晕头转向，但看得多了，也就习惯了。一般的同学在被虐一个月之后，基本上都觉得这种写法真是太爽了！大家自己再把 MOL 讲过的代码输入一遍，在输入代码的时候一定会遇到缺少引用的问题，所以在创建好解决方案之后，一定要把 DLL 引用到项目中。DLL 路径是：源代码\第 3 章\简单三层\Elands.JinCard\ Library\Spring。

3.5　我不想写 SQL 语句

刘朋：通过前面的讲解，我知道了，Spring.NET 提供的“依赖注入”可以降低任意两层（Layer）之间的耦合度。我在写代码的时候又遇到了新的问题，就是在写 DAL 层的时候，不可避免地会写大量的 SQL 语句来满足业务上的需求，比如有时候只查询用户表，有时候是用户表和订单表关联查询。于是 DAL 层充斥着大量的“select 字段 from table”的 SQL 语句，这算不算是一种重复代码呢？

MOL：对，只要你可以显而易见地看到重复性的字眼，或者在编码的过程中大量使用了 Ctrl+C/Ctrl+V，这些都属于重复代码，当然也违反了 DRY 原则。

鹏辉：SQL 语句都长得差不多啊，但 SQL 语句又不可能再抽象成什么对象，那么如何避免这种重复代码呢？

MOL：既然 SQL 语句的出现就必然导致重复代码，那么可以不让它出现，这样不就一劳永逸了吗？

众人哗然……

李冲冲：不写 SQL 语句，如何获取数据库中的数据呢？

MOL：今天我们要讲的内容，就是让你如何不写 SQL 语句也能获取数据库中的数据。

当……当……当，主角出场。今天的主角是 ORM（Object Relation Mapping，实体关系映射）。

3.5.1　什么是 ORM

从 ORM（Object Relation Mapping，实体关系映射）的字面意思来看，它的目的是要解决实体和关系之间的映射。简单来讲，“实体”就是项目中使用到的实体类，比如前面使用的用户信息类；“关系”就是关系型数据库。

例如，前面创建好的数据库中有一张表是 T_CustomInfo_TB，表定义如图 3-6 所示。

列名	数据类型	允许 Null 值
UserInfoID	uniqueidentifier	☐
LoginUserName	varchar(50)	☐
LoginPassWord	varchar(50)	☐
PasswordQuestion	varchar(500)	☐
PasswordAnswer	varchar(500)	☐
CardNo	varchar(50)	☑
CreateDate	datetime	☑
CreateIP	nvarchar(50)	☑
UpdateDate	datetime	☑
DeleteFlag	smallint	☑
ExtraField1	varchar(50)	☑
ExtraField2	varchar(500)	☑
ExtraField3	datetime	☑
ExtraField4	numeric(10, 0)	☑
ExtraField5	numeric(10, 2)	☑
ExtOrderField	int	☑
CompanyName	nvarchar(500)	☑
MyAddress	nvarchar(500)	☑
		☐

图 3-6　表 T_CustomInfo_TB 的定义

我们还有一个实体类 T_CustomInfo_TB_Model，其定义如代码 3-1 所示。

【代码 3-1】T_CustomInfo_TB_Model 实体的定义：

```
public class T_CustomInfo_TB_Model
{
    public System.Guid UserInfoID { get; set; }
    public string LoginUserName { get; set; }
    public string LoginPassWord { get; set; }
    public string PasswordQuestion { get; set; }
    public string PasswordAnswer { get; set; }
    public string CardNo { get; set; }
    public Nullable<System.DateTime> CreateDate { get; set; }
    public string CreateIP { get; set; }
    public Nullable<System.DateTime> UpdateDate { get; set; }
    public Nullable<short> DeleteFlag { get; set; }
    public string ExtraField1 { get; set; }
    public string ExtraField2 { get; set; }
    public Nullable<System.DateTime> ExtraField3 { get; set; }
    public Nullable<decimal> ExtraField4 { get; set; }
    public Nullable<decimal> ExtraField5 { get; set; }
    public Nullable<int> ExtOrderField { get; set; }
    public string CompanyName { get; set; }
    public string MyAddress { get; set; }
    public string BackgroundImgPath { get; set; }
    public string HeadImgPath { get; set; }

    public virtual ICollection<T_Order_TB_Model> T_Order_TB_Model { get;
set; }
}
```

数据库中的表 T_CustomInfo_TB 就是“关系”，实体定义 T_CustomInfo_TB_Model 就是“对象”，对于每一个数据库中的字段，都有一个实体的属性与之相对应，这就是 “映射”。

当然，映射是非常简单的，我们在使用 SqlHelper 的时候就已经实现了这种映射。

刘朋：我们在前面已经用过这种写法了啊，好像也没啥神奇的。我直接写个 SQL 语句，然后把查询结果 DataSet 映射成实体 T_CustomInfo_TB_Model 就可以了呀。

MOL：没错，也就是说，你们已经在用 ORM 了，只不过你们还不知道。需要注意的是，如果只简单地使用数据表到实体间的映射，那么 ORM 的存在也就没有太大意义了。

在定义 T_CustomInfo_TB_Model 的最后一行，有一个大家没有见过的定义：

```
    public virtual ICollection<T_Order_TB_Model > T_Order_TB_Model { get;
set; }
```

这行定义描述了用户有一个订单集合的属性。也就是说，一个用户可以有 N 个订单，$N \geqslant 0$。相应地，在数据库中，T_CustomInfo_TB 有一个子表 T_Order_TB。

这样一来，数据库中的主子表关系也可以映射到实体中，对我们的编程就更方便了。

刘朋：有啥方便的呢？

MOL：如果用 SQL 来查询某用户的所有订单，可能会这样写：

```
Select order.* from T_CustomInfo_TB custom
left join T_Order_TB order on custom.userinfoid=order.userinfoid
```

再进一步，通过 SQL 语句查询得到了“客户”实体和“订单集合”实体：

```
var custom=select 客户实体;
IList<T_Order_TB_Model> orderList=select 得到的一个实体集合
```

那么就需要从订单集合中找到 userinfoID 等于指定客户的主键的订单，这个查找过程可以使用 foreach 或 for 循环，但 MOL 更喜欢用 LINQ，查询表达式如下：

```
IList<T_Order_TB_Model> 指定用户的订单=(From o in orderList where o.userinfoID=
custom.userinfoID select o).ToList();
```

可以看到，这两种写法都是比较麻烦的，都需要从一堆订单信息中查找所需要的订单。如果使用 ORM，就可以很方便地使用“对象.属性”的方式来获取到目标订单。例如，要获取到张三的订单，那么就可以这样写：

```
T_CustomInfo_TB_Model 张三=查询张三
IList<T_Order_TB_Model> 张三的订单=张三. T_Order_TB_Model.ToList();
```

这样的写法至少减轻了 30%的工作量，而且也使得程序员集中更多的精力去关注业务实体，而不是去重复地编写 select 代码。

既然 ORM 这么好用，那么就来看看常见的几种 ORM 框架吧。下面我们将会认识 3 种 ORM 框架，分别是 iBATIS.NET、NHibernate 和 EF（Entity Framework）。

3.5.2　ORM 之 iBATIS.NET

从严格意义上来说 iBATIS.NET 不能算是一种 ORM 框架，最明显的就是它必须依赖 SQL 语句而存在，所以 iBATIS.NET 充其量只能算是一种半自动化的 ORM，它的重点在于映射（Mapping）。

正因为 iBATIS.NET 需要依赖于 SQL 语句而存在，所以更适合新手接受，因此我们把它作为第一个框架来讲解。iBATIS.NET 是从 Java 中的 iBATIS 移植过来的。搭建 iBATIS.NET 的开发环境分下面几步。

（1）引用 DLL

iBATIS.NET 用到的 DLL 如图 3-7 所示。

名称	修改日期	类型	大小
iBATIS.NET SDK for .NET 2.0.chm	2016/6/20 21:30	编译的 HTML 帮...	1,349 KB
IBatisNet.Common.dll	2016/6/20 21:30	应用程序扩展	108 KB
IBatisNet.Common.Logging.Log4Net.dll	2016/6/20 21:30	应用程序扩展	20 KB
IBatisNet.Common.Logging.Log4Net.xml	2016/6/20 21:30	XML 文档	7 KB
IBatisNet.Common.xml	2016/6/20 21:30	XML 文档	227 KB
IBatisNet.DataAccess.dll	2016/6/20 21:30	应用程序扩展	56 KB
IBatisNet.DataAccess.xml	2016/6/20 21:30	XML 文档	73 KB
IBatisNet.DataMapper.dll	2016/6/20 21:30	应用程序扩展	244 KB
IBatisNet.DataMapper.xml	2016/6/20 21:30	XML 文档	520 KB

图 3-7　iBATIS.NET 引用的 DLL

- IBatisNet.Common.dll 中包含了 iBATIS.NET 的核心类库，是必须要引用的。
- IBatisNet.Common.Logging.Log4Net.dll 中包含了日志类库，不是必须要引用的。
- IBatisNet.DataAccess.dll 的类库支持以 DataAccess 的方式访问数据库，不是必须要引用的。
- IBatisNet.DataMapper.dll 的类库支持以 DataMapper 的方式访问数据库，不是必须要引用的。

在本例中，我们引用 IBatisNet.Common.dll 和 IBatisNet.DataMapper.dll。

（2）创建配置文件

配置文件是 ORM 中最重要的一个环节，不管是现在讲的 iBATIS.NET，还是后面讲到的其他的 ORM 框架。iBATIS.NET 用到的配置文件有两个，分别是 providers.config 和 SQLMap.config。

providers.config 文件用来描述数据驱动信息，这个配置文件基本上不需要修改，可以从官网上下载最新的配置文件，也可以直接下载本书提供的源代码中的 providers.config 文件。该文件中包含了大量的 provider 节点，如图 3-8 所示。

```
1   <?xml version="1.0" encoding="utf-8"?>
2   <providers
3   xmlns="http://ibatis.apache.org/providers"
4   xmlns:xsi="http://www.w3.org/2001/XMLSchema-instance">
5
6     <clear/>
7     <provider name="sqlServer1.0" description="Microsoft SQL S" enabled="false" assemblyName="System.Data, Ve" connectionClass="
24    <provider name="sqlServer1.1" description="Microsoft SQL S" enabled="true" default="true" assemblyName="System.Data, Ve" con
43    <provider
44        name="sqlServer2.0"
45        enabled="false"
46        description="Microsoft SQL Server, provider V2.0.0.0 in framework .NET V2.0"
47        assemblyName="System.Data, Version=2.0.0.0, Culture=neutral, PublicKeyToken=b77a5c561934e089"
48        connectionClass="System.Data.SqlClient.SqlConnection"
49        commandClass="System.Data.SqlClient.SqlCommand"
50        parameterClass="System.Data.SqlClient.SqlParameter"
51        parameterDbTypeClass="System.Data.SqlDbType"
52        parameterDbTypeProperty="SqlDbType"
53        dataAdapterClass="System.Data.SqlClient.SqlDataAdapter"
54        commandBuilderClass=" System.Data.SqlClient.SqlCommandBuilder"
55        usePositionalParameters = "false"
56        useParameterPrefixInSql = "true"
57        useParameterPrefixInParameter = "true"
58        parameterPrefix="@"
59        allowMARS="false"
60     />
61    <provider name="OleDb1.1" description="OleDb, provider" enabled="true" assemblyName="System.Data, Ve" connectionClass="Syste
78    <provider name="OleDb2.0" description="OleDb, provider" enabled="false" assemblyName="System.Data, Ve" connectionClass="Syst
95    <provider name="Odbc1.1" description="Odbc, provider " enabled="true" assemblyName="System.Data, Ve" connectionClass="System
113   <provider name="Odbc2.0" description="Odbc, provider " enabled="false" assemblyName="System.Data, Ve" connectionClass="Syste
131   <provider name="oracle9.2" description="Oracle, Oracle " enabled="false" assemblyName="Oracle.DataAcce" connectionClass="Ora
149   <provider name="oracle10.1" description="Oracle, oracle " enabled="false" assemblyName="Oracle.DataAcce" connectionClass="Or
167   <provider name="oracleClient1.0" description="Oracle, Microso" enabled="false" assemblyName="System.Data.Ora" connectionClas
184
185   <provider name="oracleClient2.0" description="Oracle, Microso" enabled="true" assemblyName="System.Data.Ora" connectionClass
```

图 3-8　providers.config 示例

每一个 provider 节点都描述了一种访问数据库的驱动。比如图 3-8 中展开的节点 provider 描述的是 SQLServer 的数据访问驱动。

SQLMap.config 描述了数据库的连接字符串，如图 3-9 所示。

```
<?xml version="1.0" encoding="utf-8"?>
<sqlMapConfig xmlns="http://ibatis.apache.org/dataMapper" xmlns:xsi="http://www.w3.org/2001/XMLSchema-instance">
  <properties>
  <property resource="providers.config" />
    <property key="ServiceName" value="."/>
    <property key="UserId" value="sa" />
    <property key="Password" value="000"/>
  </properties>
  <settings>
    <setting cacheModelsEnabled="true" />
    <setting useStatementNamespaces="false" />
  </settings>
  <database>
    <provider name="sqlServer2.0" />
    <dataSource name="gs1" connectionString="Data Source=${ServiceName};User Id=${UserId}; Password=${Password};Pooling=true
  </database>
  <sqlMaps>...</sqlMaps>
</sqlMapConfig>
```

图 3-9　SQLMap.config 示例

把 SQLMaps 节点展开以后，真是别有洞天。这个节点定义了需要引用的映射文件，看起来是这样的：

```
<sqlMaps>
    <sqlMap  embedded="Elands.JinCard.Model.Maps.TypeAlias.xml,  Elands.
JinCard.Model" />
    <sqlMap  embedded="Elands.JinCard.Model.Maps.Customer.xml,  Elands.
JinCard.Model" />
    <sqlMap  embedded="Elands.JinCard.Model.Order.xml,  Elands.JinCard.
Model" />
</sqlMaps>
```

上面的代码表示引用了 3 个 XML 文件，分别用来定义别名、定义用户实体类及操作、定义订单类及操作。

定义别名的 XML 文件如下：

```
<?xml version="1.0" encoding="utf-8" ?>
<sqlMap namespace="Account"
xmlns="http://ibatis.apache.org/mapping"
xmlns:xsi="http://www.w3.org/2001/XMLSchema-instance">
  <alias>
    <!--业务对象类型-->
    <typeAlias alias="T_CustomInfo_TB_Model" type="Elands.JinCard.Model.
T_CustomInfo_TB_Model, Elands.JinCard.Model"/>
    <typeAlias alias="Game" type="Elands.JinCard.Model.T_Order_TB_Model,
Elands.JinCard.Model"/>
  </alias>
</sqlMap>
```

这个 XML 文件就是定义一个比较好记的别名，然后把这个好记的别名映射到实际的实体全路径中。这个别名映射文件并不是必须的，它的作用就像在写 C#代码时使用 using 来定义别名一样。

（3）创建实体映射及数据操作文件

用户实体类及操作的 XML 文件如下：

```
01  <sqlMap namespace="Account" xmlns="http://ibatis.apache.org/mapping"
02  xmlns:xsi="http://www.w3.org/2001/XMLSchema-instance">
03        <resultMaps>
04          <resultMap id="CustomerMap" class="T_CustomInfo_TB_Model">
05            <result property="UserInfoID" type="string" column="UserInfoID"/>
06            <result property="LoginUserName" type="string" column="Login
    serName"/>
07            <result property="LoginPassWord" type="string" column="Login
    assWord"/>
08            <result property="PasswordQuestion" type="string" column=
    PasswordQuestion"/>
09            <result property="PasswordAnswer" type="string" column=
    PasswordAnswer"/>
10            <result property="CardNo" type="string" column="CardNo"/>
11            <result property="CreateDate" type="DateTime" column="Create
    ate"/>
12            <result property="CreateIP" type="string" column="CreateIP"/>
13            <result property="UpdateDate" type="DateTime" column="Update
    ate"/>
14            <result property="T_Order_TB_Model" type="string" select
    "getOrderList" />
15          </resultMap>
16          <resultMap id="OrderMap" class="T_Order_TB_Model">
17
18          </resultMap>
19        </resultMaps>
20        <statements>
21          <select id="GetSysConfigList" resultMap="ConfigItemResultMap">
22            <![CDATA[
23          select UserInfoID, LoginUserName, LoginPassWord,
24  PasswordQuestion,PasswordAnswer,CardNo,CreateDate,CreateIP,UpdateDate
    rom T_CustomInfo_TB
25  where UserInfoID=#value#
26        ]]>
27          </select>
28          <select id="getOrderList" parameterClass="getOrderList">
29            <![CDATA[
30          select * from T_Order_TB where UserInfoID =#value#
31
32        ]]>
33          </select>
34         < insert>
35           <!--这里写的是 insert 语句-->
36         </insert>
37         < update>
38           <!--这里写的是 update 语句-->
39         </ update >
40         < delete>
41           <!--这里写的是 delete 语句-->
42         </ delete >
43       </statements>
44     </sqlMap>
```

不要被这么一大段代码给搞晕了，其实它只包含两个内容，一个是实体的定义，一个是 SQL 语句集合。这两个内容又分别对应两个 XML 节点，分别是 resultMaps 和 statements。

在本节的最开始 MOL 就说过，iBATIS.NET 是依赖于 SQL 语句存在的。这个中心思想将在当前的 XML 中表现得淋漓尽致。

在上面的代码中，定义了一个返回 T_UserInfo_TB 的 SQL 语句。SQL 语句是写在 statements/select 节点中，statements 描述了这个节点下的内容是 SQL 语句，而 select 描述了这个节点里的 SQL 语句是用来执行 select 操作的。

举一反三，如果需要插入一条数据，那么就需要在 statements/insert 节点中写 insert 语句；如果需要更新，那么就需要在 statements/update 节点中写 update 语句；如果是删除，就要在 statements/delete 节点中写 delete 语句。需要注意的是，iBATIS.NET 还支持执行存储过程，如果要执行存储过程，就需要把执行语句写在 statements/procedure 中。

上面的代码中，从第 4 行到第 15 行都是用来定义 T_CustomeInfo_TB_Model 的实体映射。注意，这里要特别强调一下，这几行代码只是用来定义映射的，而不是用来定义实体的。真正的实体定义需要通过 C#代码来定义一个实体类。而这里的 XML 代码只是把 C#中的实体类与数据库中的数据表进行关联，关联的方法就是一个实体属性对应一个数据表字段。

到这里都比较好理解，所谓的映射文件就是把属性和字段对应起来。那么，接着再来看第 14 行。

第 14 行描述的是 T_Order_TB_Model 对象，它是 T_CustomInfo_TB_Model 的一个子对象。而在数据库中，T_Order_TB 是 T_CustomInfo_TB 的一个子表。第 14 行的 XML 代码仅仅描述了这样的主、子表映射的关系。与普通的属性映射定义不同，主、子表映射是没有列（column）概念的，取而代之的是 select 属性。该属性描述了子表对象需要通过一个 select 语句来得到。那么通过哪个 SQL 语句来得到呢？这就需要看 select="getOrderList" 描述的 getOrderList 对应的 SQL 语句了。

看到 getOrderList 的时候，大家会发现，SQL 语句是这样的：

```
select * from T_Order_TB where UserInfoID =#value#
```

这里的#value#表示输入参数。SQL 语句是比较容易理解的，那么问题来了，#value#这个输入参数是从哪里来的？

根据数据库中的主、子表关系，T_Order_TB 中的外键也就是 T_CustomInfo_TB 的主键将会被作为参数传入上面的 SQL 语句中。

iBATIS.NET 算是一个入门级的、半自动的 ORM 框架。它的好处是通过配置文件来实现数据库的读写，这样可以很方便地修改配置文件来实现对读写功能的修改，而不用重新编译整个系统。而 iBATIS.NET 的缺点也是致命的，那就是必须要写大量的 SQL 语句来实现对数据的读取，需要手动去写大量的映射文件（当然，已经有很多代码生成工具可以帮助我们来做这些事情），也就意味着需要面对很多可能出错的地方。这样看来，iBATIS.NET 更像是一个通过面向过程的方式来实现面向对象的目的。

3.5.3　ORM 之 NHibernate

接触过 Java 的人一定会觉得 NHibernate 很眼熟，是的，你没有看错，NHibernate 就是把 Hibernate 从 Java 中移植到了.NET 中。到现在为止，NHibernate 已经发展到了 4.0 的版本。如果读者觉得 NHibernate 的资料太少，那完全可以去看 Hibernate 的资料，二者的使用方法没有本质的区别。

网络上有大量的教程，这些教程无一例外地会从 NHibernate 的原理和架构讲起，这样的讲法会把很大一部分不喜欢长篇大论的人拒之门外，并且也不是 MOL 所推崇的。我们来换一种认识 NHibernate 的思路，先来做一个 NHibernate 的 Demo（示例），让大家先对 NHibernate 有一个感性认识，然后再去看看它还有哪些值得我们关注的特性。为了方便，在后面的讲述中将 NHibernate 简称为 NH。

接下来做第一个 NHibernate 的 Demo。

首先到 https://sourceforge.net/projects/nhibernate/files/NHibernate/ 网址下载最新的 NHibernate。具体下载过程，MOL 就不细说了。下载完成后的文件如图 3-10 所示。

名称	修改日期	类型	大小
Configuration_Templates	2016/7/6 23:03	文件夹	
NHibernate.license.txt	2016/7/6 23:03	文件夹	
Required_Bins	2016/7/6 23:03	文件夹	
Tests	2016/7/6 23:03	文件夹	
gfdl.txt	2015/4/23 23:46	文本文档	19 KB
HowInstall.txt	2015/8/17 23:04	文本文档	1 KB
NHibernate-4.0.4.GA-bin.zip	2016/7/6 23:01	WinRAR ZIP 压...	7,678 KB
readme.html	2015/8/17 23:18	Chrome HTML Do...	4 KB
releasenotes.txt	2015/8/17 23:08	文本文档	181 KB

图 3-10　NH 包示例

其中 Required_Bins 中存放的是 NH 主程序的 DLL 程序集及配置文件，如图 3-11 所示。

名称	修改日期	类型	大小
Iesi.Collections.dll	2015/8/17 23:04	应用程序扩展	14 KB
Iesi.Collections.xml	2015/8/17 23:04	XML 文档	39 KB
NHibernate.dll	2015/8/17 23:13	应用程序扩展	3,242 KB
NHibernate.pdb	2015/8/17 23:13	Program Debug ...	7,298 KB
NHibernate.xml	2015/8/17 23:12	XML 文档	2,294 KB
nhibernate-configuration.xsd	2015/8/17 23:05	XML Schema File	10 KB
nhibernate-mapping.xsd	2015/7/29 23:30	XML Schema File	66 KB

图 3-11　NH 主程序 DLL 及配置文件

nhibernate-configuration.xsd 和 nhibernate-mapping.xsd 分别为 NH 程序配置和映射配置的 xsd 文件，把这两个文件复制到 Visual Studio 安装目录的\Xml\Schemas 下，就会有 XML 的自动提示功能了。

而 Configuration_Templates 中存放的是数据库相关的配置文件，如图 3-12 所示。

名称	修改日期	类型	大小
FireBird.cfg.xml	2015/8/17 23:04	XML 文档	2 KB
MSSQL.cfg.xml	2015/8/17 23:04	XML 文档	1 KB
MySql.cfg.xml	2015/8/17 23:04	XML 文档	1 KB
Oracle.cfg.xml	2015/8/17 23:04	XML 文档	1 KB
PostgreSQL.cfg.xml	2015/8/17 23:04	XML 文档	1 KB
SQLite.cfg.xml	2015/8/17 23:04	XML 文档	1 KB
SybaseASE.cfg.xml	2015/8/17 23:04	XML 文档	1 KB
SybaseSQLAnywhere.cfg.xml	2015/8/17 23:04	XML 文档	1 KB

图 3-12　数据库相关的配置文件

可以看到，NH 已经支持很多数据库了，如 SQL Server、Oracle 等。由于我们在本示例中用到的是 SQL Server 数据库，所以只需要 MSSQL.cfg.xml 这个配置文件就可以了。

有了这些基本的类库和配置文件，接下来就要做一个 NH 的 Demo 了。

完成这个 Demo，需要以下 3 步：

（1）编写实体文件和映射文件。

（2）编写 DAO（数据库访问对象）。

（3）编写前台页面。

1. 编写实体文件和映射文件

在这个 Demo 中，我们还是在操作用户表（T_CustomerInfo_TB），所以再来编写一个 T_CustomerInfo_TB 的类。代码如下：

```
//存储用户的详细信息
01      public class T_CustomInfo_TB
02      {
03          /// <summary>
04          /// 登录主键
05          /// </summary>
06          public virtual Guid UserInfoID
07          {
08              get;
09              set;
10          }
11          /// <summary>
12          /// 登录名
13          /// </summary>
14          public virtual string LoginUserName
15          {
16              get;
17              set;
18          }
19          /// <summary>
20          /// 登录密码
21          /// </summary>
22          public virtual string LoginPassWord
```

```
23          {
24              get;
25              set;
26          }
27          /// <summary>
28          /// 密码提示问题
29          /// </summary>
30          public virtual string PasswordQuestion
31          {
32              get;
33              set;
34          }
35          /// <summary>
36          /// 密码提示答案
37          /// </summary>
38          public virtual string PasswordAnswer
39          {
40              get;
41              set;
42          }
43          /// <summary>
44          /// CardNo
45          /// </summary>
46          public virtual string CardNo
47          {
48              get;
49              set;
50          }
51          /// <summary>
52          /// 创建时间
53          /// </summary>
54          public virtual DateTime? CreateDate
55          {
56              get;
57              set;
58          }
59          /// <summary>
60          /// 创建 IP
61          /// </summary>
62          public virtual string CreateIP
63          {
64              get;
65              set;
66          }
67          /// <summary>
68          /// 更新时间
69          /// </summary>
70          public virtual DateTime? UpdateDate
71          {
72              get;
73              set;
74          }
75          /// <summary>
76          /// 删除标识，1 表示未删除，2 表示放入回收站，3 表示软删除
```

```
77          /// </summary>
78          public virtual int? DeleteFlag
79          {
80              get;
81              set;
82          }
83          /// <summary>
84          /// 扩展字段 50 长度文字 Variable characters (50)
85          /// </summary>
86          public virtual string ExtraField1
87          {
88              get;
89              set;
90          }
91          /// <summary>
92          /// 扩展字段 500 长度文字 Variable characters (500)
93          /// </summary>
94          public virtual string ExtraField2
95          {
96              get;
97              set;
98          }
99          /// <summary>
100         /// 扩展字段日期时间 Date & Time
101         /// </summary>
102         public virtual DateTime? ExtraField3
103         {
104             get;
105             set;
106         }
107         /// <summary>
108         /// 扩展字段长度为 10 整数 Number (10)
109         /// </summary>
110         public virtual decimal? ExtraField4
111         {
112             get;
113             set;
114         }
115         /// <summary>
116         /// 扩展字段 10 位长度 2 位小数 Number (10,2)
117         /// </summary>
118         public virtual decimal? ExtraField5
119         {
120             get;
121             set;
122         }
123         /// <summary>
124         /// 排序字段
125         /// </summary>
126         public virtual int? ExtOrderField
127         {
128             get;
129             set;
130         }
```

```
131         /// <summary>
132         /// 发票信息
133         /// </summary>
134         public virtual string CompanyName
135         {
136            get;
137            set;
138         }
139         /// <summary>
140         /// 我的地址
141         /// </summary>
142         public virtual string MyAddress
143         {
144            get;
145            set;
146         }
147
148     }
```

PS: NH 中定义的属性（对应数据库中的字段）一定是用 virtual 来修饰的。别问为什么，NH 中就是这样强制要求的。

与 iBATIS 不同的是，NH 中的类定义是一个真正的 class，而 iBATIS 中的类定义是在配置文件中完成的，相比而言，NH 中的类定义更偏向于.NET 程序员的编程习惯。

编写完类代码以后，就完成了 ORM 中的 O（对象）。而 R（关系）是已经存在的，即数据库中的表 T_CustomerInfo_TB。接下来就要完成 M（映射）。NH 中的映射是一个配置文件，配置文件的命名为 XXX.hbm.xml。XXX 表示类名，hbm 表示 hibernate mapping。在本示例中，命名为 T_CustomerInfo_TB.hbm.xml。配置文件内容如下：

```
01  <?xml version="1.0"  encoding="utf-8" ?>
02  <hibernate-mapping xmlns="urn:nhibernate-mapping-2.2" assembly=
    "Maticsoft" namespace="Maticsoft">
03    <class name="Maticsoft.Entity.T_CustomInfo_TB, Maticsoft" table=
    "T_CustomInfo_TB">
04      <id name="UserInfoID" column="UserInfoID" type="Guid" unsaved-
    value="0">
05      </id>
06      <property name="LoginUserName" column="LoginUserName" type="string"  />
07      <property name="LoginPassWord" column="LoginPassWord" type="string"  />
08      <property name="PasswordQuestion" column="PasswordQuestion" type=
    "string"  />
09      <property name="PasswordAnswer" column="PasswordAnswer" type=
    "string"  />
10      <property name="CardNo" column="CardNo" type="string"  />
11      <property name="CreateDate" column="CreateDate" type="DateTime"  />
12      <property name="CreateIP" column="CreateIP" type="string"  />
13      <property name="UpdateDate" column="UpdateDate" type="DateTime"  />
14      <property name="DeleteFlag" column="DeleteFlag" type="int"  />
15      <property name="ExtraField1" column="ExtraField1" type="string"  />
16      <property name="ExtraField2" column="ExtraField2" type="string"  />
17      <property name="ExtraField3" column="ExtraField3" type="DateTime"  />
18      <property name="ExtraField4" column="ExtraField4" type="decimal"  />
```

```
19        <property name="ExtraField5" column="ExtraField5" type="decimal"  />
20        <property name="ExtOrderField" column="ExtOrderField" type="int"  />
21        <property name="CompanyName" column="CompanyName" type="string"  />
22        <property name="MyAddress" column="MyAddress" type="string"  />
23      </class>
24    </hibernate-mapping>
```

这个配置文件中包含两部分内容，粗体内容是 Id 节点，该节点描述的是数据库中的主键。其他的 property 节点描述的是非主键字段。对于每一个字段来说，name 描述的是实体中的属性名，column 描述的是数据库表中的字段名称，type 描述的是属性的数据类型。

注意，XXX.hbm.xml 的属性“生成操作”需要设置为“嵌入的资源”，如图 3-13 所示。

到这里为止，第 1 步就完成了。这一步我们定义了一个类 T_CustomerInfo_TB，并且用一个配置文件 T_CustomerInfo_TB.hbm.xml 来描述实体 T_CustomerInfo_TB 和数据库表的关联形式。接下来进入第 2 步。

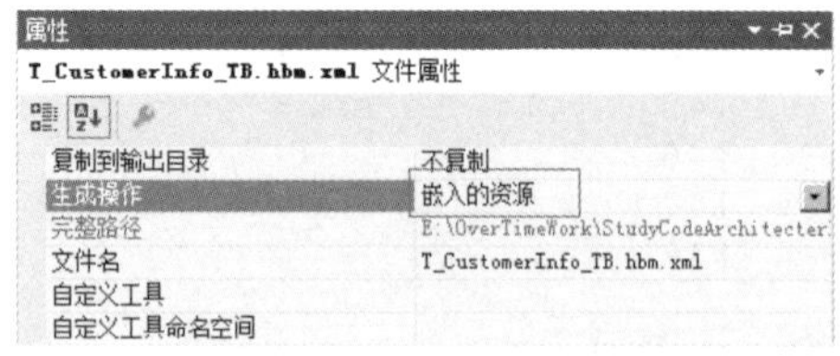

图 3-13　配置文件设置

2．编写DAO（数据库访问对象）

第 2 步是通过操作实体来达到操作数据库的目的。顺便回忆一下前面说过的接口。先定义一个接口，用来描述所有的业务操作，代码如下：

```
01  interface INHCustomerDAL
02      {
03          /// <summary>
04          /// 将实体保存到数据库中
05          /// </summary>
06          /// <param name="entity"></param>
07          /// <returns></returns>
08          object Save(T_CustomInfo_TB entity);
09          /// <summary>
10          /// 更新实体
11          /// </summary>
12          /// <param name="entity"></param>
13          void Update(T_CustomInfo_TB entity);
14          /// <summary>
15          /// 删除实体
16          /// </summary>
17          /// <param name="entity"></param>
18          void Delete(T_CustomInfo_TB entity);
19          /// <summary>
20          /// 根据主键获取实体
21          /// </summary>
22          /// <param name="id"></param>
23          /// <returns></returns>
24          T_CustomInfo_TB Get(object id);
25          /// <summary>
26          /// 延迟加载，根据主键获取实体
```

```
27          /// </summary>
28          /// <param name="id"></param>
29          /// <returns></returns>
30          T_CustomInfo_TB Load(object id);
31          /// <summary>
32          /// 获取所有的实体
33          /// </summary>
34          /// <returns></returns>
35          IList<T_CustomInfo_TB> LoadAll();
36      }
```

接下来再定义一个实体操作类，来实现这个接口。在实现之前，需要先引用一下 NH 的类库，如图 3-14 所示。

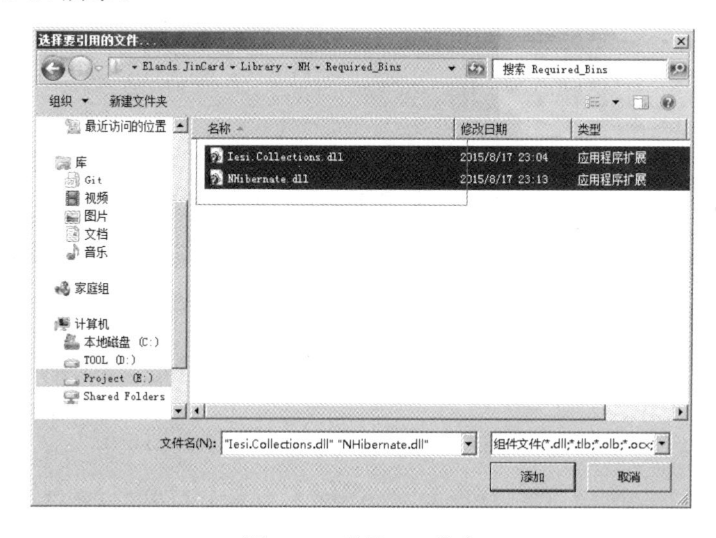

图 3-14　引用 NH 类库

然后完成业务操作类的代码，代码如下：

```
01  using System;
02  using System.Collections.Generic;
03  using System.Linq;
04  using System.Text;
05  using System.Threading.Tasks;
06  using ELands.JinCard.IDAL;
07  using NHibernate;
08  using NHibernate.Linq;
09  using Elands.JinCard.NH.Model;
10
11  namespace Elands.JinCard.DAL
12  {
13      public class NHCustomerDAL: INHCustomerDAL
14      {
15          /// <summary>
16          /// 获取 Session 的工厂模式工具
17          /// </summary>
18          private ISessionFactory sessionFactory;
```

```
19          /// <summary>
20          /// 构造函数里对工厂进行初始化
21          /// </summary>
22          public NHCustomerDAL()
23          {
24             var cfg = new NHibernate.Cfg.Configuration().Configure
       ("Config/hibernate.cfg.xml");
25             sessionFactory = cfg.BuildSessionFactory();
26          }
27
28          public object Save(T_CustomInfo_TB entity)
29          {
30             using (ISession session = sessionFactory.OpenSession())
31             {
32                var id = session.Save(entity);
33                session.Flush();
34                return id;
35             }
36          }
37
38          public void Update(T_CustomInfo_TB entity)
39          {
40             using (ISession session = sessionFactory.OpenSession())
41             {
42                session.Update(entity);
43                session.Flush();
44             }
45          }
46
47          public void Delete(T_CustomInfo_TB entity)
48          {
49             using (ISession session = sessionFactory.OpenSession())
50             {
51                session.Delete(entity);
52                session.Flush();
53             }
54          }
55
56          public T_CustomInfo_TB Get(object id)
57          {
58             using (ISession session = sessionFactory.OpenSession())
59             {
60                return session.Get<T_CustomInfo_TB>(id);
61             }
62          }
63
64          public T_CustomInfo_TB Load(object id)
65          {
66             using (ISession session = sessionFactory.OpenSession())
67             {
68                return session.Load<T_CustomInfo_TB>(id);
69             }
70          }
71
72          public IList<T_CustomInfo_TB> LoadAll()
```

```
73          {
74              using (ISession session = sessionFactory.OpenSession())
75              {
76                  return session.Query<T_CustomInfo_TB>().ToList();
77              }
78          }
79      }
80  }
```

这样业务操作类就完成了。可以看到，这个业务类里出现了下面一些新的身影。

- ISessionFactory ：是 NH 里用来生产 Session 对象的一个工厂；
- ISession ：是一个用来联系数据库和实体的桥梁。用 ISession 对象来操作实体，就可以达到操作数据库的目的。ISession 提供了很多方法用来操作数据库，常见的方法如下。
  - Save：用来保存一个实体；
  - Update：用来更新一个实体；
  - Delete：用来删除一个实体；
  - Get〈T〉：根据主键来获取对应的实体；
  - Load〈T〉：根据主键来获取对应的实体。其和 Get 的区别是，Get 执行以后，直接查询数据库，而 Load 在执行以后不会直接查询数据库，只会在对象被使用的时候才去查询数据库，也就是传说中的“延迟加载”；
  - Query〈T〉：用来查询所有的对象实体，相当于 select * from table。

DAL 操作类完成以后，还需要完成 BLL 业务逻辑层操作类，实现代码如下：

```
01  public class NHCustomerBLL
02  {
03      private NHCustomerDAL _dal = null;
04      public NHCustomerDAL dal
05      {
06          get
07          {
08              if (_dal == null)
09              {
10                  _dal = new NHCustomerDAL();
11              }
12              return _dal;
13          }
14      }
15      public object Save(T_CustomInfo_TB entity)
16      {
17          return dal.Save(entity);
18      }
19
20      public void Update(T_CustomInfo_TB entity)
21      {
22          dal.Update(entity);
23      }
24
25      public void Delete(T_CustomInfo_TB entity)
```

```
26        {
27            dal.Delete(entity);
28        }
29
30        public T_CustomInfo_TB Get(object id)
31        {
32            return dal.Get(id);
33        }
34
35        public T_CustomInfo_TB Load(object id)
36        {
37            return dal.Load(id);
38        }
39
40        public IList<T_CustomInfo_TB> LoadAll()
41        {
42            return dal.LoadAll();
43        }
44    }
```

业务操作类完成以后，就可以用前台来展示了，即进入第 3 步。这一步，我们将做一个前台页面来展示查询得到的数据。

3．编写前台页面

创建 MVC 项目的过程这里跳过，如果忘记的读者，请回到第 2 章中重新复习一下。

创建好 MVC 项目以后，需要增加一个 NHCustomController 控制器，为控制器增加一个业务操作类，并修改 Index()方法，代码如下：

```
01  public class NHCustomController : Controller
02  {
03      private NHCustomerBLL _bll = null;
04      public NHCustomerBLL bll
05      {
06          get
07          {
08              if (_bll == null)
09              {
10                  _bll = new NHCustomerBLL();
11              }
12              return _bll;
13          }
14      }
15      // GET: NHCustom
16      public ActionResult Index()
17      {
18          IList<T_CustomInfo_TB> customList = bll.LoadAll();
19          return View(customList);
20      }
21  }
```

为 Index()方法增加一个视图页面，右击 index()方法，然后在弹出的快捷菜单中选择“添加视图”命令，在弹出的对话框中修改“模板”为 List，“模型类”为我们创建好的 T_CustomInfo_TB，然后单击“添加”按钮，如图 3-15 所示。

添加视图
视图名称(N)：Index
模板(T)：List
模型类(M)：T_CustomInfo_TB (Elands.JinCard.NH.Model)
数据上下文类(D)：
选项：
创建为分部视图(C)
引用脚本库(R)
使用布局页(U)：
(如果在 Razor _viewstart 文件中设置了此选项，则留空)
添加　取消

图 3-15　“添加视图”对话框

到这里并没有完。大家是否还记得我们在定义实体操作类 NHCustomerDAL 的时候，MOL 说过，需要在构造函数中将 sessionFactory 这个工厂实例化，实例化的时候，需要读取配置文件。代码如下：

```
public NHCustomerDAL()
{
    var cfg = new NHibernate.Cfg.Configuration().Configure("Config/hibernate.
cfg.xml");
    sessionFactory = cfg.BuildSessionFactory();
}
```

上面代码中描述的是 NH 了一个配置文件，该配置文件放在 Config 文件夹下，配置文件为 hibernate.cfg.xml。前方高能请注意！我见过很多程序员在 DAL 层的项目中建了一个 Config，然后高高兴兴地在这个文件夹下放了一个配置文件，最后在运行的时候发现网站报错，错误信息是找不到配置文件。配置文件一定要放在运行项目的目录下，如当前示例中，运行项目是 Elands.JinCard.Protal.MVC，那么就需要在 MVC 项目下创建 Config 文件夹，在 Config 文件夹下存放 hibernate.cfg.xml 配置文件，并且这个配置文件的属性一定要设置成“始终复制”，如图 3-16 所示。

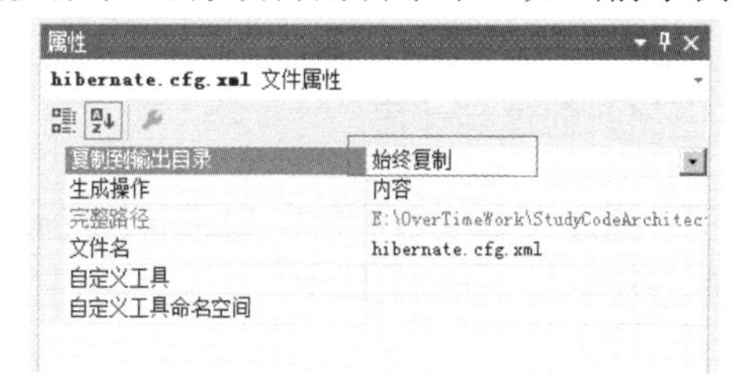

图 3-16　配置文件需要设置为“始终复制”

做完这一切以后，直接按 F5 键运行程序，就可以看到运行结果了。

3.5.4　ORM 之 EF

刘朋：什么呀，我就想查个数据，NH 这么难，这样真的好吗？

鹏辉：是呀，光是搭建 NH 的环境就好麻烦，我有点望而却步了。

冲冲：难道是有什么吾辈未曾察觉的优点？

MOL：我的目的就是把你们绕晕了，用来显示我是多么“高大上”。

刘朋、鹏辉、冲冲：嘁~~

MOL：好了，言归正转。NH 的配置非常麻烦，这是无可争议的事实。但是那些学 Java 的人可是对这么复杂的配置乐此不疲哦。NH 环境配置好以后，就可以不用写 SQL 语句来操作数据库了，这样不是达到你们偷懒的目的了吗？

冲冲：这样是可以不用写 SQL 语句了，但是在复杂的配置和繁琐的 SQL 语句两者中非要做一个选择的话，我还是会选 SQL 语句，至少我们对 SQL 语句非常熟悉啊。

MOL：非常好。我就喜欢你们这种懒出境界的人生态度。既然选择了懒，那我们就一懒到底。接下来要讲的 ORM，一定非常对你们的胃口。

接下来我们要讲的 ORM 叫 Entity Framework，简称为 EF。EF 是微软基于 ADO.NET 提供的一种 ORM 组件，它的特点就是一个字“简单”。

冲冲：简单貌似是两个字啊。

MOL：好吧，那就两个字吧。

如果你用过 NH，那你一定会觉得 EF 是如此的简单，因为它不需要你自己去写类、映射文件、驱动文件等，所有的这一切，EF 都已经帮你写好了。下面通过一个 Demo 来看看 EF 是如何的简单。

写一个 EF 项目需要下面 4 步：

（1）创建实体层。

（2）创建数据操作层。

（3）创建业务逻辑层。

（4）创建视图层。

接下来我们就按照上面的步骤来做这个 EF 的 Demo。

1. 创建实体层

创建一个项目，名为 Elands.JinCard.EF.Model，为这个项目添加一个“ADO.NET 实体数据模型”，如图 3-17 所示。

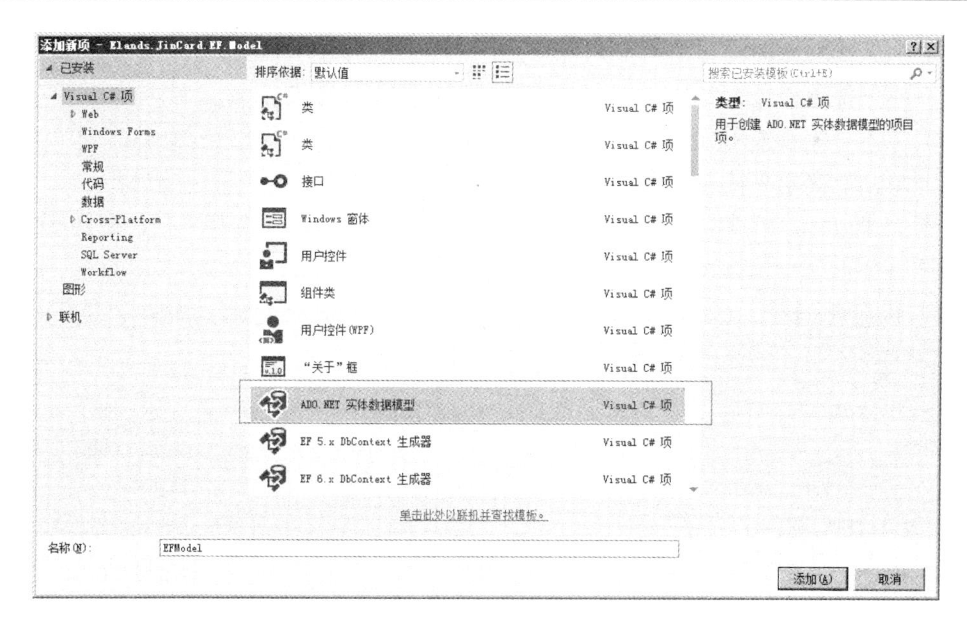

图 3-17　添加实体模型第 1 步

在弹出的对话框中选择“来自数据库的 EF 设计器”选项，然后单击“下一步”按钮，如图 3-18 所示。

在弹出的对话框中单击“新建连接”按钮，如图 3-19 所示。

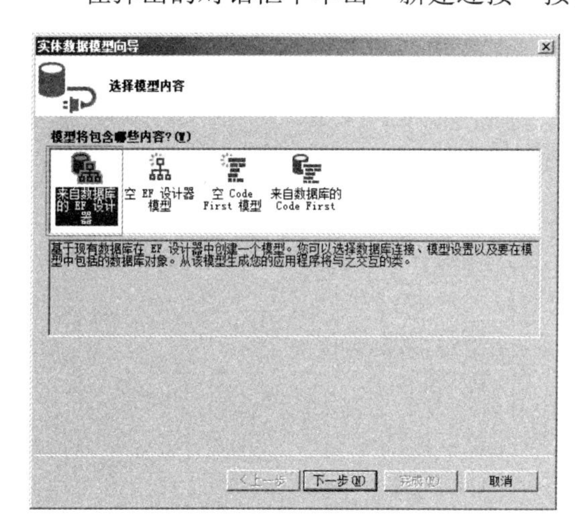

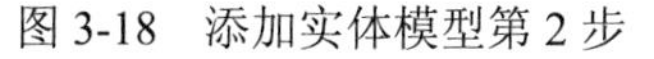
图 3-18　添加实体模型第 2 步

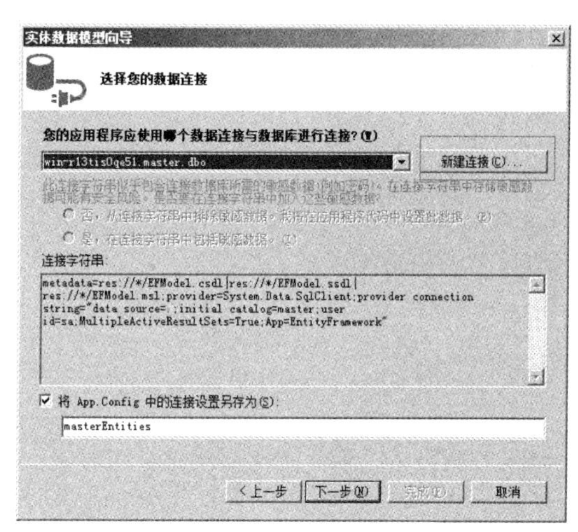

图 3-19　添加实体模型第 3 步

在弹出的对话框中按下面的步骤来输入，如图 3-20 所示。

（1）输入服务器名称，本示例中，数据库使用本地的 JinCardDB，所以在“服务器名”里输入“.”即可。

（2）选择“使用 SQL Server 身份验证”单选按钮。

（3）输入数据库的登录用户名和密码。

（4）在“选择或输入数据库名称”中选择 JinCardDB 选项。

（5）单击“测试连接”按钮，提示“测试连接成功”。

（6）单击“确定”按钮继续。

设置完成以后，就得到了一个新的数据库连接，在对话框中选择“是，在连接字符串中包括敏感数据”单选按钮，单击“下一步”按钮，如图 3-21 所示。

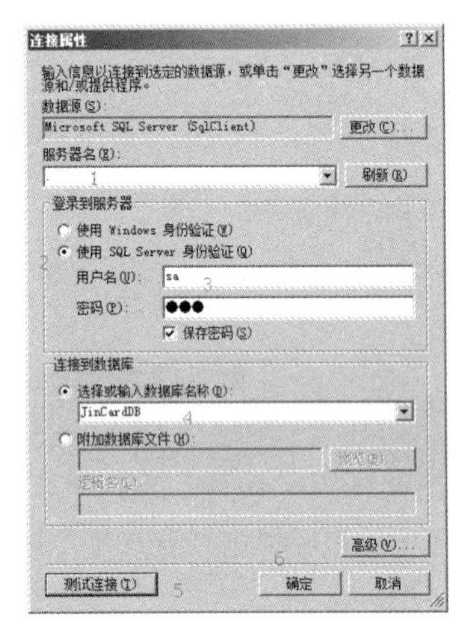

图 3-20　添加实体模型第 4 步

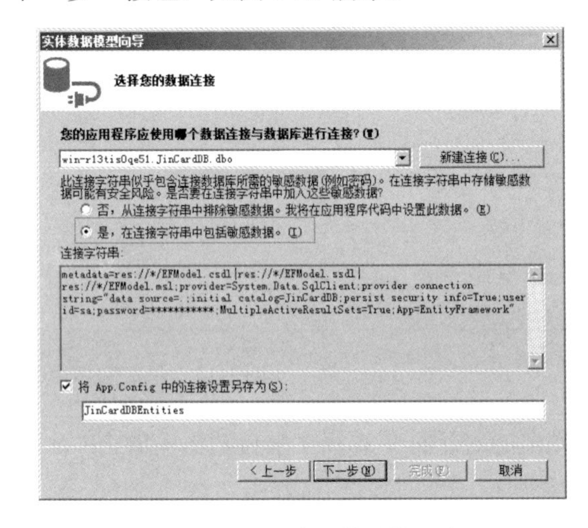

图 3-21　添加实体模型第 5 步

在弹出的对话框中选择 EF 版本，保持默认即可，继续单击“下一步”按钮，如图 3-22 所示。

在弹出的对话框中选择要生成对象的数据库表或视图，在本例中只需要生成数据库表就可以了，如图 3-23 所示。

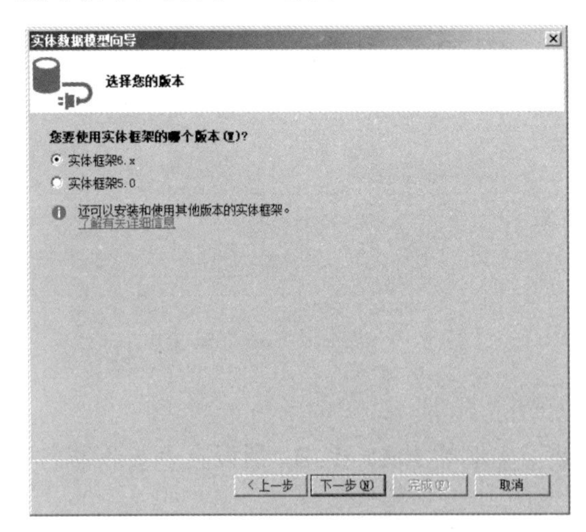

图 3-22　添加实体模型第 6 步

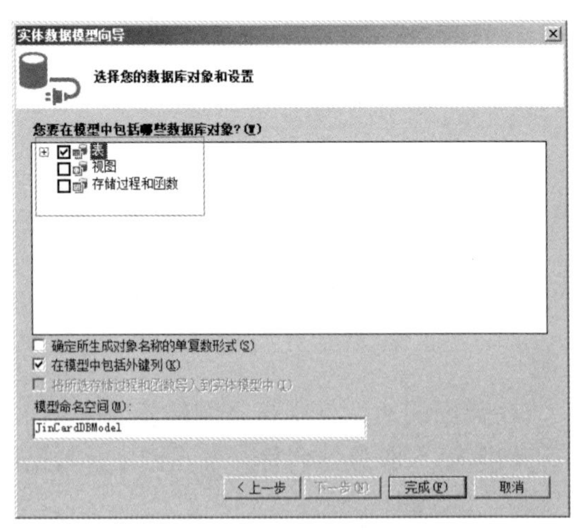

图 3-23　添加实体模型第 7 步

最后单击“完成”按钮即可。

完成以后，在 Visual Studio 左边的窗口中显示的是类图，也就是数据库表映射得到的类，在右边的解决方案管理器中，也以树的形式展示生成了哪些类，如图 3-24 所示。

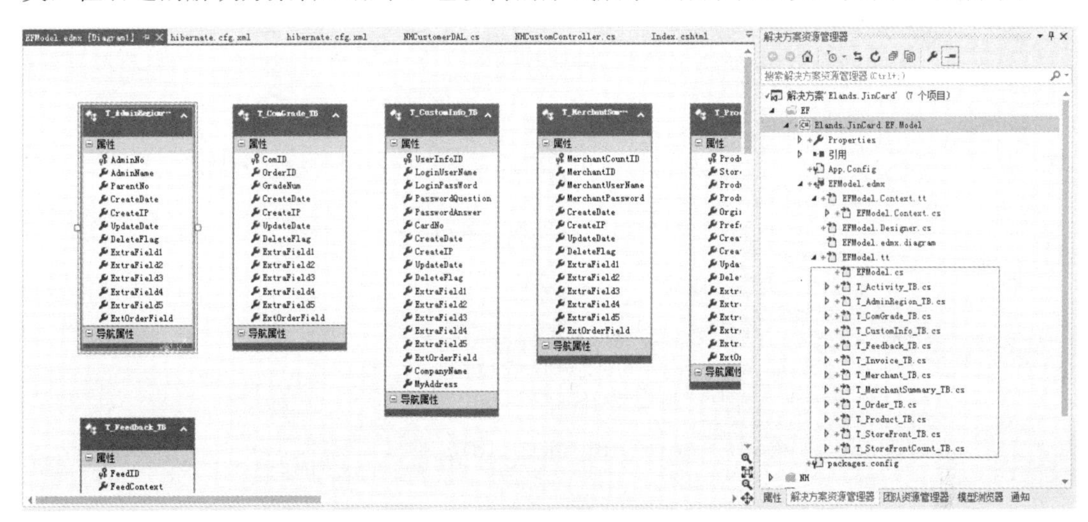

图 3-24　添加实体模型第 8 步

到这里为止，就完成了步骤 1 的内容。在这一步里，我们只是点了几下鼠标，就完成了实体层的创建。相比 NH 的实体层建立，是不是非常简单？

2．创建数据操作层

如果说 EF 里有哪一步是比较难的话，那么步骤 2 可以算是最难的，怎么个难法呢？嘿嘿，千万不要被“难”给吓倒了，这里所谓的难，也只是相对难而已。

和 NH 一样，我们还是来创建一个接口层，用来规范操作方法。新建一个项目 Elands.JinCard.EF.IDAL，在项目里添加一个 IEFCustomerDAL 接口，用来描述操作 T_CustomInfo_TB 对象的方法。接口代码如下：

```
01  public interface IEFCustomerDAL
02  {
03      /// <summary>
04      /// 是否存在该记录
05      /// </summary>
06      bool Exists(Guid EntityID);
07      /// <summary>
08      /// 删除数据
09      /// </summary>
10      bool Delete(Guid EntityID);
11      /// <summary>
12      /// Add Function
13      /// </summary>
14      /// <param name="input"></param>
```

```
15      /// <returns></returns>
16      T_CustomInfo_TB Add(T_CustomInfo_TB input);
17      /// <summary>
18      /// 获取所有的实体
19      /// </summary>
20      /// <returns></returns>
21      IList<T_CustomInfo_TB> GetListAll();
22      /// <summary>
23      /// 更新单个实体
24      /// </summary>
25      /// <param name="model"></param>
26      /// <returns></returns>
27      bool Update(T_CustomInfo_TB model);
28      /// <summary>
29      /// 根据 ID 查询实体
30      /// </summary>
31      /// <typeparam name="T"></typeparam>
32      /// <typeparam name="TType"></typeparam>
33      /// <param name="id"></param>
34      /// <returns></returns>
35      T_CustomInfo_TB GetModel(Guid id);
36  }
```

再创建一个项目 Elands.JinCard.EF.DAL，用来实现接口层所定义的方法。在这个项目中添加一个 EFCustomerDAL 类，用来实现 IEFCustomerDAL 接口。代码如下：

```
01  using System;
02  using System.Collections.Generic;
03  using System.Linq;
04  using Elands.JinCard.EF.IDAL;
05  using Elands.JinCard.EF.Model;
06  using System.Data.Entity;
07  using System.Data;
08
09  namespace Elands.JinCard.EF.DAL
10  {
11      public class EFCustomerDAL : IEFCustomerDAL
12      {
13          public DbContext context = new JinCardDBEntities();
14          public T_CustomInfo_TB Add(T_CustomInfo_TB input)
15          {
16              context.Configuration.ValidateOnSaveEnabled = false;
17              context.Entry<T_CustomInfo_TB>(input).State = System.Data.
    Entity.EntityState.Added;
18              context.SaveChanges();
19              context.Configuration.ValidateOnSaveEnabled = true;
20              return input;
21          }
22
23          public bool Delete(Guid EntityID)
24          {
25              T_CustomInfo_TB delModel = GetModel(EntityID);
26              context.Entry<T_CustomInfo_TB>(delModel).State = System.
    Data.Entity.EntityState.Deleted;
27              return context.SaveChanges() > 0;
```

```
28          }
29
30          public bool Exists(Guid EntityID)
31          {
32              T_CustomInfo_TB model = GetModel(EntityID);
33              return model != null;
34          }
35
36          public IList<T_CustomInfo_TB> GetListAll()
37          {
38              return context.Set<T_CustomInfo_TB>().ToList();
39          }
40
41          public T_CustomInfo_TB GetModel(Guid id)
42          {
43              return context.Set<T_CustomInfo_TB>().Find(id);
44          }
45
46          public bool Update(T_CustomInfo_TB model)
47          {
48              context.Entry<T_CustomInfo_TB>(model).State = System.Data.
    Entity.EntityState.Modified;
49              return context.SaveChanges() > 0;
50          }
51      }}
```

在上面的代码中，有一个非常重要的对象需要着重讲解一下。在第 13 行中定义了一个 DbContext 对象，这个对象相当于 NH 中的 ISession 对象，是数据库和实体类之间的桥梁，通常将 DbContext 对象叫做“上下文”。DbContext 是一个父类，实例化这个父类的时候，用的是连接 JinCardDB 的实体类。也就是说，实例化后的 DbContext 类就可以操作 JinCardDB 数据库中的数据了。

DbContext 对象提供了很多方法用来操作数据。常见的方法如下。

- Set<T>:是一个泛型方法,可以返回指定类型的所有数据,相当于 select * from table;
- Entry<T>：也是一个泛型方法，表示将要对指定的对象进行增、删、改的操作。

只需要这两个方法就足以应付绝大多数的需求了，是不是很简单？

3．创建业务逻辑层

这一步是最简单的，只需要创建 BLL 类并实现即可。创建一个业务逻辑层项目 Elands.JinCard.EF.BLL，添加一个 EFCustomerBLL，这个 BLL 类是用来实现业务逻辑的，因为本示例比较简单，没有复杂逻辑，所以在 BLL 类中只是简单地调用 DAL 返回数据。实现代码如下：

```
01  using System;
02  using System.Collections.Generic;
03  using Elands.JinCard.EF.Model;
04  using Elands.JinCard.EF.IDAL;
05  using Elands.JinCard.EF.DAL;
06
```

```
07  namespace Elands.JinCard.EF.BLL
08  {
09      public class EFCustomerBLL
10      {
11
12          IEFCustomerDAL dal = new EFCustomerDAL();
13          public T_CustomInfo_TB Add(T_CustomInfo_TB input)
14          {
15              return dal.Add(input);
16          }
17
18          public bool Delete(Guid EntityID)
19          {
20              return dal.Delete(EntityID);
21          }
22
23          public bool Exists(Guid EntityID)
24          {
25              return dal.Exists(EntityID);
26          }
27
28          public IList<T_CustomInfo_TB> GetListAll()
29          {
30              return dal.GetListAll();
31          }
32
33          public T_CustomInfo_TB GetModel(Guid id)
34          {
35              return dal.GetModel(id);
36          }
37
38          public bool Update(T_CustomInfo_TB model)
39          {
40              return dal.Update(model);
41          }
42      }
43  }
```

4. 创建视图层

视图层主要是用来与客户交互的，在本示例中，我们只简单地把数据库中的数据展示出来。因为新建控制器和视图的过程在前面都已经讲过了，所以此处略去不讲。

创建好的控制器如下：

```
01  public class EFCustomerController : Controller
02      {
03          private EFCustomerBLL bll = new EFCustomerBLL();
04          // GET: EFCustomer
05          public ActionResult Index()
06          {
07              IList<T_CustomInfo_TB> cuList = bll.GetListAll();
08              return View(cuList);
09          }
10      }
```

最后，需要在 web.config 中加上关于数据库连接的描述，代码如下：

```
<connectionStrings>
    <add name="DefaultConnection" connectionString="Data Source=(LocalDb)\
MSSQLLocalDB;AttachDbFilename=|DataDirectory|\aspnet-Elands.JinCard.Pro
tal.EF.MVC-20161010124709.mdf;Initial Catalog=aspnet-Elands.JinCard.Protal.
EF.MVC-20161010124709;Integrated Security=True" providerName="System.Data.
SqlClient" />
    <add name="JinCardDBEntities" connectionString="metadata=res://*/EFModel.
csdl|res://*/EFModel.ssdl|res://*/EFModel.msl;provider=System.Data.SqlC
lient;provider connection string=&quot;data source=.;initial catalog=
JinCardDB;persist security info=True;user id=sa;password=000;Multiple
ActiveResultSets=True;App=EntityFramework&quot;" providerName="System.Data.
EntityClient" />
  </connectionStrings>
```

黑体部分是新加的代码，这段代码千万不要自己写。找到实体层中的 app.config 配置文件，把 app.config 中关于数据库连接的描述粘贴到当前 web.config 中即可。

运行程序，perfect!运行结果如图 3-25 所示。

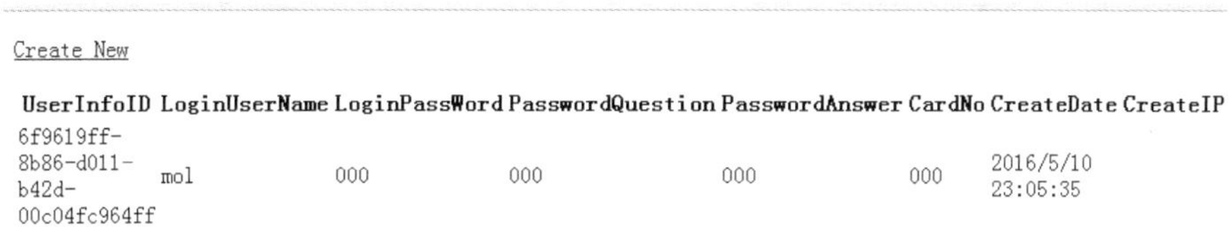

Create New

UserInfoID	LoginUserName	LoginPassWord	PasswordQuestion	PasswordAnswer	CardNo	CreateDate	CreateIP
6f9619ff-8b86-d011-b42d-00c04fc964ff	mol	000	000	000	000	2016/5/10 23:05:35	

图 3-25　EF 的 Demo 运行结果

这个运行结果虽然“丑陋”，但它是我们对 EF 的理解迈出的重要一步，此处应该有掌声。

3.5.5　懒人无敌

冲冲：这样实现起来确实是更面向对象了。

MOL：说重点！

冲冲：使用更方便了。

MOL：说重点！！

冲冲：好吧，更简单了。

MOL：嗯。（心满意足状）

鹏辉：这样确实很简单了。我们只需要操作对象就可以实现数据的增、删、改、查。但是我还有个问题。

MOL：（一脸惊恐状）什么问题？

鹏辉：针对第一个数据库表，我都要去实现对它的操作，但这些操作基本上都是一样的，如果我针对每个表都去写类似的代码，那这样不就违反“干燥”（DRY）原则了吗？

刘朋：哎哟喂，说得还真有那么点道理。

MOL：岂只是有点道理，简直就是真理嘛。接下来我们就来看看如何对一个“湿”的设计进行“干燥”处理。

1. 抽象业务类

正如鹏辉所说，几乎所有的实体类的 CRUD（增、删、改、查）的代码都是类似的，那我们就想办法干掉这些重复的代码。

.NET 中有一种神奇的方法叫泛型方法。这种方法可以定义未知类型的输入或输出参数。也就是说，实体类可以被当做参数传递到函数中，最终返回指定的实体类。

先来看一下根据主键来获取非泛型函数是这样的：

```
public T_CustomerInfo_TB GetModel(GUID id)
{
    return context.Set<T_CustomerInfo_TB>().Find(id);
}
```

而泛型函数是这样的：

```
public T GetModel(GUID  id)
{
    return context.Set<T>().Find(id);
}
```

泛型函数中的 T 就代表了一种类型，具体是什么类型，调用的时候才知道。调用泛型函数的代码是这样的：

```
T_CustomerInfo_TB customer=DAL.GetModel<T_CustomerInfo_TB>(guid);
```

同样的，其他函数也是一样的道理，这里就不一一说明了。在接下来的代码中，也只以“根据主键获取实体”这一个函数来举例。

这些泛型方法应该放在哪里合适呢？既然我们把操作数据的函数都抽象成泛型了，也就意味着我们必须新建一个类来存放这些泛型函数。这个类必须是泛型的，而且要对 T 类型进行描述。代码如下：

```
public class BaseDal<T >  where T : class , new()
{
public DbContext context = EFDbContextFactory.GetCurrentDbContext();
public T GetModel(GUID id)
{
    return context.Set<T>().Find(id);
}
//其他函数
}
```

定义一个 BaseDal 类，这是一个泛型类，类定义后面的 where T:class,new()函数用来限制 T 是一种可以被 new 出来的类型。因为 context.Set<T>要求 T 必须是一个可实例化的类，所以需要加这个限制。

刘朋：我依稀记得 DAL 是应该继承 IDAL 的吧，那么 IDAL 是不是也得变成泛型接口啊。

MOL：是这样的。这就是传说中的“鱼找鱼，虾找虾，乌龟找王八”。泛型的类也需要实现一个泛型的接口。泛型接口的代码如下：

```
01  public interface IBaseDal<T> where T : class, new()
02  {
03      /// <summary>
04      /// 是否存在该记录
05      /// </summary>
06      bool Exists(Guid EntityID);
07      /// <summary>
08      /// 删除数据
09      /// </summary>
10      bool Delete(Guid EntityID);
11      /// <summary>
12      /// Add Function
13      /// </summary>
14      /// <param name="input"></param>
15      /// <returns></returns>
16      T Add(T input);
17      /// <summary>
18      /// 获取所有的实体
19      /// </summary>
20      /// <returns></returns>
21      IList<T> GetListAll();
22      /// <summary>
23      /// 更新单个实体
24      /// </summary>
25      /// <param name="model"></param>
26      /// <returns></returns>
27      bool Update(T model);
28      /// <summary>
29      /// 根据 ID 查询实体
30      /// </summary>
31      /// <typeparam name="T"></typeparam>
32      /// <typeparam name="TType"></typeparam>
33      /// <param name="id"></param>
34      /// <returns></returns>
35      T GetModel(Guid id);
36  }
```

定义好泛型接口以后，就需要让 BaseDal 来继续 IBaseDal 这个接口。修改 BaseDal 的定义代码如下：

```
using System;
using System.Collections.Generic;
using System.Linq;
using Elands.JinCard.EF.IDAL;
using System.Data.Entity;
using Elands.JinCard.EF.Model;
namespace Elands.JinCard.EF.DAL
{
   public class BaseDal<T> : IBaseDal<T> where T : class, new()
```

```
        {
            public DbContext context = new JinCardDBEntities();
            public T Add(T input)
            {
                context.Configuration.ValidateOnSaveEnabled = false;
                context.Entry<T>(input).State = EntityState.Added;
                context.SaveChanges();
                context.Configuration.ValidateOnSaveEnabled = true;
                return input;
            }
            public bool Delete(Guid EntityID)
            {
                T delModel = GetModel(EntityID);
                context.Entry<T>(delModel).State = EntityState.Deleted;
                return context.SaveChanges() > 0;
            }
            public bool Exists(Guid EntityID)
            {
                T model = GetModel(EntityID);
                return model != null;
            }
            public IList<T> GetListAll()
            {
                return context.Set<T>().ToList();
            }
            public T GetModel(Guid id)
            {
                return context.Set<T>().Find(id);
            }
            public bool Update(T model)
            {
                context.Entry<T>(model).State = EntityState.Modified;
                return context.SaveChanges() > 0;
            }
        }
    }
```

这样就完成了一个实体操作类的"基类"，所有的业务实体类都可以通过继承 BaseDal 来实现具体的操作方法，也就避免了对每一个实体类都去写相同的代码来操作数据库。以 T_CustomerInfo_TB 这个实体类为例，继承基类的方法如下：

```
public partial class T_CustomerInfo_TBDAL : BaseDal<T_CustomerInfo_TB>
{
}
```

就这么短短的一句话，就可以实现关于 T_CustomerInfo_TB 的 CRUD 操作。如果需要实现对订单实体的操作，那么只需要把 T_CustomerInfo_TB 换成是 T_Order_TB 就可以了。

同样的，对于接口来说，继承基类接口的方法为：

```
public interface IT_CustomerInfo_TBDAL : IDALBase<T_CustomerInfo_TB>
{
}
```

完成接口以后，记得要给对应的 DAL 加上实现约束，也就是让 DAL 实现指定的 IDAL。

在本示例中，就是让 T_CustomerInfo_TBDAL 实现 IT_CustomerInfo_TBDAL。修改 T_CustomerInfo_TB 的定义方法如下：

```
public partial class T_CustomerInfo_TBDAL : BaseDal<TianG.Model.T_ Customer
Info_TB>, IT_CustomerInfo_TBDAL
{
}
```

注意：当子类同时继承父类和接口的时候，父类要写在前面，后面写接口，父类和接口之间用逗号分隔。

这样就完成了“干燥”（DRY）的第一步，将业务类的操作抽象到基类中。完成后的代码结构如图 3-26 所示。

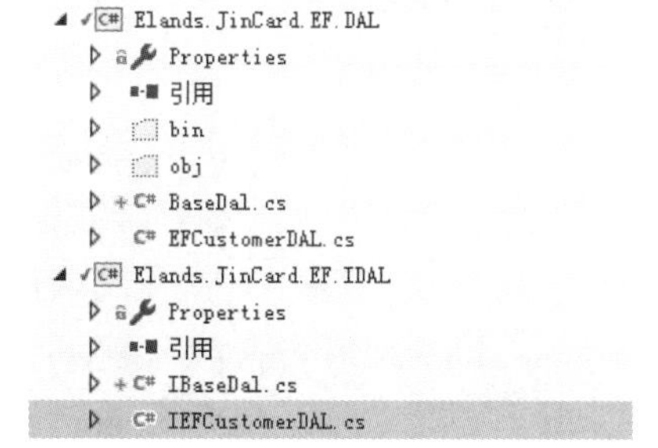

图 3-26　抽象基类后的代码结构

2. 只写一个业务类

鹏辉：如果我要新增订单类的 DAL 的话，就先新增一个订单的操作接口来实现 IBaseDal，再创建一个订单操作类来实现 BaseDal 和订单接口。这样工作量就少了很多，而且也没有了重复性的代码。还真是非常简单呢。

刘朋：如果新增的实体类特别多的话，意味着我要写大量的接口和操作类，虽然从代码上来说，没有了重复代码，但是我自己做的工作其实也算重复劳动吧。有没有其他方法使我不用做这些重复劳动，或者少重复？

MOL：除了说你们懒，我还能说其他的吗？不过，还真有一种方法，让你们不用去做这样重复的劳动，这就是传说中的 T4 模板。

观察每个业务接口类的实现，其实它们都是继承了 IBaseDal 这个父接口，唯一不同的就是指定返回类型的时候不一样。比如 “用户接口”的代码是这样的：

```
public interface IT_CustomerInfo_TBDAL : IDALBase<T_CustomerInfo_TB>
```

而“订单接口”的代码是这样的：

```
public interface IT_Order_TBDAL : IDALBase<T_Order_TB>
```

也就是说，只需要把黑体部分换一下，其他的代码都不需要动。那么，我们就可以考虑做这样一个模板：

```
public interface I坑DAL : IDALBase<坑>
```

然后用对应的实体名称把“坑”填好，就形成了一个实体接口。

我们用 T4 模板来实现这个功能。

T4 模板中的 T4 是文本模板转换工具（Text Template Transformation Toolkit）的缩写，这 4 个单词的首字母都是 T，所以简写为 T4。T4 模板的语法和 C#语法还是挺像的，属于那种“一看就懂”的技术。关于 T4 模板的语法不是我们要说的重点，所以在这里不再赘述，大家可以自行去查询，学习一下。这里我们只讲解如何使用 T4 模板来减少重复劳动，还是以实体接口来举例。

上面已经讲了如何新增一个实体接口，并且完成了一个叫 IT_CustomerInfo_TBDAL 的实体接口，那么这个接口就可以作为原型来创建模板。

在接口层 Elands.JinCard.EF.IDAL 中添加一个“运行时文本模板”IDAL.tt，如图 3-27 所示。

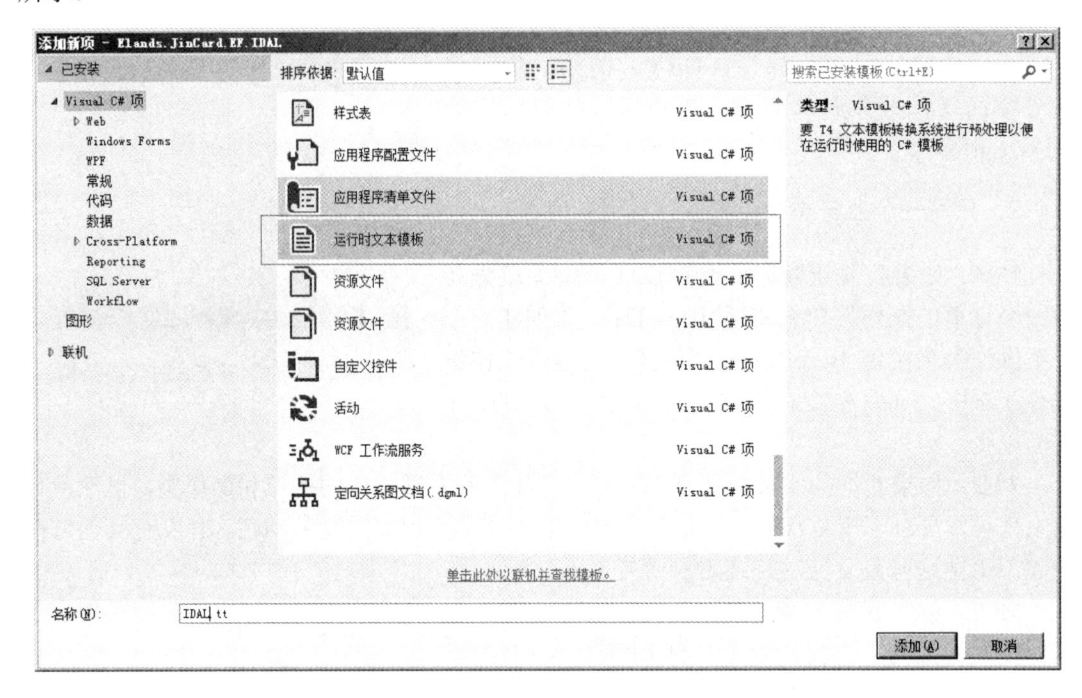

图 3-27　添加文本模板

并在这个文件中添加下面的代码：

```
01  CodeGenerationTools code = new CodeGenerationTools(this);
02  MetadataLoader loader = new MetadataLoader(this);
03  CodeRegion region = new CodeRegion(this, 1);
04  MetadataTools ef = new MetadataTools(this);
05  string inputFile = @"..\\Elands.JinCard.EF.Model\\EFModel.edmx";
06  EdmItemCollection ItemCollection = loader.CreateEdmItemCollection
    (inputFile);
07  string namespaceName = code.VsNamespaceSuggestion();
08  EntityFrameworkTemplateFileManager fileManager = EntityFramework
    TemplateFileManager.Create(this);
09  #>
10  using Elands.JinCard.EF.Model;
11  using System;
12  namespace Elands.JinCard.EF.IDAL{
13  <#
```

```
14  // Emit Entity Types
15  foreach (EntityType entity in ItemCollection.GetItems<EntityType>().
    OrderBy(e => e.Name))
16  {
17  #>
18        public interface I<#=entity.Name#>DAL : IBaseDal<<#=entity.Name#>>
19       {
20       }
21  <#}#>
22  }
```

简单说一下：

- 第 5 行，从指定路径获取一个 edmx 后缀的文件。
- 第 10、11 行，为 IDAL 需要的命名空间。
- 第 12 行，为 IDAL 所在的命名空间，本示例中是 Elands.JinCard.EF.IDAL。

PS：如果你的项目名称和示例中写得不一样，那么需要把上面提到的这 3 项换成自己项目中的特定名称。

- 从第 15 行～第 22 行是一个循环，表示从 edmx 文件中获取所有的实体定义，对于每一种实体定义，都生成一个对应的 IDAL。

这个 IDAL.tt 完成以后，不要进行其他操作，直接保存。然后再来看解决方案管理器，发现 IDAL.tt 已经变成了一个父节点，如图 3-28 所示。

通过图 3-28 可以很清楚地看到，T4 模板已经帮我们生成了与实体相关的所有接口。随便打开一个接口，如 IT_Order_TBDAL，其编码如图 3-29 所示。

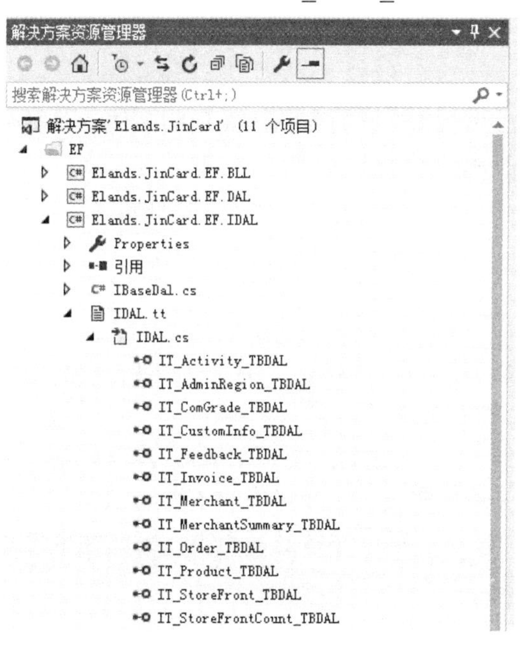

图 3-28　保存模板后的解决方案结构图

```
0 个引用|0 项更改|0 名作者，0 项更改
public interface IT_Order_TBDAL : IBaseDal<T_Order_TB>
{
}
```

图 3-29　模板生成的接口

正如前面我们所期望的一样，一个实体业务接口（IT_Order_TBDAL）只需要实现父接口（IBaseDal）即可。

同样的，其他层（Layer）中，只要涉及实体相关的类或接口，都可以通过 T4 模板来完成，完成的步骤是这样的：

（1）先找一个实体来完成具体的实现。

（2）以这个具体的实现来挖坑。

（3）构造 T4 模板并保存。

然后，就没有然后了。

刘朋：通过 T4 模板，我们的懒惰又上升到了一个新的境界，想想就觉得有点小激动呢。

众：嘁~

MOL：强调一下，这里举例是用 T4 模板来构建类和接口，其实 T4 模板的本质是用来生成文本文件的，类和接口是.cs 后缀的文件，同样的，还可以生成其他类型的文本文件，比如后面我们会使用 T4 模板来生成 XML 文件。

冲冲：那什么时候可以用 T4 模板呢？

MOL：使 用 T4 模板需要具备这样一些条件：①需要做大量重复的工作；②这些重复的工作是有规律可循的；③构建 T4 模板的时间远比重复劳动的时间少得多。只要具备这些条件，就可以考虑使用 T4 模板。

MOL 在本示例中描述了如何使用 T4 模板来生成业务接口，下面就请大家使用 T4 模板来完成 DAL 层、IBLL 层、BLL 层。

没多久，鹏辉就一脸苦瓜相地说：一样的代码，为啥我的模板生成不了预期的.cs 文件？

MOL 打开他的模板文件看了一下也觉得非常神奇，再仔细观察生成的文件，发现文件中存在大量的路径，而且路径还是中文的，问题马上浮出水面。

MOL：号外，号外。注意一下，使用 T4 模板的时候，大家一定要把项目放在英文路径下面，如果项目所在的路径包含中文，那么 T4 模板是无法解析的。

3. 去掉讨厌的new

在 MOL 的英明指挥下，经过大家不懈的努力，IDAL、DAL、IBLL 和 BLL 层的结构终于浮出了水面。完成以后的解决方案结构如图 3-30 所示。

通过这个解决方案的结构，我们可以总结一下。对于每一层（Layer），都只是写了一个泛型基类，如 IBaseDal，然后用 T4 模板去遍历实体，生成对应的子类。

也就是说，对于第一层，我们只需要做两件事：**第一件事是写基类，第二件事是写 T4 模板**。

对，就是这两件事，你没有看错。

接下来我们要做的事情就是将已经完成的这个解决方案进行优化，大家先来检查一下哪些代码是可以优化的。

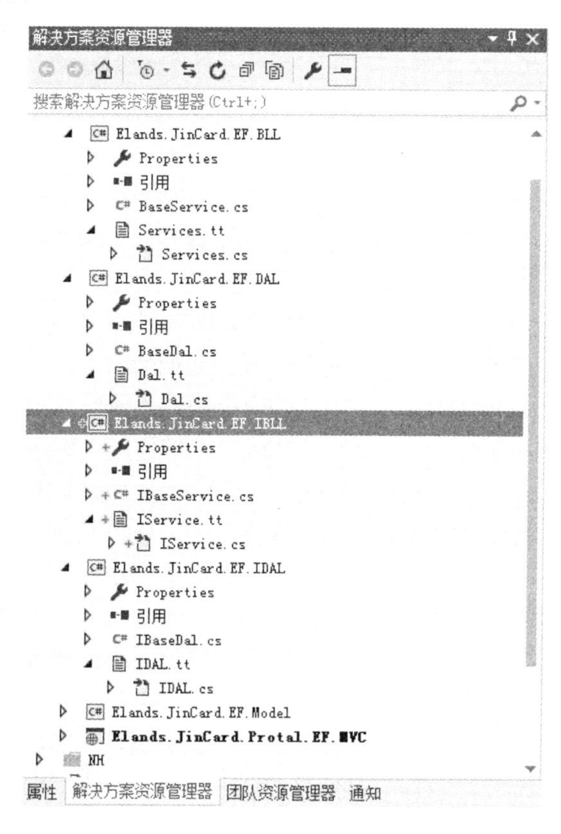

图 3-30　完成后的解决方案

刘朋：前面讲到 Spring.NET 的时候说，我们可以通过容器来取代传统的 new 来取得一个实例，但是在模板生成的示例中，大量地存在 new 一个对象的代码，这些代码是不是可以优化？

MOL：非常正确。

其实 new 这个东西是比较讨厌的，大多数时候，我们都觉得它是“不可控”的。为什么这样说呢？首先来说一下 new 操作做了什么动作。

```
类 classModel=new 类();
```

这一行代码可能是我们最常见的获取一个实例的方法，程序在执行到这句话的时候，会先在内存中开辟一块空间用来存放实例对象，然后再调用“类”的构造函数对 classModel 进行初始化。

从表面上看好像没什么不妥。

请注意，这样描述的前提是“在同一个线程内”。如果是多个线程的话会出现什么情况呢？

假设有两个人，分别叫张铁蛋和王二妮，张铁蛋从北京出差到天津，王二妮从某个村里到天津面试。晚上的时候，他们分别要住店（注意：“分别”两个字是重点，大家千万不要想歪了）。不巧的是，天津诺大一个城区，当时只剩下一个空房间。更不巧的是，张铁蛋和王二妮同时到了这家旅店，服务员 A 和服务员 B 分别接待张铁蛋和王二妮。

张铁蛋对服务员 A 说：我需要一间空房。

服务员 A 说：我们正好还有一间空房。这是房间钥匙。

同一时间，在另一个服务台，王二妮对服务员 B 说：我需要一间空房。

服务员 B 说：我们正好还有一间空房。这是房间钥匙。

于是，张铁蛋和王二妮对于空房的使用权上，就有了冲突。最后到底是王二妮住进了房间，还是张铁蛋住进了房间，或是其他的情况，我们暂且不用考虑那么多。

其实在这个示例中，张铁蛋和王二妮就是两个线程。他们去旅店休息开房间，就是去 new 一个对象实例，而房间就是内存空间。最后房间里是王二妮还是张铁蛋，其实我们都不得而知。但是张铁蛋的领导（进程 A）和王二妮的父母（进程 B）是不知道这个情况的。他们会按照既定的程序去寻找自己的下属（或女儿）。那么就会造成这样的情况：张铁蛋的领导进入房间见到了王二妮，也可能王二妮的父母进入房间发现了张铁蛋。这种情况下，必然导致主进程出现异常。

也就是说，进程 A 在取值的时候，有可能取到的值并不是预期想要的值，即专业人事所谓的“线程非安全”的说法。

为了保证进程取值的时候一定是预期的值，也就是说，张铁蛋的领导进入房间，看到的一定是张铁蛋；王二妮的父母进入房间，看到的一定是王二妮。程序员们通常会使用 lock 关键字来达到这样的目的。也就是说，张铁蛋进入房间以后，先给房间上个锁，保证别人（王二妮）进不去房间。这样，张铁蛋的领导进入房间以后，见到的一定是张铁蛋。而王二妮进不去房间的消息也会被她的父母所知悉，这样就不会造成冲突。

这样会使得王二妮只能睡大街，或者是在房间门外等着，直到房间里的人走掉。这样做的话，很明显，效率是比较低下的。我们更希望在住店之前，领导或父母就已经把房间开好了，到旅店后直接进房间就可以了。

其实由领导或父母去开房间的这个思路，就是在前面讲过的 Spring.NET 的思想。Spring.NET 通过“容器”来管理对象。这里的容器，就是领导或父母。

回到项目中，我们来改造一下 BLL 层里实例化实体的代码。

现有的代码如下：

```
public partial class T_Activity_TBService:BaseService<T_Activity_TB>, IBLL.
IT_Activity_TBService
{
    public override void SetCurrentDAL()
    {
        CurrentDal =new BaseDal<T_Activity_TB>();
    }
}
```

获取对应的实体时，使用了 new 的方式。我们希望对于每一个进程来说，当每次使用 CurrentDal 的时候，获取到的实体一定是相同的。用 new 来实例化对象，显然达不到我们的要求，所以改造之。

我们的思路是，构建这样一个容器，这个容器里就已经把所有实体对应的 Dal 实例化（开好房间）。因为这个容器是操作数据库的，所以我们给这个容器命名为 DbSession。这个 DbSession 的定义是这样的：

```
public partial class DbSession :IDbSession
{
        //用户实体数据库操作类
        private IT_CustomerInfo_TBDAL _T_CustomerInfo_TBDAL;
        public IT_CustomerInfo_TBDAL T_CustomerInfo_TBDAL {
          get {
              if (_T_CustomerInfo_TBDAL == null)
              {
                 _T_CustomerInfo_TBDAL =new T_CustomerInfo_TBDAL();
              }
              return _T_CustomerInfo_TBDAL;
          }
        }
        //实体的数据库操作类
        ……
}
```

这个所谓的 DbSession 里定义的其实就是一大堆数据库表对应的实体操作类。在这个类里，进行了对实体操作类（房间）的实例化。

同样的，为了减少强依赖，还需要定义一个 IDbSession 接口，这个接口里定义了有哪些实体操作类。IDbSession 的定义是这样的：

```
public partial  interface  IDbSession
{
    //用户实体操作类
    IT_CustomerInfo_TBDAL T_CustomerInfo_TBDAL { get; }
    //实体操作类
    ……
}
```

DbSession 定义好以后，我们就只剩一个问题需要解决了。这个问题就是保证 DbSession 在每个进程内都是唯一的，并且是仅有的一个。

这个问题确实很头疼。通常情况下想到最直接的办法就是用单例模式（Singleton Pattern）来实现。转念一想，如果真用单例实现了，其实并没有解决问题。因为这样产生的实体操作对象，一定是整个应用程序共用的对象。那么用什么办法来实现呢？

幸运的是，微软已经给我们提供了一个类 CallContext，这个类隐藏在 System.Runtime.Remoting.Messaging 这个几乎没人用的 namespace 下面。微软在 MSDN 上对它的描述是这样的：

“提供与执行代码路径一起传送的属性集。无法继承此类。”

基本上每个人看到这样的描述，都会抓狂。再来看看它的备注：

“CallContext 是类似于方法调用的线程本地存储区的专用集合对象，并提供对每个逻辑执行线程都唯一的数据槽。数据槽不在其他逻辑线程上的调用上下文之间共享。当 CallContext 沿执行代码路径往返传播并且由该路径中的各个对象检查时，可将对象添加到其中。”

翻译成大家能听懂的话就是说，CallContext 这个类是非常的牛啊，它可以创建一个线程内唯一的容器。大家可以把任何需要的对象放到这个容器内，CallContext 可以保证你在线程内获取到的对象一定是唯一的。

好，有了 CallContext 这个容器，那我们就可以把 DbSession 放到这个容器中。代码如下：

```
public class DbSessionFactory
{
        //获取 DbSession 的方法
       public static IDAL.IDbSession GetCurrentDbSession()
       {
            //从容器中获取 IDbSession
          IDAL.IDbSession dbSession = (IDbSession) CallContext.GetData
("DbSession");
            //如果容器中没有 IDbSession 对象
          if (dbSession == null)
          {
            //创建一个 IDbSession 对象
              dbSession =new DbSession();
            //把新创建的对象放到容器中
              CallContext.SetData("DbSession",dbSession);
          }
            //将 IDbSession 对象返回
          return dbSession;
       }
}
```

这样就完成了让 DbSession 对象“线程内唯一”的任务。

可以看到，我们把获取 DbSession 对象的方法放在一个叫 DbSessionFactory 的工厂类里面。没错，这就是传说中的工厂模式。是不是感觉自己变得“高大上”起来了呢？

有了这些思路，我们再来重新构建一下解决方案。把 IDbSession 放在 IDAL 层中，再新建一个项目 Elands.JinCard.EF.Factory 用来存放 DbSession 和 DbSessionFactory。因为 IDbSession 和 DbSession 中描述的是与数据库表对应实体有关的业务类，所以也可以使用 T4 模板来减少重复劳动。

构建完的解决方案如图 3-31 所示。

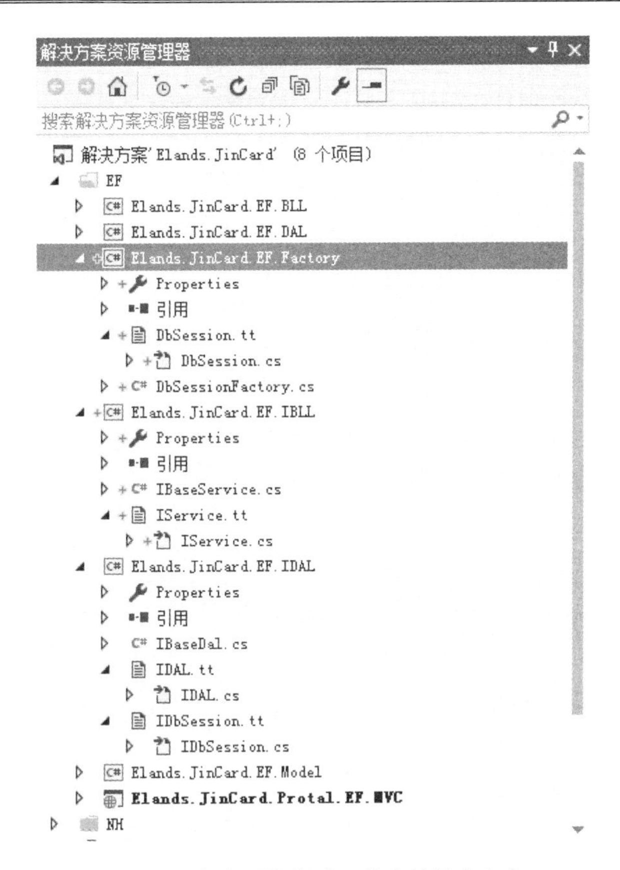

图 3-31　加入了线程唯一约束的解决方案

接下来就可以修改 BLL 层中关于获取 DAL 对象的代码了。还是以现有代码进行分析：

```
public override void SetCurrentDAL()
{
   CurrentDal =new BaseDal<T_CustomInfo_TB>();
}
```

我们不希望用 new 的方式来获取一个 CurrentDal 对象，那么就需要通过 DbSession 的方式来获取。首先在 BLL 层的 BaseService 中增加关于 DbSession 的定义。

```
public IDAL.IDbSession DbSession = DalFactory.DbSessionFactory.GetCurrent
DbSession();
```

在每一个子类中，获取 CurrentDal 的方法就变成了：

```
CurrentDal = DbSession.T_CustomerInfo_TBDAL;
```

对应修改 T4 模板的代码就比较简单了，这里不再多说。

到这里为止，“干燥”（DRY）就基本上完成了。回顾一下我们的解决方案解决了哪些问题。

- 首先，解决了 SQL 语句无法抽象的问题（引入了 EF）；

- 其次，解决了重复劳动的问题（引入了 T4 模板）；
- 最后，“干掉”了讨厌的 new（自己完成 DbSession 工厂）。

解决完这些问题，我们就可以小试牛刀了，比如大家可以在数据库中随意地添加一些数据表，体会一下不用多写 SQL 语句的好处……

3.5.6　完成查询操作

大家听完 MOL 侃大山以后，纷纷拿起自己的键盘啪啪啪地敲了起来。不一会问题就出现了。

冲冲：我们在写 SQL 语句的时候，可以很方便地指定查询条件，比如，我要查询张三的用户信息，那么我的 SQL 语句可以这样写：

```
Select * from T_CustomerInfo_TB where CustomerName='张三'
```

但是咱们刚刚讲的内容中，并没有提到关于查询条件怎么实现。

MOL：这个问题非常好。其实数据库的操作里面，最难的也就是查询，因为查询的条件是非常不固定的。那我们应该如何解决“查询”的问题呢？

其实关于查询的操作不仅仅有过滤条件，还有排序条件、查询结果字段、是否分页。接下来就分别来解决这 3 个问题。

1．过滤条件

先以查询整个表的所有字段、不分页来说明过滤条件的使用方法。

回想一下，如果我们在数据库中查询表 T_CustomerInfo_TB 的数据，可以使用 SQL 语句来“搞定”：

```
Select * from T_CustomerInfo_TB
```

对应到解决方案中，我们提供了一个 GetListAll()的方法来查询 T_CustomerInfo_TB 中所有的数据。这个方法的实现如下：

```
public IList<T> GetListAll()
{
    return context.Set<T>().ToList();
}
```

如果要在数据库中查找张三的信息，那么可以通过 SQL 语句“搞定”，SQL 语句如下：

```
Select * from T_CustomerInfo_TB where CustomerName='张三'
```

无非就是在查询所有结果的 SQL 语句后面加了一个 where 条件进行过滤。

那么，大家可以脑洞大开想一下，context.Set<T>()是不是也可以加一个 where 条件进行过滤呢？来，试着在 context.Set<T>()后面打个“.”，看看微软有没有提供类似 where 的方法。

仔细一看，还真有个 Where()方法，如图 3-32 所示。

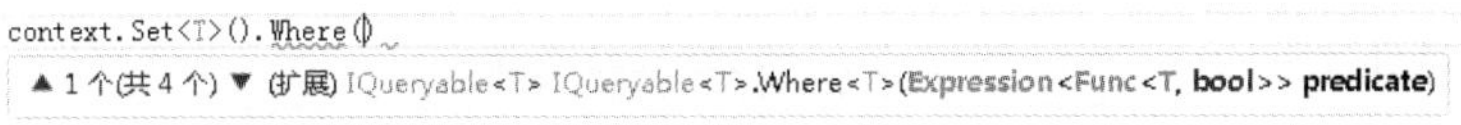

context.Set<T>().Where()

▲ 1 个(共 4 个) ▼ (扩展) IQueryable<T> IQueryable<T>.Where<T>(Expression<Func<T, bool>> predicate)

图 3-32　Where()方法

根据提示，Where()方法有 4 个重载，选一个最简单的重载来看，这个重载需要一个类型为 Expression<Func<T, bool>>的参数。大多数人看到这个参数的时候，脸上会出现一个大写的懵。千万不要紧张，将这个参数类型分开来看，第一部分 Expression<?>表示当前参数是一个表达式。Fun<T,bool>是描述了这个关于“源”的表达式，必须是一个 bool 值。这里的“源”，其实就是 context.Set<T>。那么，这个表达式到底长啥样呢？说白了，其实就是 Lambda 表达式。例如，要查询张三的信息，即 context.Set<T>().Where(t=>t.CustomerName== " 张三 ")。那么，一个关于条件查询的函数，我们暂且定义它为 GetList，这个函数就可以如下实现：

```
public IList<T> GetList (Expression<Fun<T,bool>> whereLambda)
{
return context.Set<T>().where(whereLambda).ToList();
}
```

Lambda 表达式不是我们的重点，而且它本身也不太难，所以这里不做过多的讲解。

通过一个 Lambda 表达式，就完成了对复杂查询的抽象。

2. 查询结果及排序

有时我们不会查询一个表中的所有字段，比如我需要知道张三的姓名和手机，可以通过下面的 SQL 语句来搞定 。

```
Select Customername,Phone from T_CustomerInfo_TB where CustomerName='张三'
```

也就是说，我们需要查询得到具体的字段，那么如何把这些具体的字段抽象出来呢？要知道，查询的字段结果可是非常灵活的，有可能今天需要知道姓名和手机，明天就需要知道性别和地址。

还是刚才的思路，我们试着找一下 context.Set<T>()是否提供了查询结果的方法。

微软想得还是很周到的，它已经给我们提供了一个叫 Select()的方法，如图 3-33 所示。

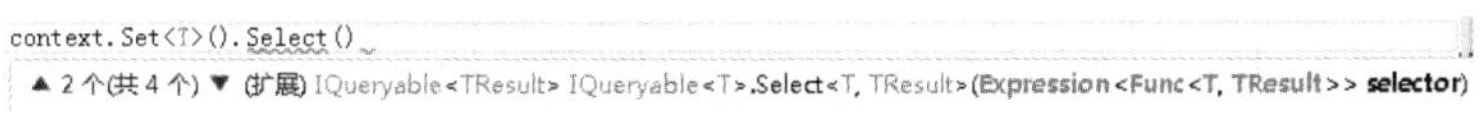

context.Set<T>().Select()

▲ 2 个(共 4 个) ▼ (扩展) IQueryable<TResult> IQueryable<T>.Select<T, TResult>(Expression<Func<T, TResult>> selector)

图 3-33　Select()方法

Select()方法需要的参数是一个叫 Expression<Fun<T,TResult>>类型的参数。同样的，大家只需要把这个参数理解成是一个 Lambda 表达式就可以了。那么，查询所有用户的“公司名称”和“地址”的代码就是：

```
context.Set<T_CustomInfo_TB>().Select(t => new { t.CompanyName, t.MyAddress }).
ToList();
```

如果要查询张三的公司名称和地址，那么代码就是：

```
context.Set<T_CustomInfo_TB>().Where(t=>t.CustomerName=="张三").Select(t
=> new { t.CompanyName, t.MyAddress }).ToList();
```

因为查询得到的结果千奇百怪，所以我们也不从业务层面去抽象这些查询结果了，直接用一个 dynamic 类型来表示。dynamic 表示一个“动态”的类型，这正好与我们的设计不谋而合。查询指定字段（属性）的方法如下：

```
public IList<dynamic> GetList(Expression<Fun<T,TResult>> selectLambda,
Expression<Fun<T,bool>> whereLambda)
{
return context.Set<T>().where(whereLambda).Select(selectLambda).ToList();
}
```

同样的思路，如果需要排序，那么就加上排序条件的 Lambda，关于排序的代码是这样的：

```
Public IList<T> GetList(Expression<Fun<T,Tkey>> orderLambda)
{
//升序
return context.Set<T>().OrderBy(orderLambda);

//降序
return context.Set<T>().OrderByDescending(orderLambda);
}
```

3. 分页

分页功能也是项目中必不可少的一部分。如果用 SQL 来实现分页，以第 3 页的 10 行数据来举例，SQL 语句是这样的：

```
SELECT *
FROM T_CustomerInfo_TB
ORDER BY CustomerName
OFFSET 20 ROWS
FETCH NEXT 10 ROWS ONLY;
```

这个 OFFSET 语法是 SQL Server 2012 里的新特性。如果用 SQL Server 2005 或 SQL Server2008，那么可以使用 Row_Number()函数。如果是 SQL Server 2000，呵呵，那你只能通过临时表或视图来解决了。这里以 SQL Server 2012 的版本来说明。

上面的 SQL 语句表示，先跳过 20 行，再取接下来的 10 行数据，这就是第 3 页的 10 行数据。

在 EF 里也是这个思路，只不过语法稍微有些不一样。EF 里面的代码是这样的：

```
context.Set<T>().Skip((pageIndex - 1) * pageSize).Take(pageSize)
```

同样的，上面这行代码描述的也是跳过前面几页的数据，再获取接下来的几行数据。pageIndex 表示页码，pageSize 表示获取数据的条数。

4. 查询整合

到这里为止，关于过滤、排序、查询动态结果、分页的功能就都讲完了。接下来我们要把这些功能都整合一下，变成几个比较“牛”的查询函数。这里之所以是几个而不是一个，是因为：

- 函数返回结果的不确定性（有可能返回一个表实体或是动态类型）；
- 函数是否要分页的不确定性（可以分页或不分页）。

在这里我们整合这样一个函数，查询一个表实体、有过滤条件、带排序和分页功能。其他的几个函数请大家自行整合。整合后的函数如下：

```
public IQueryable<T> GetListByPage<TKey>(Expression<Func<T, T>> selectLambda,
Expression<Func<T, bool>> whereLambda, Expression<Func<T, TKey>> orderLambda,
int pageSize, int pageIndex, out int total, bool isAsc)
{
    total = context.Set<T>().Where(whereLambda).Count();
    var result = context.Set<T>().Where(whereLambda);
    if (isAsc)
    {
        result = result.OrderBy(orderLambda);
    }
    else
    {
        result = result.OrderByDescending(orderLambda);
    }
    return result.Skip((pageIndex - 1) * pageSize).Take(pageSize).Select
(selectLambda).AsQueryable<T>();
}
```

到这里为止，查询功能就完成了。查询功能是到目前为止我们项目中最麻烦的一个内容。

3.5.7 数据库先行、模型先行、代码先行

EF 提供了 3 种方式来进行数据的持久化，分别是 DataBase-First（数据库先行）、Model-First（模型先行）、Code-First（代码先行）。

- 前面讲的内容都是基于数据库先行的方式来做的。所谓数据库先行，就是先把数据库设计好，然后再根据数据库生成实体；
- 模型先行，是说先把模型设计好，运行程序的时候，程序会自动创建数据库；
- 代码先行，其实和模型先行很像，本质上是用代码来描述模型，运行程序创建数据库。

最常用的是数据库先行和模型先行两种方式。这 3 种方式的优缺点如下：

- 对于数据库先行来说，它的优点是程序员的分工比较明细，DBA 设计数据库，程序员来写业务代码，互不冲突。而且一些比较耗时的数据库操作（如数据同步、事

务触发）可以事先设计在数据库中，这些操作对于程序员来说是透明的；

- 模型先行更符合“敏捷开发”的理念，所有的开发都是以程序员为主。程序员先构建好实体，然后再被动生成数据库；
- 代码先行的方式并没有被很普遍地应用，因为它的使用不太直观。

3.6　小　　结

本章中，我们主要分享了关于 ORM 的使用，重点讲述了如何使用 EF 来搭建一个代码结构；第 4 章将详细讲解数据库的内容。

第2篇 NoSQL和测试

第 4 章　换个数据库试试

大家怀着饱满的热情搭建了自己的第一个项目结构，并乐此不疲地在数据库中添加表，体验着高科技带来的便捷。与此同时，领导也看到了大家的开发效率明显升高，并对大家进行了亲切的慰问，与大家进行了亲切友好的会谈，领导高度赞赏了大家的工作热情，并对大家的工作效率加以肯定，所有的员工都一致表示要在 Coding 的路上渐行渐远。

4.1　客户总有一些非分的想法

所有的这一切场景，让我们感觉到大家仿佛生活在美好的世界里。

理想总是很丰满，现实又总是很骨感。

这不，领导在与客户进行了亲切友好的会谈之后，向我们传达了一个用户的要求。本着“用户是上帝”的理念，大家耐着性子听完了所谓的客户提出来的需求。为了不以讹传讹，我们将使用对话的形式来还原客户的需求。

领导：我们的团队是一个年轻有活力的团队。

客户：是的。

领导：我们只用短短两周的时间，就完成了第一版的“晋商卡”，这完全得力于您对我们公司的大力支持。

客户：（含笑不语）。

领导：那您对我们这第一版的晋商卡有什么意见和建议吗？

客户：我们需要的功能基本上都已经实现了。我想问一下数据库用的是什么？

领导：SQL Server。

客户：我听说有一种数据库叫 MemCache，它要比 SQL 的读写效率高很多。我们想用 MemCache 来替换掉 SQL Server。

领导：这个数据库我还真没听说过。我们需要开会讨论一下。

客户：基本的业务逻辑都不用动，只需要把数据库换一下，应该不难吧。

我觉得大多数程序员在听到这里的时候，都已经开始亲切地“问候”客户家的各位家族成员了。暂且不论 MemCache 的读写效率有多高，SQL Server 的读写效率又如何不尽人意。单说 MemCache，它本就不是用来做数据存储的。如果用 MemCache 来存储数据，就好像把数据直接扔进内存一样可笑。

不管客户提的需求是多么的荒诞，我们还是要分析客户想要什么。

客户在提到 MemCache 的时候，表示使用 MemCache 的理由是“它要比 SQL 的读写效率高很多”，MOL 可以很负责任地给大家保证，客户是不知道什么叫读写效率的，他这样说，无非是想显摆一下，让大家看到他还知道“读写效率”这样一个高科技词汇。我们把客户所谓的“比 SQL 的读写效率高很多”翻译成大家都能听懂的话，其实就是“我们要更高的读取速度”。

刘朋：数据库的操作是增、删、改、查，为啥只要更高的读取速度呢？

MOL：在我们生活的这个世界里，有一个神奇的定律适用于任何行业，这就是“二八法则”。放在当前的场景中，就是用户做的所有操作中，有 80%都是在查询，而其他 20%才是增、删、改。也就是说，我们只要让用户感觉他的查询是非常快的，用户就会以为“读写效率很高”。

挖掘了客户对数据库的需求以后，MOL 亲自与客户联系，并确认了 MOL 的理解是对的。然后 MOL 告诉客户，MemCache 是不能用来存储数据。不过我们可以使用一个叫 MongoDB 的数据库来满足客户猎奇的心理。客户听完以后，也欣然同意。

那么，MongoDB 是什么呢？

4.2　MongoDB 简介

简单来说，MongoDB 是一种 key-value 数据库，它是一种非常流行的 NoSQL 数据库。

相信上面的这个对 MongoDB 的定义是一个“史上”最简单的定义。其实 MongoDB 有很多特性，但我们暂时不去关心其他特性。MOL 把我们需要关心的 MongoDB 特性摘出来，就变成了这样一个定义。

在这个定义里，我们描述了 MongoDB 的两个特性：

- MongoDB 是一种 NoSQL 数据库；
- MongoDB 是一种 key-value 数据库。

很多人看到 NoSQL 的时候，会想当然地把它翻译为“不是 SQL”，当然，也有很多“二把刀”的老师也会这样教。其实它真正的意思是 Not Only SQL，不仅仅是 SQL。通常情况，我们也管它叫“非关系型数据库”。也就是说，MongoDB 首先是一个数据库，它可以用来存储数据，并且可以持久化，其次它是一个非关系数据库。顾名思义，非关系数据库肯定是相对于关系数据库来讲的。非关系数据库摒弃了关系数据库赖以成名的很多技术，如主外键、表关联等，因为它没有复杂的表间关系，所以 MongoDB 的读取速度非常快。

MongoDB 是一种 key-value 数据库，表示 MongoDB 的数据结构方式。

鹏辉：咦？key-value 不就是字典吗？

MOL：没错，MongoDB 就是用键值对来描述数据的一种数据库。用字典来描述它，还不太准确，如果非要拿一种近似的数据结构来说明的话，Json 是最合适的。接下来我们来看看 MongoDB 如何来使用。

4.2.1　安装&配置

没什么可说的，我们先要把 MongoDB 安装好，让它“跑”起来，下载地址为 https://www.mongodb.com。

选择对应的操作系统后直接下载，在本书中，我们使用 Windows 下面的安装版本。因为这个版本的安装过程突出一个简单。一路单击“下一步”按钮，毫无难度。MOL 把 MongoDB 装在了 D:\software\MongoDB 下面。在后面的例子中，MOL 也将会以这个路径来举例说明。

接下来在安装路径（D:\software\MongoDB）下新建一个 data 文件夹，在 data 文件夹下新建一个 db 文件夹。db 文件夹就是要用来存放数据库文件的。

通过 cmd 命令行进入安装目录 D:\software\MongoDB\bin 并运行下面的一句话：

```
mongod.exe -dbpath d:\software\Mongodb\data\db
```

这一句话是告诉 MongoDB，我需要在指定目录下创建一个数据库，并且打开这个数据库。运行完成以后，如图 4-1 所示。

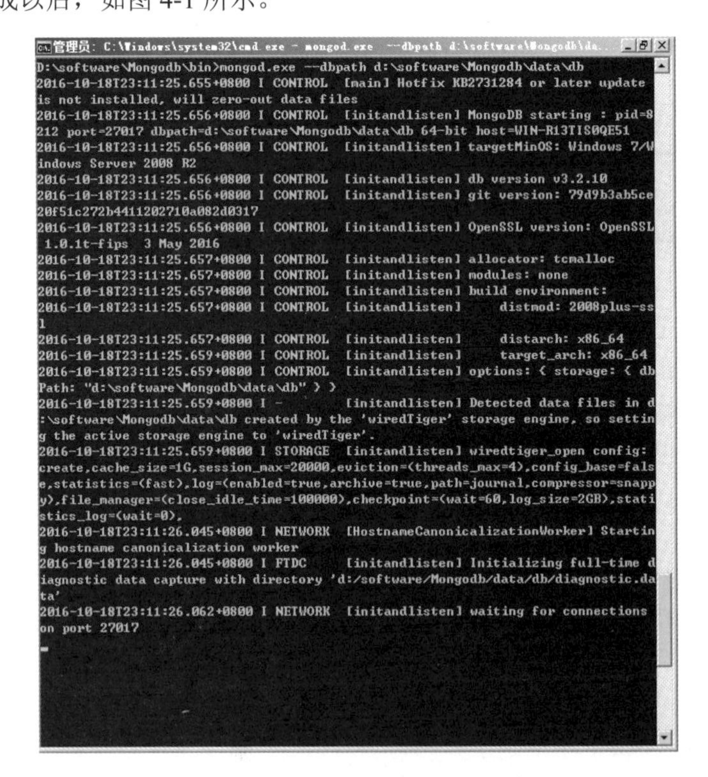

图 4-1　MongoDB 运行后示意图

再开启一个 cmd 命令行窗口，进入 MongoDB 的安装路径 D:\software\MongoDB\bin，然后运行：

```
mongo
```

运行结果如图 4-2 所示。

```
管理员: C:\Windows\system32\cmd.exe - mongo
d:\software\Mongodb\bin>mongo
2016-10-18T23:14:12.122+0800 I CONTROL  [main] Hotfix KB2731284 or later update
is not installed, will zero-out data files
MongoDB shell version: 3.2.10
connecting to: test
>
```

图 4-2　连接 MongoDB 服务器

上面我们提到了两个命令，分别是 mongod 和 mongo。简单来说，mongod 是服务端，mongo 是客户端。当客户端连接到服务端之上以后，服务端的界面会显示当前有几个客户端与服务端保持连接，如图 4-3 所示。

```
管理员: C:\Windows\system32\cmd.exe - mongod.exe  --dbpath d:\software\Mongodb\da...
D:\software\Mongodb\bin>mongod.exe --dbpath d:\software\Mongodb\data\db
2016-10-18T23:11:25.655+0800 I CONTROL  [main] Hotfix KB2731284 or later update
is not installed, will zero-out data files
2016-10-18T23:11:25.656+0800 I CONTROL  [initandlisten] MongoDB starting : pid=8
212 port=27017 dbpath=d:\software\Mongodb\data\db 64-bit host=WIN-R13TIS0QE51
2016-10-18T23:11:25.656+0800 I CONTROL  [initandlisten] targetMinOS: Windows 7/W
indows Server 2008 R2
2016-10-18T23:11:25.656+0800 I CONTROL  [initandlisten] db version v3.2.10
2016-10-18T23:11:25.656+0800 I CONTROL  [initandlisten] git version: 79d9b3ab5ce
20f51c272b4411202710a082d0317
2016-10-18T23:11:25.656+0800 I CONTROL  [initandlisten] OpenSSL version: OpenSSL
 1.0.1t-fips  3 May 2016
2016-10-18T23:11:25.657+0800 I CONTROL  [initandlisten] allocator: tcmalloc
2016-10-18T23:11:25.657+0800 I CONTROL  [initandlisten] modules: none
2016-10-18T23:11:25.657+0800 I CONTROL  [initandlisten] build environment:
2016-10-18T23:11:25.657+0800 I CONTROL  [initandlisten]     distmod: 2008plus-ss
l
2016-10-18T23:11:25.657+0800 I CONTROL  [initandlisten]     distarch: x86_64
2016-10-18T23:11:25.659+0800 I CONTROL  [initandlisten]     target_arch: x86_64
2016-10-18T23:11:25.659+0800 I CONTROL  [initandlisten] options: { storage: { db
Path: "d:\software\Mongodb\data\db" } }
2016-10-18T23:11:25.659+0800 I -        [initandlisten] Detected data files in d
:\software\Mongodb\data\db created by the 'wiredTiger' storage engine, so settin
g the active storage engine to 'wiredTiger'.
2016-10-18T23:11:25.659+0800 I STORAGE  [initandlisten] wiredtiger_open config:
create,cache_size=1G,session_max=20000,eviction=(threads_max=4),config_base=fals
e,statistics=(fast),log=(enabled=true,archive=true,path=journal,compressor=snapp
y),file_manager=(close_idle_time=100000),checkpoint=(wait=60,log_size=2GB),stati
stics_log=(wait=0),
2016-10-18T23:11:26.045+0800 I NETWORK  [HostnameCanonicalizationWorker] Startin
g hostname canonicalization worker
2016-10-18T23:11:26.045+0800 I FTDC     [initandlisten] Initializing full-time d
iagnostic data capture with directory 'd:/software/Mongodb/data/db/diagnostic.da
ta'
2016-10-18T23:11:26.062+0800 I NETWORK  [initandlisten] waiting for connections
on port 27017
2016-10-18T23:14:12.165+0800 I NETWORK  [initandlisten] connection accepted from
 127.0.0.1:11540 #1 (1 connection now open)
```

图 4-3　服务端显示客户端连接个数

需要注意的是，如果计算机重启以后，MongoDB 的服务就需要重新启动，所以最好把 MongoDB 服务随着操作系统一起启动。以管理员身份运行命令行，然后输入下面的语句：

```
mongod.exe --bind_ip 127.0.0.1 --logpath "D:\software\Mongodb\data\mongodb.log" --logappend --dbpath "D:\software\Mongodb\data\db" --port 27017 --serviceName "MongoService" --serviceDisplayName "Mongodb 服务" -install
```

这样在下次重启的时候，MongoDB 服务就会自动启动。

4.2.2　可视化工具

刘朋：这界面黑乎乎的，一点儿都不直观。有没有一个类似 SQL Server 那样的可视化工具？

MOL：为了满足大家的需要，我找了一款可视化的软件 Robomongo，它可以让大家不用再盯着黑乎乎的界面。这款软件是一款绿色软件，下载完成以后，直接运行即可。

运行后的界面如图 4-4 所示。

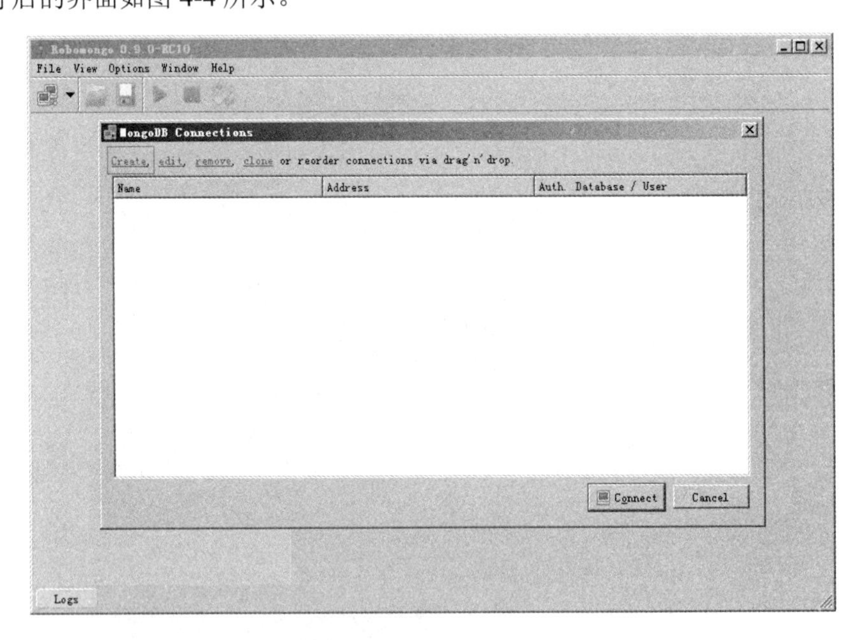

图 4-4　Robomongo 运行界面

和 SQL Server 一样，需要先创建一个连接，单击 Create 按钮，弹出对话框如图 4-5 所示。

这个对话框用来输入服务端信息。由于在本书中，我们讲的 MongoDB 服务是布置在本机上的，所以保持默认设置就可以了。直接单击 Save 按钮，这样就会在连接列表中增加一条记录，如图 4-6 所示。

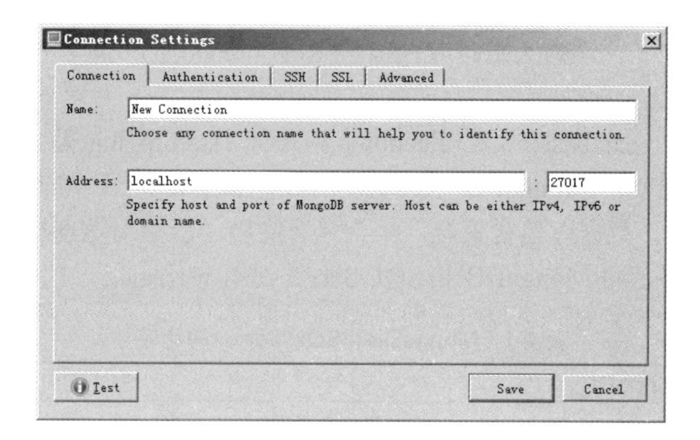

图 4-5　创建新连接

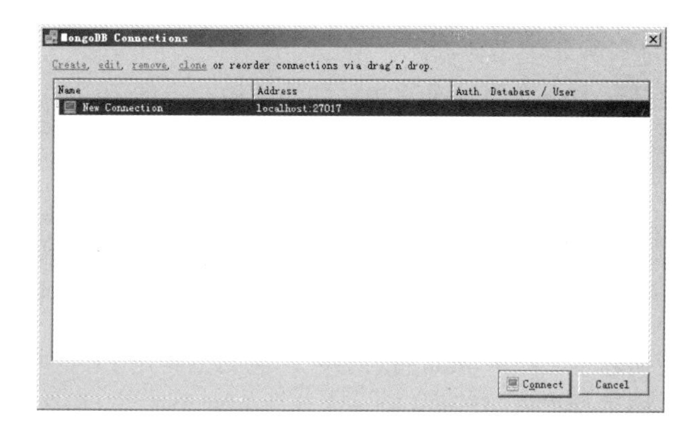

图 4-6　连接列表界面

双击连接名称，就可以连接到服务端了。连接后，进入 Robomongo 的主界面如图 4-7 所示。

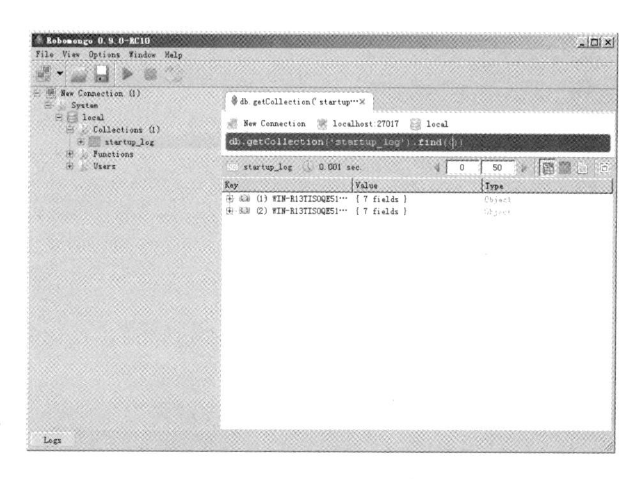

图 4-7　Robomongo 的主界面

到这里重点就来了。请瞪大眼睛，仔细看 Robomongo 的左边，左边展示的其实就是 MongoDB 最重要的 3 个概念。

Local 是数据库（database），Collections 是集合，startup_log 是文档（document）。数据库、集合、文档就是 MongoDB 中最重要的 3 个概念，MOL 习惯把这 3 个概念叫做 MongoDB 的 3 大件。数据库包含集合，集合包含文档。新手对这些概念比较费解，为此我们总结了一个表格，将 MongoDB 和 SQL Server 进行对比记忆，如表 4-1 所示。

表 4-1　MongoDB和SQL Server的比较

MongoDB	SQL Server
数据库	数据库
表	集合
行	文档

由于 MongoDB 是一种非关系数据库，所以并没有“表的概念”，取而代之的是“集合”，集合中保存的是一个个文档，而这些文档的结构有可能不一样。

我们来看一个文档，就知道它是什么意思了。

```
{
"id":117,
"name":"mol",
"sex":"male"
}
```

这个简单的文档描述了一个叫 mol 的老男人，他的主键是 117。

接下来把这个文档进行扩展，让 mol 有一个学生和两个朋友，那么修改后的文档如下：

```
{
"id":117,
"name":"mol",
"sex":"male",
Students:{
            "id":118,
            "name":"鹏辉",
            "hasGirlFirend":true
},
Firend:{
            {
                "sex":"male",
                "hasChildren":true
            },
            {
                "sex":"male",
                "hasChildren":false
            }
        }
}
```

朋友属性用 Firend 来描述，对于第一个朋友，这又是一个文档。也就是说，文档中还能有子文档。从这个角度来说，MongoDB 要比关系数据库更灵活一些；从面向对象的角度来讲，MongoDB 也更贴近程序员的思维。

知道了 MongoDB 的 3 大件以后，下面简单说一下 MongoDB 的基础操作。

4.2.3　MongoDB 的基本操作

从程序员的角度来说，操作数据库的时候就是 4 字真言：“增、删、改、查”，不管是 SQL Server 还是 MongoDB。

增加操作：向 MongoDB 数据库中新增一个文档。

在演示新增操作之前，我们先来创建一个自己的数据库和集合。

创建数据库其实就是一个虚拟操作，只需要 use 数据库名就可以完成操作了。我们来创建一个名为 JinCardDB 的数据库，那就应该是 use JinCardDB。

在 Robomongo 主界面右边的编程界面中输入 use JinCardDB，按 F5 键运行，IDE 就会提示已经切换到 JinCardDB 数据库了，如图 4-8 所示。

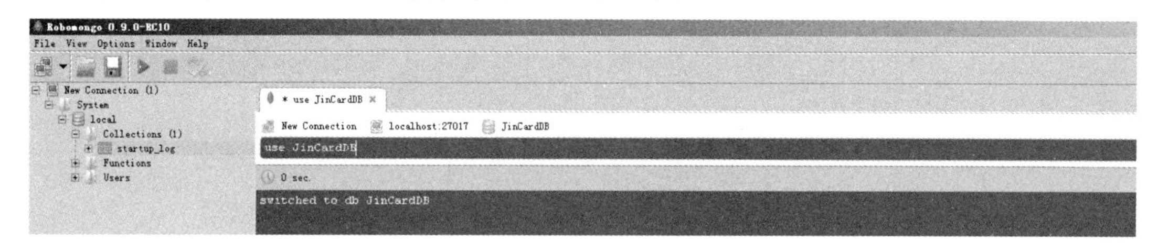

图 4-8　新建数据库

刘朋：为啥左边的数据库列表中没有新建的 JinCardDB？

MOL：这是因为 use 关键字的作用是“切换数据库”，而不是真正的数据库。执行 use JinCardDB 以后，我们只是切换到 JinCardDB 这个虚拟的数据库中了。

那么如何真正地创建一个数据库呢？其实只需要在这个虚拟的数据库中做一些操作就可以了。例如，创建一个集合 T_CustomerInfo_TB，创建集合的语句是：

```
db.createCollection("T_CustomerInfo_TB")
```

执行完以后，右击连接节点（New Connection），在弹出的快捷菜单中选择刷新，就可以看到我们新建的数据库和集合了，如图 4-9 所示。

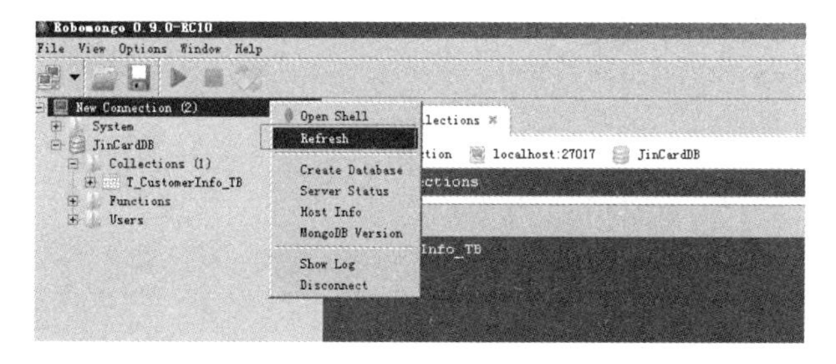

图 4-9　新建集合

接下来的举例，就是在操作 T_CustomerInfo_TB 这个集合。

首先把一个简单文档插入到集合中。

```
db.t_customer_tb.insert({"id":117,"name":"mol","sex":"male"})
```

运行以后，可以得到结果 Inserted 1 record(s) in 21ms，如图 4-10 所示。

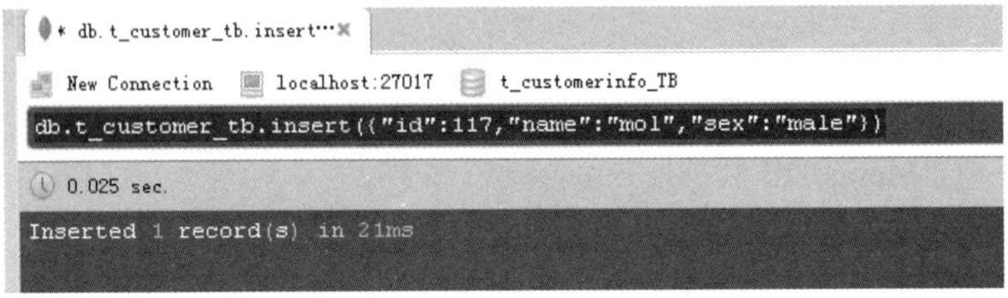

图 4-10　插入一个简单文档

那么插入的这个对象在集合中是怎么存放的呢？可以执行一条查询语句来查看。查询语句为：

```
db.t_customer_tb.find()
```

运行结果如图 4-11 所示。

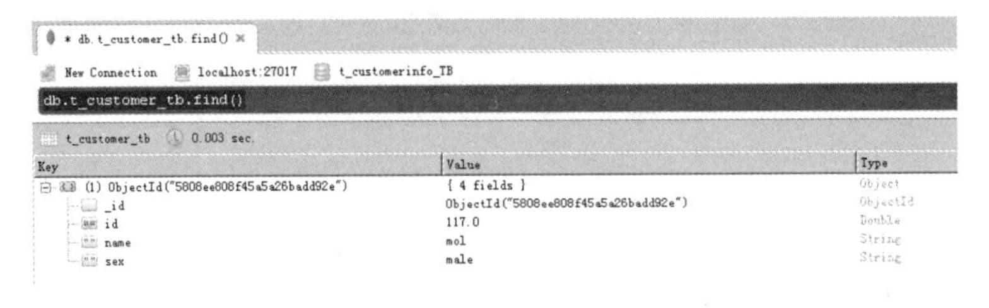

图 4-11　查看插入结果

通过运行结果可以看到，查询结果是一个具有 id、name、sex 属性的文档，这与我们简单文档的定义是一模一样的。

刘朋：不对，我们没有定义_id 字段，这个字段是从哪里跑出来的呢？

MOL：_id 是 MongoDB 里面比较特殊的一个字段，这个字段由 MongoDB 自动创建，而且一定是 OjbectId 这种类型。相当于 MongoDB 帮我们加了一个主键。

我们来把 name 值改成是“张三”，运行语句：

```
db.t_customer_tb.update({"id":117},{$set:{"name":"张三"}})
```

接下来把这条记录删除。删除语句是：

```
db.t_customer_tb.remove({"id":117})
```

用这 4 条语句来解释 MongoDB 肯定是以偏盖全的，不过我们可以从这些语句中总结一下 MongoDB 的操作特点。

操作语句一定是这样的“db.集合名.操作名(表达式)”，这个格式在 MongoDB 的世界里百试不爽。虽然和大家耳濡目染的 SQL 语句不太一样，但这个格式明显是非常简单的，也比较方便记忆。

4.3　.NET 操作 MongoDB

相信大家对 MongoDB 的操作语句有了一定的认识，那么，.NET 是如何操作 MongoDB 的呢？我们都知道，.NET 操作 SQL Server 的时候，一定是有一个叫 ADO.NET 的驱动在当做.NET 和数据库间的桥梁。那么，请大家用大拇脚指头想一下，.NET 可以直接操作 MongoDB 吗？

鹏辉：那肯定不行喽，我们应该再找一个类似于 ADO.NET 的桥梁来连接.NET 和 MongoDB。

MOL：其实有很多第三方组件可以充当.NET 和 MongoDB 之间的桥梁，接下来我们要介绍的这个桥梁 mongo csharp driver 也是在.NET 中运用比较普遍的一个“桥梁”。从名称上来看，mongo csharp driver 是提供给 C#访问 MongoDB 的一个驱动程序，它的下载地址是 https://github.com/mongodb/mongo-csharp-driver/downloads。

下载后，可以得到一个压缩包，解压后，可以看到如图 4-12 所示的一些文件。

名称	修改日期	类型	大小
CSharpDriver-1.7.0.4714.zip	2016/10/22 21:45	WinRAR ZIP 压...	12,105 KB
CSharpDriverDocs.chm	2012/11/28 0:24	编译的 HTML 帮...	11,458 KB
License.txt	2012/11/28 0:15	文本文档	1 KB
MongoDB.Bson.dll	2012/11/28 0:15	应用程序扩展	294 KB
MongoDB.Bson.pdb	2012/11/28 0:15	Program Debug ...	1,016 KB
MongoDB.Bson.xml	2012/11/28 0:15	XML 文档	677 KB
MongoDB.Driver.dll	2012/11/28 0:15	应用程序扩展	335 KB
MongoDB.Driver.pdb	2012/11/28 0:15	Program Debug ...	1,182 KB
MongoDB.Driver.XML	2012/11/28 0:15	XML 文档	844 KB
Release Notes v1.7.txt	2012/11/28 0:15	文本文档	4 KB

图 4-12　解压后的文件

如果大家要学习 mongo csharp driver 驱动的话，解压文件里的 CSHarpDriverDos.chm 这个帮助文件一定是最好的教程。很明显，MOL 不会详细地给大家介绍这个驱动中的所有元素和用法，我们采取类比 ADO.NET 的方式来介绍。

大家可以回想一下，我们在使用 ADO.NET 的时候，大体分为哪几步？

冲冲：这个我知道，第 1 步，定义一个数据库连接，并打开连接；第 2 步，定义一个 SQL 语句；第 3 步，用基于连接的 sqlCommander 或基于无连接的 sqlDataAdapter 来执行 SQL 语句；第 4 步，得到操作结果。

如果用伪代码表示的话，就是这样的：

```
using(sqlConnection con=new sqlConnection("连接字符串"))
{
```

```
con.Open();
String sql="select * from T_CustomerInfo_TB";
DataSet ds=new DataSet();
sqlDataAdapter ada=new SqlDataAdapter(con,sql);
ada.Fill(ds);
}
```

MOL：非常好，我们操作 MongoDB 的步骤也是类似的。

首先，需要把驱动库引入到项目中，添加对 MongoDB.Bson.dll、MongoDB.Driver.dll 的引用。

第 1 步：定义一个数据库连接，并打开连接。

```
//数据库连接字符串
const string strconn = "mongodb://127.0.0.1:27017";
//数据库名称
const string dbName = "JinCardDB";
MongoClient client = new MongoClient(strconn);
//创建数据库连接
MongoServer server = client.GetServer();
MongoDatabase db = server.GetDatabase(dbName);
```

第 2 步：对数据库中的集合进行操作。

```
MongoCollection col = db.GetCollection("T_CustomerInfo_TB");
//将操作结果放到内存集合中
MongoCursor cusList= col.FindAllAs<Customer>();
```

第 3 步：对内存集合进行操作。

```
foreach (Customer cu in cusList)
{
   Console.WriteLine("name:"+cu.name+"|sex:"+cu.sex);
}
```

从第 1 步开始看，以 ADO.NET 的惯性思维来看，应该有一个连接对象（如 Mongo Connection）来描述一个数据库连接。但是代码中并没有这样写。这是因为 MongoDB 有自己的连接机制，必须先创建一个客户端 MongoClient 来连接 MongoDB。创建好客户端之后，服务端也就随之创建了，所以我们只需要通过“客户端.GetServer()”的方式就可以获取到服务端 MongoServer。然后，我们可以通过服务端来获取到服务端的数据库 MongoDatabase。

第 2 步是操作数据库，上面的示例是一个查询用户信息的功能。可以看到，我们并没有写 MongoDB 中的 SQL 语句，而是直接使用“数据库.GetCollection("集合名称")”来获取集合，然后使用“集合.FindAllAs<对象类名>()”的方式来获取集合中所有的文档。获取到的文档是一个 MongoCursor 的集合。我们可以像操作 List<T>集合一样去操作 MongoCursor 集合。

这个操作就是第 3 步的内容。在示例中，我们是把对象内容进行了输出，当然，你也可以把这些内容进行其他处理。

相比 ADO.NET 来说，MongoDB 的操作更偏向面向对象。虽然这是一个新知识，但

MOL 认为，它比 ADO.NET 的开发步骤更容易理解。

我们把上面的示例进行整理，写一个完整的函数如下：

```
01  using System;
02  using MongoDB.Driver;
03  using MongoDB.Bson;
04  namespace Elands.JinCard.NoSql.DALLayer
05  {
06      public class Class1
07      {
08          public void ModelFun()
09          {
10              //步骤 1：先连接到数据库
11              //数据库连接字符串
12              const string strconn = "mongodb://127.0.0.1:27017";
13              //数据库名称
14              const string dbName = "JinCardDB";
15              MongoClient client = new MongoClient(strconn);
16              //创建数据库连接
17              MongoServer server = client.GetServer();
18              //JinCardDB
19              MongoDatabase db = server.GetDatabase(dbName);
20              //步骤 2：对集合进行操作
21              MongoCollection col = db.GetCollection("T_CustomerInfo_TB");
22              //将操作结果放到内存集合中
23              MongoCursor cusList= col.FindAllAs<Customer>();
24              //操作内存集合
25              foreach (Customer cu in cusList)
26              {
27                  Console.WriteLine("name:"+cu.name+"|sex:"+cu.sex);
28              }
29          }
30      }
31      /// <summary>
32      /// 实体定义
33      /// </summary>
34      public class Customer
35      {
36          public ObjectId _id;
37          public string name { get; set; }
38          public string sex { set; get; }
39      }
40  }
```

4.4　让 NoSQL 面向对象

MOL：MOL 在 4.3 节介绍的操作，充其量也就是 ADO.NET 入门的水平。那我们的目的是什么？

众：懒出新境界！

MOL：非常好，那我们来想一下，在使用 EF 的时候是如何减少代码的呢？

刘朋：用 T4 模板生成重复代码。

鹏辉：将公共代码抽象到基类里面去实现，并且把基类做成泛型类，子类去继承基类。

冲冲：还有用接口层减少依赖，用 Spring.NET 去掉讨厌的 new。

MOL：其实冲冲所说的并不是让我们变成一个懒人的重要技术，所谓懒人，就是写最少的代码去做最多的事情。为了实现这样的目的，我们就来想一下，涉及 MongoDB 操作的项目中，有哪些地方是可以抽象的。

鹏辉：我记得咱们最开始是用基本的 ADO.NET 来操作数据库的，后来封装了一个叫 SqlHelper 的数据库操作类，然后把数据表进行了实例化，最后才引入 Entity FrameWork 的。所以我觉得应该先把文档（Document）进行实例化。但是 MongoDB 里面的文档可以是任何类型的对象。我觉得除了 Ojbect 类型以外，实在想不出其他的类型适合文档了。

MOL：关于 NoSQL 的 ORM，其实是业界长久以来一直有争议的一个话题，首先 ORM 最先提出来的时候，只是针对关系数据库的实体对象映射。因为关系数据库里面存放的数据一定是一个规范的表（Tbale）。但是在 NoSQL 中，我们可以存放任何的对象进去，可以是一个字符串，也可以是一个复杂对象。所以，我们根本无法预测从集合中取出的文档到底是阿猫阿狗还是哈里波特。

如果你非要把不确定性的对象抽象成一个确定的类（class），那你的思路已经进入了一个死胡同。遇到这种情况，就应该换一个思路来想。假设我从文档中取出的对象一定是固定的，就像从数据库表（Table）中取得的一样，那么我就可以把文档（Document）映射成一个类，这样就解决了映射的问题。为了让这个假设是成立的，我们需要让文档中的数据一定是标准化的，那这些数据是从哪里来的呢？一定是我们自己插入的嘛。这样一想，就好办多了。我们可以限制文档插入对象的类型，这样就可以保证获取到的文档也一定是标准化的、可以实例化的。

4.4.1　实体抽象

经过上面的分析，我们确定了这样的方针：保证输入的文档一定是规范的。也就是说，集合中的文档一定是格式一致的。简单来说，集合 T_CustomerInfo_TB 中存放的文档一定是 T_CustomerInfo_TB 类型的。这样的话，我们定义 T_CustomerInfo_TB 就变得非常有意义了。

除此之外，MongoDB 有个特性，即 MongoDB 中的每个文档都带有一个属性叫_id，这个 ObjectId 类型的_id 并不是人为定义的，而是 MongoDB 自动分配的，所以在定义实体类的时候，就需要有_id 这个字段。

对于每一个文档，我们都希望知道这个文档是什么时候创建的，什么时候修改的，是哪个 IP 修改的，当时创建和修改的原因是什么。这些特性都是文档对象可以抽象出来的一些共性。

鉴于此，我们就可以定义一个实体基类，这个实体基类包含所有的公共属性，这个实体基类是这样的：

```
 Public ModelBase
{
public  ObjectId _id{get;set;}
public int OrderBy{get;set;}
public DateTime CreateDate{get;set;}
public DateTime UpdateDate{get;set;}
public string Remark{get;set;}
public int deleteFlag{get;set;}
//排序字段
Public int OrderBy{get;set;}
}
```

为了让实体基类有更好的扩展性，所以需要给实体基类扩展一些常用的类型，如增加一个叫 ExtraFileStr 的字符串类型字段……

扩展以后的基类是这样的：

```
Public ModelBase
{
public  ObjectId _id{get;set;}
public DateTime CreateDate{get;set;}
public DateTime UpdateDate{get;set;}
public string Remark{get;set}
public int deleteFlag{get;set;}
//扩展属性
Public string ExtraFieldStr{get;set;}
Public int ExtraFieldInt{get;set;}
Public DateTime ExtraFieldDate{get;set;}
Public decimal ExtraFieldDecimal{get;set;}
}
```

有了这个基类，我们就可以在基类的基础上定义具体的业务类。例如，用户实体类的定义，其实就是在基类的基础上加上姓名、性别、手机等一个用户业务的属性。

我们在讲 EF 的时候，提到过 ADO.NET 实体类型模板可以用来生成实体类。但是 ADO.NET 只支持关系数据（至少目前是这样），所以用 ADO.NET 来生成业务实体这种思路明显是不对的。

如果只用模板部分呢？我们不需要数据库文档和实体之间有显式的映射关系，只需要按我们的预期来编码。例如，从用户信息集合中取得的文档就一定是 T_CustomerInfo_TB 类型的实体。这样一来，我们的编码就变得简单起来。

其实我们只需要定义业务类（Business Class），然后把业务对象插入数据库集合中。需要展示的时候，再把业务对象从数据库中取出来。

1. 业务基类

前面说过，所有的业务类都会包含一些公共字段，如主键、更新时间等。我们可以把这些公共字段都抽取出来，做成一个业务基类，然后让其他的业务子类来继承这个基类。

业务基类的定义如下：

```
01  /// <summary>
02  /// 实体基类
03  /// </summary>
04  public class EntityBase : RefEntity
05  {
06      public EntityBase()
07      {
08          this.DeleteFlag = 1;
09          this.CreateDate = DateTime.Now;
10          this.OrderBy = 1;
11          this.UpdateDate = DateTime.Now;
12      }
13      /// <summary>
14      /// 主键
15      /// </summary>
16      public ObjectId id { get; }
17      /// <summary>
18      /// 创建时间
19      /// </summary>
20      [BsonDateTimeOptions(Kind = DateTimeKind.Local)]
21      public System.DateTime CreateDate { get; set; }
22      /// <summary>
23      /// 创建 IP
24      /// </summary>
25      public string CreateIP { get; set; }
26      /// <summary>
27      /// 更新时间
28      /// </summary>
29      [BsonDateTimeOptions(Kind = DateTimeKind.Local)]
30      public System.DateTime UpdateDate { get; set; }
31      /// <summary>
32      /// 删除标识
33      /// </summary>
34      public int DeleteFlag { get; set; }
35      /// <summary>
36      /// 排序标识
37      /// </summary>
38      public int OrderBy { get; set; }
39
40      #region 扩展属性
41      /// <summary>
42      /// 字符串扩展
43      /// </summary>
44      public string ExtraFieldStr { get; set; }
45      /// <summary>
46      /// 整型扩展
47      /// </summary>
48      public int? ExtraFieldInt { get; set; }
49      /// <summary>
50      /// 时间扩展
51      /// </summary>
```

```
52      [BsonDateTimeOptions(Kind = DateTimeKind.Local)]
53      public DateTime? ExtraFieldDate { get; set; }
54      /// <summary>
55      /// 金额扩展
56      /// </summary>
57      public decimal? ExtraFieldDecimal { get; set; }
58      #endregion
59  }
```

这个基类的定义需要注意下面几点：

（1）主键是 ObjectId 类型的，而且主键只有 get 方法没有 set 方法。这是因为每插入一条数据，MongoDB 就会自动生成一个 ObjectId 类型的主键，所以不需要去设置这个主键。

（2）第 20 行是对“创建时间”的描述，这是和之前定义实体不一样的地方，在 MongoDB 对应的实体定义时，如果属性是时间类型，那么一定要用“[BsonDateTimeOptions(Kind = DateTimeKind.Local)]”来修饰这个时间属性。

（3）在基类的构造函数中，我们对删除标识、排序标识、创建时间、更新时间都做了初始化，这是为了减少业务代码。这样写的话，在实体化一个业务类的时候，就可以省去这些默认值的设置。

2. 业务实体类

有了业务基类以后，接下来要做的事情就是设计业务实体类。在讲到 EF 的时候说过，业务实体类是可以根据数据库生成的。但是很明显 ADO.NET 是不支持 MongoDB 的。也就是说，微软已经从“根”上断了你使用“ADO.NET 实体类型模板”的想法。但是不要紧，办法总比困难多，大家大开脑洞，想想 MOL 曾经讲过的使用 EF 的 3 种方式。

冲冲：这个我记得，3 种方式是数据库先行（DataBase First）、模型先行（Model First）、代码先行（Code First）。

MOL：经过 MOL 刚才的分析，大家想想应该用哪个先行更靠谱呢？

冲冲：肯定是不能数据库先行了，先不说 ADO.NET 实体类型模板是否支持 MongoDB 吧，首先 MongoDB 是不用设计的，因为它本身就不对数据本身的合法性进行校验。去掉数据库先行以后，那就只剩“模型先行”和“代码先行”了。

MOL：分析得非常好，先把最不可能的“数据库先行”排除掉，剩下的两种方式，随便选哪种都是可以的。但是为了直观，我们先择“模型先行”。

所谓模型先行，就是先把模型设计好以后，再去做其他的业务操作（当然，在关系数据库的“模型先行”里面，是先设计模型，再根据模型生成数据库，为了避免混淆，这里只说 MongoDB 数据库）。

那么，模型应该怎么设计呢？根据我们刚才设计业务基类的思路，需要先设计基类，再设计子类。

首先来增加一个“ADO.NET 实体数据模型”，如图 4-13 所示。

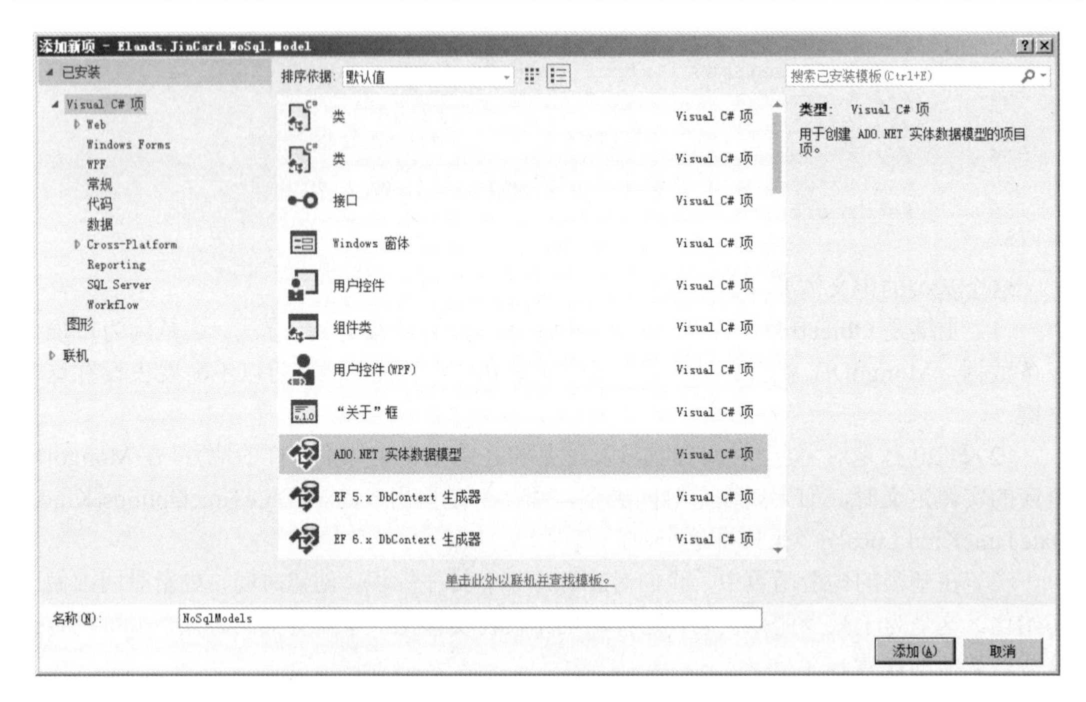

图 4-13　新增 ADO.NET 实体数据模型

刘朋：不是说好不用 ADO.NET 实体数据模型了吗？

MOL：对，虽然我们说过不使用 ADO.NET 实体数据模型，但并不是真的不使用它，而是“择其善者而存之”。我们需要设计一个模型，而 ADO.NET 实体数据模型就是一个比较不错的载体。

单击“添加”按钮以后就需要注意了，以前添加实体数据模型的时候，只需要一路确认下去就可以了，而在这里，需要选择“空 EF 设计器模型”，如图 4-14 所示。

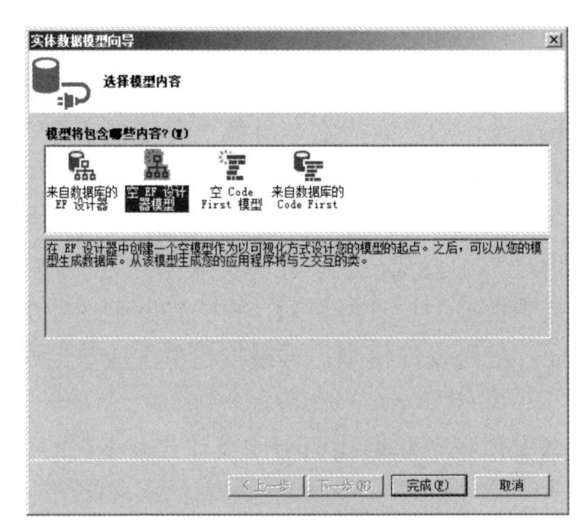

图 4-14　空 EF 设计器模型

然后单击“完成”按钮。完成以后，我们就得到一个.edmx 的文件，和之前见到的同类型文件不同，当前的文件中是没有实体类定义的，需要我们自己新增类，如图 4-15 所示。

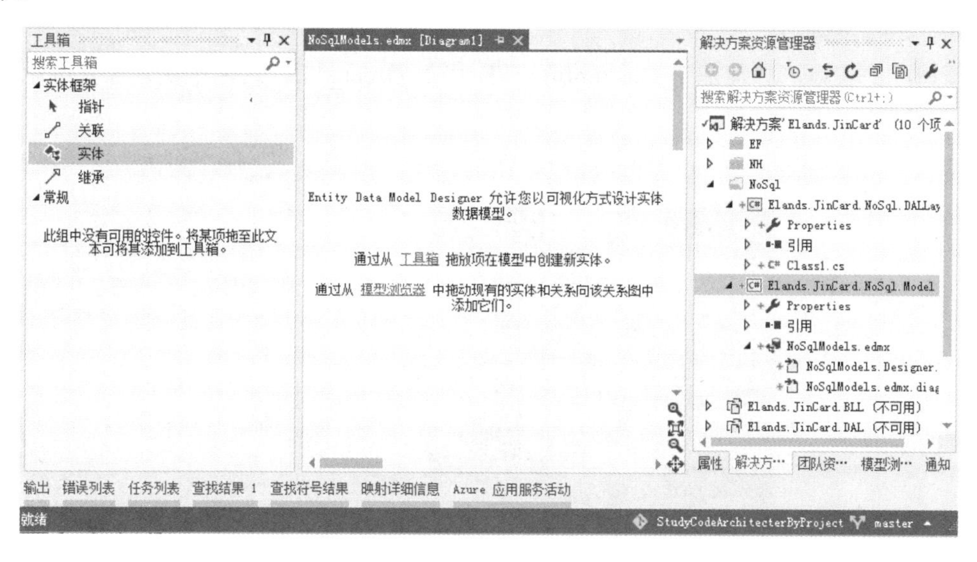

图 4-15　新增的 edmx 文件

接下来新建一个业务基类，从左边的工具箱中把“实体”拖到主界面中，如图 4-16 所示。

新增的这个实体有一个默认的名称 Entity1，把它改成 EntityBase。

所有的实体都包含两个属性，一个叫“属性”，另一个叫“导航属性”。属性也叫“标量属性”就是实体本身的自有属性，也就是通常意义上的字段。而导航属性指的是当前实体与其他实体的关联。例如，用户实体中包含一个订单的导航属性，就说明用户和订单是有关联的。

修改 EntityBase 的定义和 4.4.1 节中的 EntityBase 定义一致，如图 4-17 所示。

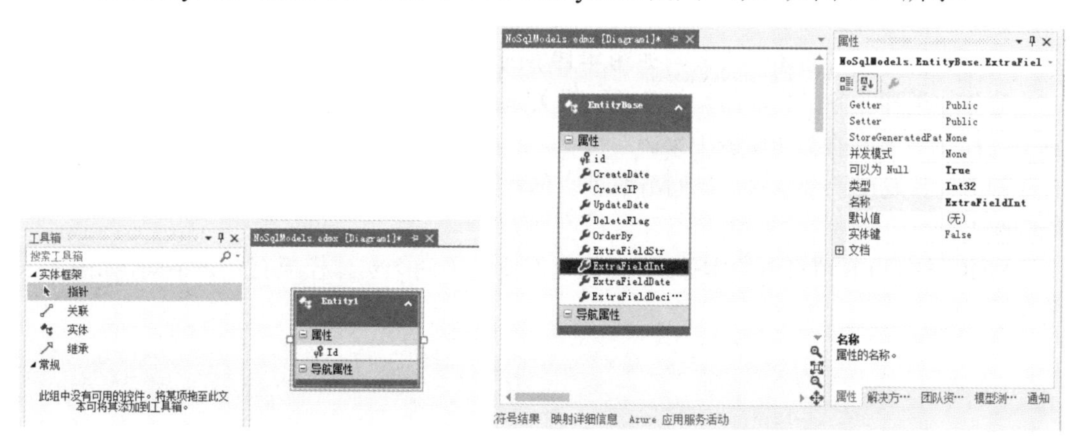

图 4-16　新增实体　　　　图 4-17　EntityBase 基类的实体

需要注意的是，可扩展属性都是可空的，所以需要设置这些扩展属性的“可以为 Null”为 True。

到这里为止，业务基类就已经完成了。接下来的工作就是要定义业务子类。这里以用户类和订单类举例。

新增两个实体，分别是 T_CustomInfo_TB 和 T_Order_TB。这两个实体需要继承业务基类，如图 4-18 所示。

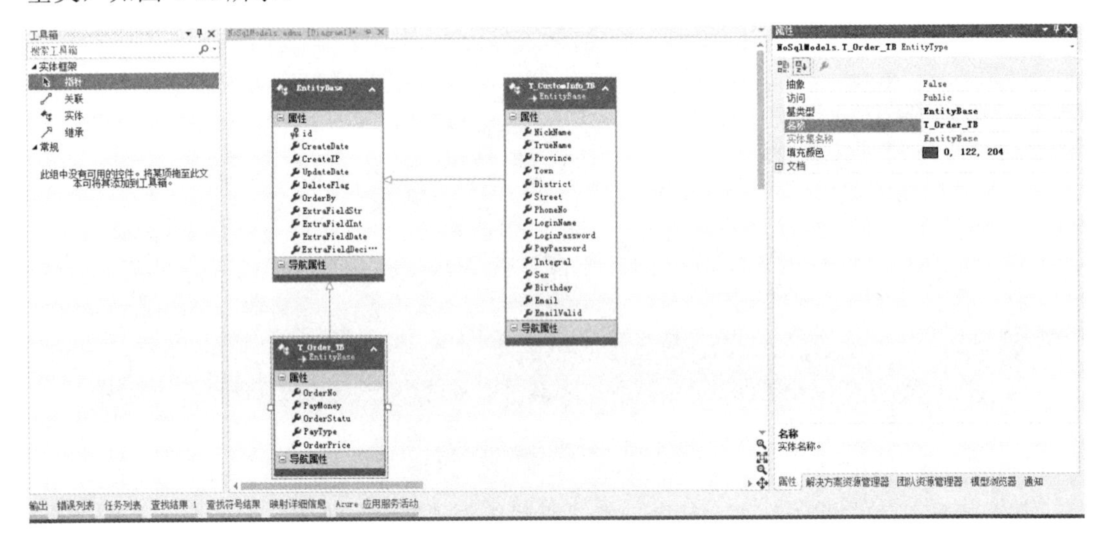

图 4-18　新增业务子类

新增业务子类以后，可以拖动左边工具箱中的“继承”工具，从子类指向基类。也可以在子类的属性中设置“基类型”为 EntityBase。

接下来设置用户和订单之间的关系。用户和订单之间是一对多的关系，而且不是继承关系，它们之间是关联关系。单击左边工具栏中的“关联”，从用户实体拖到订单实体，用户和订单之间就出现了一个一对多的关联关系，用户端用“1”表示，订单端用“*”表示，用这样的方式来描述一对多，如图 4-19 所示。

业务基类和业务子类的新增，以及子类关系处理都已经讲完了，大家可以把其他的业务子类都加到当前的实体模板中来。

刘朋：我发现了个现象，我们新增了实体以后，其实并没有生成对应的类，这是什么原因呢？

MOL：打开 EF 项目中的实体层，我们来对比一下两个实体模板有什么不同，如图 4-20 所示。

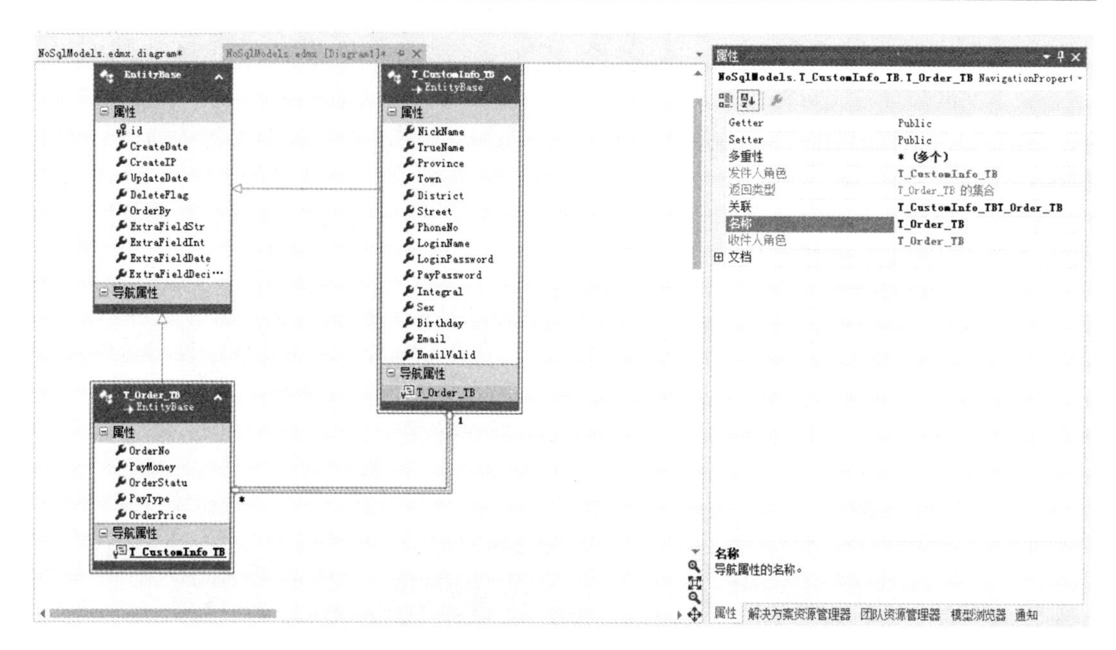

图 4-19　业务子类之间的关系

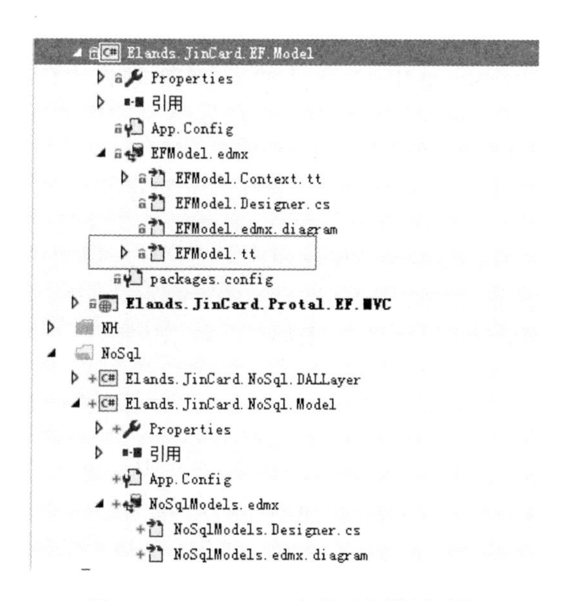

图 4-20　ADO.NET 实体对象模板对比

可以看到，数据库先行的模板中，有两个 T4 模板，生成实体的模板是 EFModel.tt。所以我们只需要在 MongoDB 的项目中增加这个 T4 模板就可以了。其实直接把 EFModel.tt 这个文件复制到项目中，然后改改就可以使用了。改动的地方并不多，只要把第 5 行所引用的 edmx 文件做下修改即可。

```
const string inputFile = @"NoSqlModels.edmx";
```

将这个新增的 T4 模板保存一下，我们预期的业务类就自动生成了。需要注意的是，这些类里面的属性定义可能并非是我们预期的，需要做一些改动。

例如前面提到过的时间，必须在时间属性前面加上修饰，所以需要在生成的类中的时间属性中加上修饰。

但是这样又产生了其他的问题，当我再次保存 T4 模板的时候，这些新增的修饰就消失了。

这样的问题有两种解决办法：第一种是把生成的类复制到一个固定的文件夹如 ModelClass 中，这样就不会受 T4 模板的影响了；第二种是修改 T4 模板，使之符合我们的需求。当然，T4 模板不是我们讲述的重点，所以在这里不做解释。如果大家对 T4 模板有兴趣，可以参考源代码的示例 T4 模板来修改自己的代码。

4.4.2　操作抽象

实体部分已经“搞定”了，接下来就是如何操作实体了。

按照 EF 项目中的思路，我们需要把“增删改查”的操作都封装在基类中，基类是一个泛型类，当业务子类继承的时候，就得到了具体的增删改查的函数。

这样一想，既然思路一样，代码也应该一样喽，那接下来我们就先来处理一下 IDAL 层。新建一个 Elands.JinCard.NoSql.IDAL 项目，并且把 EF 项目的 IDAL 层中的 IBaseDal.cs、IDAL.tt 和 IDbSession.tt 这 3 个文件复制到当前项目中。修改命名空间为当前项目名称，并且修改 T4 模板中引用实体的位置为：

```
string inputFile = @"..\\Elands.JinCard.NoSql.Model\\NoSqlModels.edmx";
```

修改完成以后，保存并且重新生成，如图 4-21 所示。

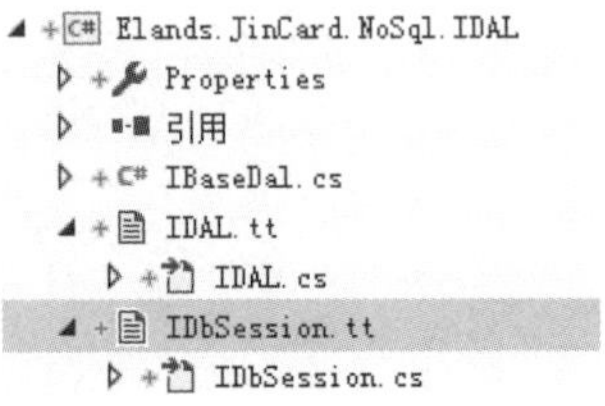

Elands.JinCard.NoSql.IDAL
Properties
引用
IBaseDal.cs
IDAL.tt
IDAL.cs
IDbSession.tt
IDbSession.cs

图 4-21　新增 IDAL 层

重新编译当前项目即可。因为 IDAL 层只是函数的定义，并没有实质性的数据操作，所以一切看起来都这么和谐。接下来再处理 DAL 层。

新增一个 Elands.JinCard.NoSql.DALLayer 类库项目，把 EF 项目中的 BaseDal.cs 和 Dal.tt 两个文件复制到当前项目中。修改引用、修改命名空间后，再进行编译，结果如图 4-22 所示。

这么一大片的错误提示，真是看得人“心旷神怡”。说好的懒人模式没有开启，反而还出了这一大堆错误。

其实这也在意料之中，因为 EF 项目中的 DAL 层是基于 ADO.NET 来操作的，而当前项目是基于 MongoDB 驱动来操作的。那么如何让 Mongo 的项目也像 EF 项目一样，进行大量的封装呢？

前面讲过.NET 通过驱动的方式来操作 MongoDB。其实我们把所有的操作（增删改查）都总结起来，就是对 MongoDB 操作的封装。

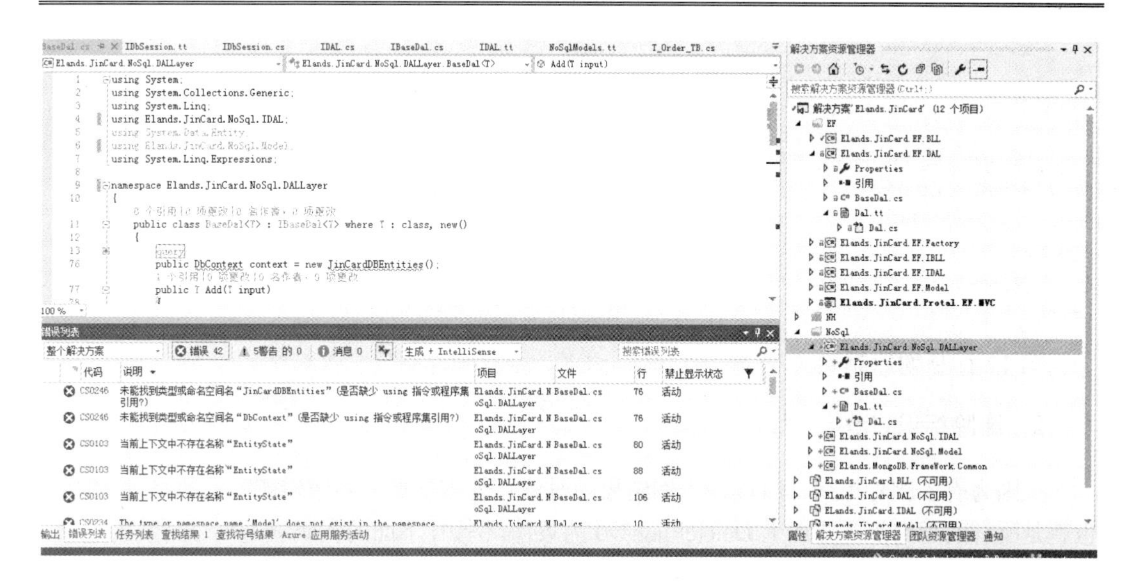

图 4-22　新增 DAL 层

MOL 对这些操作做了比较多的封装，并且把这个封装当作一个项目对大家公开，这个项目的名称是 Elands.MongoDB.FrameWork.Common，项目中有一个类 MongoEntity，该类提供了大量的方法，这些方法和前面讲 EF 项目的时候用到的方法一样，所以可以直接调用 MongoEntity 的方法来实现 DAL 层。

但是有以下两点需要注意的地方。

1. 逻辑删除和物理删除

我们在业务基类中定义了一个字段 DeleteFlag，这个字段用来描述当前数据是否在业务层面被删除。所以在 DAL 的删除操作中，需要更新 DeleteFlag 字段的值来实现删除，而不是直接调用 Remove 方法。这样做的好处是，可以把用户误删除的数据进行恢复操作，这种删除的方法叫“逻辑删除”，而调用 Remove 方法把数据删除以后就没有办法恢复了，这样的删除叫“物理删除”。

下面的这个删除方法，就是一个逻辑删除的实现。

```
01  /// <summary>
02  /// 删除一个 ID 对应的实体
03  /// </summary>
04  /// <typeparam name="T"></typeparam>
05  /// <param name="id"></param>
06  /// <returns></returns>
07  public bool Delete(ObjectId id)
08  {
09      try
10      {
11          //真删除
12          //MongoEntity.Remove<T>(id.ToString());
```

```
13          T entity = GetModel(id);
14          entity.DeleteFlag = 2;
15          entity.UpdateDate = DateTime.Now;
16          entity.Update();
17          return true;
18      }
19      catch
20      {
21          return false;
22      }
23  }
```

第 12 行是物理删除。

2．删除标识过滤

正因为有了删除标识，所以在查询结果的时候，就需要把已经逻辑删除的数据过滤掉，也就是所有的查询都需要加上 DeleteFlag==0 的条件。例如，下面的代码就是一个封装的查询。

```
01  /// <summary>
02  /// 分页查询 查询结果为指定类型  已经过滤了 DelFlag=1
03  /// </summary>
04  /// <typeparam name="TKey"></typeparam>
05  /// <param name="selectLambda"></param>
06  /// <param name="whereLambda"></param>
07  /// <param name="orderLambda"></param>
08  /// <param name="pageSize"></param>
09  /// <param name="pageIndex"></param>
10  /// <param name="total"></param>
11  /// <param name="isAsc"></param>
12  /// <returns></returns>
13  public IQueryable<T> GetListByPage<TKey>(Expression<Func<T, T>>
    selectLambda, Expression<Func<T,
14  bool>> whereLambda, Expression<Func<T, TKey>> orderLambda, int
    pageSize, int pageIndex, out int total,
15  bool isAsc)
16  {
17      total = 0;
18      try
19      {
20          IQueryable<T> re = MongoEntity.Select<T>(whereLambda).Where(t
    => t.DeleteFlag == 1);
21          if (isAsc)
22          {
23              re = re.OrderBy(orderLambda);
24          }
25          else
26          {
27              re = re.OrderByDescending(orderLambda);
28          }
29          total = re.Count();
30          return re.Select(selectLambda).Skip((pageIndex - 1) *
31  pageSize).Take(pageSize).AsQueryable<T>();
32      }
33      catch
```

```
34        {
35            return null;
36        }
37    }
```

只要 DAL 层完成以后，其他的层就像 IDAL 一样简单，这里不再多说了。

4.5　NoSQL 题外话

前面讲过，所有的这一切都是假设我们从数据库中取出的数据一定是规则统一的。理想很丰满，现实很骨感。我们无法保证数据库里面的数据就一定是规范的，假如某一天，有个程序员不小心向数据库的用户集合中写了一条其他的文档，那么意味着 db.Collection. GetAll〈T_CustomerInfo_TB〉()的时候就会报错，错误原因是有一条非“用户”类型的数据无法进行转换。

这样的错误一定是致命的，因为一旦有这样的错误，那么就会导致整个网站崩溃。这样的崩溃一定是灾难性的。

如何能让 MongoDB 中保存的数据一定是我们所期望的数据呢？从代码层面解决不了的话，我们可以考虑其他的办法来实现“曲线救国”。

我们的目的是保证从数据库中取出的数据一定是规范的，那么如何保证呢？简单的办法就是确保写入的时候就一定是规范的。

刘朋：按照剧本来说，这个时候我应该出场了。我的台词是“那如何保证写入的数据是规范的呢？”

MOL：大家都是写剧本的，套路太深……

如果由程序员手动去向数据库写数据，那么无论如何也不能保证数据的规范性，即使是 MOL 这样的“大牛”（自得意满状）也不能保证。既然人做不了，那么何不把这个事情交给机器去做？也就是说，机器写入的数据一定是规范的，那么读出来的数据也一定是规范的。

这样一来，我们的目的就简单了，就是保证所有人都不能手动向数据库写入数据。我们可以通过企业文件和规章制度来告诉大家，不能向数据库写入数据。这样的做法体现的是以人为本的理念。但所有的制度都是人写的，因此不可避免地，还会有人“一不小心”地向数据库写入数据。所以，只有规章制度还是不够的。最重要的是可以将数据库设置为不对外公开，这样就没有人可以登录数据库了，自然就杜绝了有人写入的可能性。

所有的这一切都是 MOL 在向大家传达一种思想，这种思想就是用抽象思维去架构程序，用面向对象的思维来编程。

其实有一个第三方的插件 NORM，是可以实现将 MongoDB 进行实例化的。它的实现思想和前面讲的方法基本一致，所以在这里 MOL 不再讲 NORM 是怎么一回事。

接下来的一天，我们不会讲新的内容，大家把 MongoDB 的架构搭起来，并且发布一个版本到测试服务器上。

鹏辉：我们写的代码直接发布到测试机上？要不要这么自信啊。

MOL：只要架构没有问题，那么你出错的机会就大大降低了。“相信自己”远比相信代码来得更简单有效。

众领命，开始搭建自己的架构。

4.6　关于日志

愉快的一天过去了，大家纷纷把自己写的程序传到了测试服务器上，静静地等着奇迹的发生。MOL 就看不惯这种一潭死水的样子，“操”起鼠标，啪啪啪，就连接到测试服务器上开始“操练”起来。

不一会，三个人的页面都出现了不同程序的错误，有的错误是数组越界，有的错误是索引越限……各种林林总总的错误，让大家目瞪口呆。这个时候，MOL 的成就感油然而生。

MOL：每个人的程序都报错了，大家自行检查一下自己的代码。

众领命，各自打开自己的程序调试起来。不一会，情景剧再次上演。

刘朋：刚才的操作是什么样的？我的本地代码重现不出来啊。

鹏辉：我的本地连开发库是没有问题的，为啥放到测试机上就不行了呢？

冲冲：有一些问题我本地可以重现，但是读取数据库的问题始终重现不了。

MOL：如果想要重现刚才的问题，那么你们需要在特定的环境下（测试机环境）进行调试代码。当然，这样有很多问题，第一是不方便，第二是不安全。如果这些问题要发生在生产服务器上，你们还要把代码放到生产服务器上进行调试吗？

还有一种办法，就是记录所有的异常信息。

4.6.1　为啥要写日志

有时我们写的代码出了问题，却又复现不出来，这是大家经常会遇到的问题。有时我们需要知道用户的操作习惯，比如用户在输入验证码的时候，是否会输入“验证码”3 个字。例如，运维的同事需要帮助你监控系统的正常运行，那么你就需要有一个记录的文件让运维来监控。

以上这些原因，导致我们必须写一些必要的日志来帮助我们定位错误和分析系统。而常见的记录日志的方法有以下 3 种。

第 1 种方法也是最简单的，可以把需要记录的信息写在一个文件中。自己定义一个方法用来向文件中写入内容，然后程序调用这个方法来记录日志。

这个方法用起来比较简单，但是后续的问题也较多，例如，要查找某个时间点的日志信息，那么只能打开文件去查询。如果发生并发操作的时候，那么意味着写文件的时候就会冲突，冲突就会导致网站崩溃。本来记录日志是一个副产品，由于副产品的冲突，导致网站的崩溃，那这样的副产品不要也罢。

第 2 种方法是在数据库中建一张表，专门用来存放日志。这样的做法中规中矩，而且在实际的项目中，也有很多人这样用。

这样记录日志不好的地方是，当日志量变得非常大的时候，必须去维护这张日志表，这样带来的维护成本其实是不必要的。

第 3 种方法是借助第三方组件来记录日志。

前两种方法都是我们自己在“造轮子”，自己造轮子本身没什么不好，而且也是学习中比较快捷的方法。但是我们生活在这个快节奏的时代里，更多时候，我们愿意用别人“造好的轮子”，因为别人“造好的轮子”一定是经过千百次的实践，这样可以省去很多测试的时间。

PS：GitHub 上面的优质代码真的是很多。

这里我们要分享的第三方组件是非常著名的 log4net。一看这个名字，大家就应该想到了，这个组件一定是从 Java 里移植过来的。

没错，log4net 是从 log4j 移植过来的。它记录的日志内容丰富，便于监控，而且记日志的代码也非常简捷。先来看一个 log4net 记录的日志如下：

```
2016-10-19 00:58:04,395 [929] ERROR CustomerController [(null)] - &&&&&&&&
&&&&&&&&&&&&&ErrBegin&&&&&&&&&&&&&&&&&&&&&&&&&&&&&&
2016-10-19 00:58:04,395 [929] ERROR CustomerController [(null)] - System.
Data.EntityException: 基础提供程序在 Open 上失败。---> System.Data. SqlClient.
SqlException: 无法打开登录所请求的数据库 "TianGDB"。登录失败。
用户 'sa' 登录失败。
   在 System.Data.SqlClient.SqlInternalConnection.OnError(SqlException exception,
Boolean breakConnection, Action`1 wrapCloseInAction)
   在 System.Data.SqlClient.TdsParser.ThrowExceptionAndWarning(TdsParser
StateObject stateObj, Boolean callerHasConnectionLock, Boolean asyncClose)
   在 System.Data.SqlClient.TdsParser.TryRun(RunBehavior runBehavior, Sql
Command cmdHandler, SqlDataReader dataStream, BulkCopySimpleResultSet
bulkCopyHandler, TdsParserStateObject stateObj, Boolean& dataReady)
   在 System.Data.SqlClient.TdsParser.Run(RunBehavior runBehavior, SqlCommand
cmdHandler,
   在 System.Data.ProviderBase.DbConnectionClosed.TryOpenConnection(Db Connection
outerConnection, DbConnectionFactory connectionFactory, Task Completion
Source`1 retry, DbConnectionOptions userOptions)
   在 System.Data.SqlClient.SqlConnection.TryOpenInner(TaskCompletion Source`1
retry)
   在 System.Data.SqlClient.SqlConnection.TryOpen(TaskCompletionSource`1
retry)
   在 System.Data.SqlClient.SqlConnection.Open()
   在 System.Data.EntityClient.EntityConnection.OpenStoreConnectionIf(Boolean
openCondition, DbConnection storeConnectionToOpen, DbConnection original
```

```
Connection, String exceptionCode, String attemptedOperation, Boolean&
closeStoreConnectionOnFailure)
   --- 内部异常堆栈跟踪的结尾 ---
   在 System.Data.EntityClient.EntityConnection.OpenStoreConnectionIf(Boolean
openCondition, DbConnection storeConnectionToOpen, DbConnection original
Connection, String exceptionCode, String attemptedOperation, Boolean&
closeStoreConnectionOnFailure)
   在 System.Data.EntityClient.EntityConnection.Open()
   在 System.Data.Objects.ObjectContext.EnsureConnection()
   在 System.Data.Objects.ObjectQuery`1.GetResults(Nullable`1 forMergeOption)
   在 System.Data.Objects.ObjectQuery`1.System.Collections.Generic.IEnumerable
<T>.GetEnumerator()
   在 System.Linq.Enumerable.FirstOrDefault[TSource](IEnumerable`1 source)
   在 System.Data.Objects.ELinq.ObjectQueryProvider.<>c__DisplayClass0`1.
<GetElementFunction>b__3(IEnumerable`1 sequence)
   在 System.Data.Objects.ELinq.ObjectQueryProvider.ExecuteSingle[TResult]
(IEnumerable`1 query, Expression queryRoot)
   在 System.Data.Objects.ELinq.ObjectQueryProvider.System.Linq.IQueryProvider.
Execute[S](Expression expression)
   在 System.Data.Entity.Internal.Linq.DbQueryProvider.Execute[TResult]
(Expression expression)
   在 System.Linq.Queryable.FirstOrDefault[TSource](IQueryable`1 source)
   在 TianG.UI.MVC.Controllers.Customer.CustomerController.LoginUser() 位置
E:\TianG\TianGProject\Project\TianG\TianG.UI.MVC\Controllers\Customer
Controller. cs:行号 67
2016-10-19 00:58:04,422 [929] ERROR CustomerController [(null)] - &&&&&&&&
&&&&&&&&&&&&&ErrEnd&&&&&&&&&&&&&&&&&&&&&&&&&&&&&&&&&&
```

可以看到，log4net 可以很清晰地把异常信息、发生时间、出错代码位置、堆栈信息等信息很详细地记录下来。

4.6.2　如何写日志

说了这么多写日志的好处，那 log4net 如何整合到我们项目中呢？首先需要有一个 log4net 组件，在.NET 的世界里，第三方组件一般都是以动态链接库（dll）的形式存在的。大家可以去 http://logging.apache.org/log4net/download_log4net.cgi 下载最新的 log4net 的 dll。

下载后解压，如图 4-23 所示。

名称	修改日期	类型	大小
bin	2016/10/24 23:41	文件夹	
doc	2016/10/24 23:41	文件夹	
KEYS	2015/12/5 15:49	文件	39 KB
LICENSE	2015/12/5 15:49	文件	12 KB
log4net-sdk-1.2.15.chm	2015/12/5 15:58	编译的 HTML 帮...	2,736 KB
NOTICE	2015/12/5 15:49	文件	1 KB
README.txt	2015/12/5 15:49	文本文档	1 KB
STATUS.txt	2015/12/5 15:49	文本文档	1 KB

图 4-23　log4net 解压结果

可以看到，解压文件内容非常丰富，包含了许可说明、使用说明等。我们需要的是 dll 文件，所以打开 bin 文件夹，如图 4-24 所示。

名称	修改日期	类型
cli	2016/10/24 23:41	文件夹
mono	2016/10/24 23:41	文件夹
net	2016/10/24 23:41	文件夹
net-cp	2016/10/24 23:41	文件夹

图 4-24　bin 文件夹内容

打开 bin 文件夹以后，第一感觉就是 4 个字“高大上”。

鹏辉：高大上好像是 3 个字哦。

MOL：MOL 的数学是体育老师教的，大家权当啥都没听到吧。

可以看到，log4net 已经支持这么多平台，估计大家听说过的也就是.NET 平台和 mono（.NET 的一种跨平台框架）平台吧。打开 net 文件夹，如图 4-25 所示。

名称	修改日期	类型
1.0	2016/10/24 23:41	文件夹
1.1	2016/10/24 23:41	文件夹
2.0	2016/10/24 23:41	文件夹
3.5	2016/10/24 23:41	文件夹
4.0	2016/10/24 23:41	文件夹
4.5	2016/10/24 23:41	文件夹

图 4-25　log4net 可以支持的.NET 版本

log4net 已经可以支持.NET FrameWork 1.0 到.NET FrameWork 4.5 的版本。大家可以根据项目的.NET 版本来选择对应版本的 log4net。在我们当前所做的项目中，使用的是.NET FrameWork 4.5 的版本，所以只需要选择.NET FrameWork 4.5 版本的 log4net 就可以了。打开 4.5 文件夹下的 release 文件夹，如图 4-26 所示。

名称	修改日期	类型	大小
log4net.dll	2015/12/5 16:01	应用程序扩展	298 KB
log4net.pdb	2015/12/5 16:01	Program Debug ...	1,086 KB
log4net.xml	2015/12/5 16:01	XML 文档	1,498 KB

图 4-26　动态链接库文件

把 log4net.dll 引入到项目中，就可以正式地使用它来记录日志了。

log4net 定义了 4 个日志级别，分别是 Info、Debug、Warn、Error 和 Fatal。好吧，我承认是 5 个日志级别。下面简单说一下这些日志级别的意义。

1. 日志级别

在 log4net 中，日志级别从低到高分别是：Debug（调试）、Info（信息）、Warn（警告）、Error（错误）和 Fatal（致命错误）。

- Debug 级别是最低的，如果把日志级别设置为 Debug，那么 log4net 会输出所有的日志。这个级别存在的意义在于它方便了调试的工作。例如在高并发或多线程的时候，我们需要跟踪每个线程的运行情况，这就需要把日志级别设置为 Debug，这样有利于发现问题，帮助我们跟踪问题并处理问题。Debug 日志是给开发人员看的。
- Info 级别用来描述系统运行状态。例如一个 Windows 服务启动的时候，需要输出“服务已启动”，读取完配置信息以后，需要输出“已完成配置文件的读取”。它其实是程序的一部分，以日志的形式描述了程序的工作状态。
- Warn 级别用来描述程序运行时可能出现的问题，或者说业务上有与预期不一致的地方。例如某个订单的流水号不存在，但是这个订单并不影响整个网站的运行，这时候就需要记录一个警告信息。警告信息有提供预警的作用。当发现警告以后，就需要优化代码来处理这些非预期的场景。
- Error 级别就比较严重了，这个错误可以表示业务方面的错误，也可以描述程序方面的异常。例如一个用户的订单丢失了，这就是业务方面的错误。如果在计算的时候发现除数为 0，这就是程序方面的错误。如果发现 Error 级别的错误，就一定要修改代码。
- Fetal 级别的错误是最严重的。这个级别的错误足以让你放下手上的任何事情去处理这个错误。例如，数据库连接错误。

2. 配置文件

只要是从 Java 里移植过来的组件，一定少不了 N 多配置文件。这几乎已经可以成为一个定理了。

我们先来修改项目的 AssemblyInfo.cs 文件，这个文件位于项目下的 Properties 节点下，如图 4-27 所示。

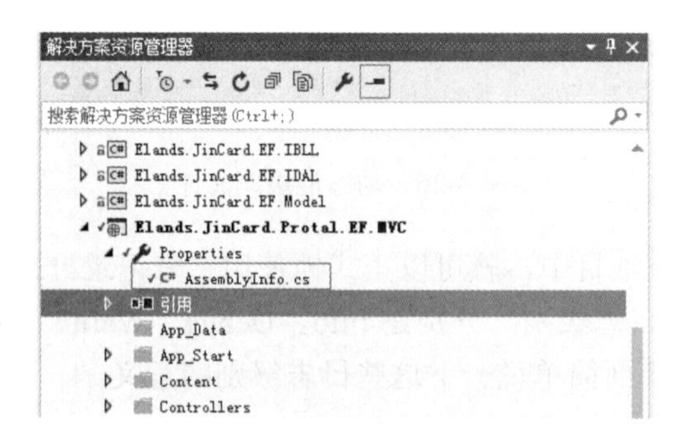

图 4-27　AssemblyInfo 文件位置

在文件的最后添加这样一行：

```
[assembly: log4net.Config.DOMConfigurator(ConfigFile = "logging.config",
Watch = true)]
```

这行代码表示项目要从 loggeing.config 文件中读取 log4net 的配置信息。当然，还需要在项目下面增加一个 logging.config 文件。

接下来新增 logging.config 配置文件。这个配置文件是 XML 格式的，所以只需要新增一个 XML 文件，并命名为 logging.config 即可。

在 logging.config 中添加下面的代码：

```
01  <?xml version="1.0" encoding="utf-8" ?>
02  <configuration>
03    <configSections>
04      <section name="log4net" type="log4net.Config.Log4NetConfiguration
    SectionHandler, log4net"/>
05    </configSections>
06    <!--日志的配置 开始-->
07    <log4net>
08
09      <!--根日志记录-->
10      <appender name="RootWSLog" type="log4net.Appender.RollingFileAppender">
11        <!--日志存放的路径及日志的文件名-->
12        <file value="D:\LogFiles\Elands.JinCard.MainLog.log"/>
13        <!--是否增量记录日志-->
14        <appendToFile value="true"/>
15        <!--是否循环记录日志-->
16        <rollingStyle value="Composite"/>
17        <!--日期格式-->
18        <datePattern value="yyyyMMdd"/>
19        <!--最多保存几个日志文件-->
20        <maxSizeRollBackups value="10"/>
21        <!--每个日志文件的大小上限-->
22        <maximumFileSize value="2MB"/>
23        <!--重命名的格式日期格式-->
24        <layout type="log4net.Layout.PatternLayout">
25          <conversionPattern value="%date [%thread] %-5level %logger
    [%property{NDC}]
26  - %message%newline"/>
27        </layout>
28      </appender>
29      <appender name="CustomerRef" type="log4net.Appender.RollingFile
    Appender">
30        <file value="D:\LogFiles\ Customer.log"/>
31        <appendToFile value="true"/>
32        <rollingStyle value="Composite"/>
33        <datePattern value="yyyyMMdd"/>
34        <maxSizeRollBackups value="10"/>
35        <maximumFileSize value="2MB"/>
36        <layout type="log4net.Layout.PatternLayout">
37          <conversionPattern value="%date [%thread] %-5level %logger
    [%property{NDC}]
```

```
38  - %message%newline"/>
39        </layout>
40      </appender>
41      <!--根日志定义-->
42      <root>
43        <level value="ALL" />
44        <appender-ref ref="RootWSLog" />
45      </root>
46    <!--用户信息日志-->
47      <logger name="Customer">
48        <level value="ALL" />
49        <appender-ref ref="CustomerRef" />
50      </logger>
51    </log4net>
52    <!--日志的配置结束-->
53  </configuration>
```

这段代码表示定义了一个叫 Customer 的日志配置（第 47 行），Customer 的日志存放在 D:\LogFiles\Customer.log 文件中。

到这里为止，配置文件就完成了。说实话，log4net 的配置算是非常简单的。

3. 记录日志

有了配置文件，接下来要做的事就是记录日志了。下面的代码将会输入一些信息到日志文件中。

```
ILog logger = log4net.LogManager.GetLogger("Customer");
logger.Debug("我是调试消息");
logger.Info("我是程序运行消息");
logger.Warn("我是警告消息");
logger.Error("我是错误消息");
logger.Fatal("我是致命错误消息");
```

运行程序以后，来看看 D:\LogFiles\Loop 这个文件夹，发现文件夹里已经多了一个名为 Customer.log 的日志文件，打开该文件查看其内容如图 4-28 所示。

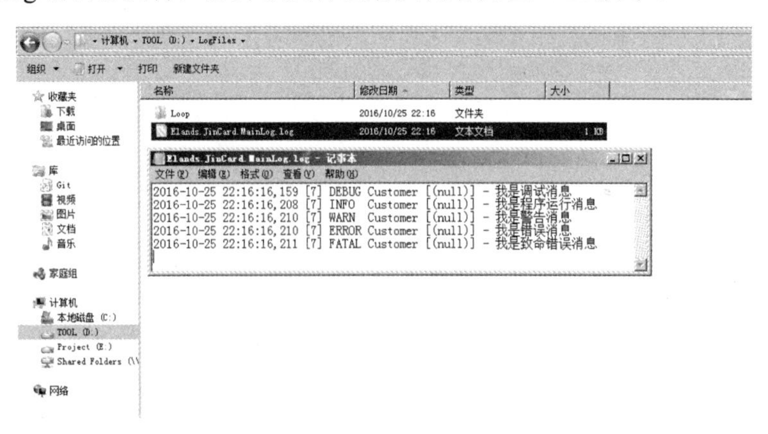

图 4-28　日志文件中的内容

可以看到，日志文件中已经有了程序的输出内容。用这种最简单的方法写日志，是我们经常会用到，并且也是 MOL 所推崇的方法。至少我们不用自己写代码去操作文件了，而且还能得到比较详细的信息，何乐而不为呢？

下面再来分析日志文件的第一行：

```
2016-10-25 22:16:16,159 [7] DEBUG Customer [(null)] - 我是调试消息
```

这个日志信息里包含了 6 部分内容：

- 2016-10-25 22:16:16,159 是日志记录的时间；
- [7]是线程 ID；
- DEBUG 是日志级别；
- Customer 是日志实例名称；
- [(null)]是实例的属性；
- “我是调试消息”是我们自己写的日志内容。

可以看到，这 6 部分内容中，只有最后的日志内容是我们自己输出的，而其他的信息完全是 log4net 自己实现的。

刘朋：log4net 这么强大，是不是还提供有其他的信息？

MOL：通常来说，我们使用 lognet 只是想记录“发生了什么”，所以使用上面的配置就完全够用了。但是不排除有些复杂的业务场景下，需要记录更多的信息。这种情况下，用文件来保存日志信息就显示有点吃力了，而且将复杂的日志信息保存在文件中，也不便于分析和监控。

log4net 已经替我们考虑到了这些复杂场景，log4net 还支持向数据库中写日志。这样我们就可以像查询其他业务表一样来查询日志了。但是用 log4net 写数据库还是比较麻烦的，总结以后，有以下 3 步：

（1）配置 logging.config 配置文件。

（2）定义数据库日志实体。

（3）调用 log4net 写日志。

先来看配置文件，既然要向数据库中写日志，那么一定要告诉 log4net 我们要向哪种数据库写日志，数据库的位置是什么。写日志的参数有哪些，直接看配置代码。

```
01  <appender name="dbLogRef" type="log4net.Appender.ADONetAppender">
02    <!-- BufferSize 为缓冲区大小，只有日志记录超 5 条才会一块写入到数据库 -->
03    <bufferSize value="10"/>
04    <!--2.0 这是对应 sql2008 如是 2000 或 2005 另外配置-->
05    <connectionType value="System.Data.SqlClient.SqlConnection, System. Data,
    Version=2.0.0.0, Culture=neutral,PublicKeyToken=b77a5c561934e089"/>
06    <!-- 连接数据库字符串 -->
07    <connectionString value="data source=.;initial catalog=JinCardDB;
    integrated security=False;persist
08  security info=True;User ID=sa; Password=000" />
09    <!-- 插入到表 T_Log_TB -->
10    <commandText value="insert into T_Log_TB (Customerid,InstanceName,
```

```
    LogContext,LogTime,ThreadID)
11  value(@Customerid,@InstanceName, @LogContext,GETDATE(),@ThreadID)"/>
12
13    <parameter>
14      <parameterName value="@ThreadID"/>
15      <dbType value="String"/>
16      <size value="50"/>
17      <layout type="log4net.Layout.PatternLayout">
18        <!-- 当用到 property 时，就表明这是用户自定义的字段属性啦，是 log4net 中
    所没有提供的字段。 -->
19        <conversionPattern value="%property{ThreadID}"/>
20      </layout>
21    </parameter>
22      <!--这里还可以加其他的参数，只要参数与数据库表定义保持一致既可-->
23  ……
24  </appender>
```

第 5 行是 log4net 需要连接到 SQL Server 数据库上，第 8 行是数据库连接串，第 11 行是一条很常见的 insert 语句，这条语句可以把指定的参数插入到对应的数据库表中。从第 14 行开始，都是参数的定义。这里的参数定义需要与数据库表的定义保持一致。

写好配置文件以后，接下来需要定义数据库表的实体对象，其实我们在 Model 层已经生成了数据库表对象，所以这里不需要再定义。直接调用 log4net 的 Info()方法就可以把实体对象写入数据库中。

```
ILog logger = log4net.LogManager.GetLogger("dbLog");
T_Log_TB logmodel = new T_Log_TB();
logmodel.Customerid = "3";
logmodel.InstanceName = "dbLog";
logmodel.LogContext = "这是一条插入数据库的日志信息";
logmodel.LogTime =DateTime.Now;
logmodel.ThreadID = Thread.CurrentThread.ManagedThreadId.ToString();
logger.Info(logmodel);
```

这样就可以把日志数据写入数据库中。

写数据库有一个致命的弱点，我们考虑这样一种场景，当用户登录的时候，程序发现连不上数据库了，那么我就需要写日志了。写日志的时候发现还是连不上数据库，这样就比较悲催了。而且，不管怎么说，log4net 写数据的这个功能相对还是比较鸡肋的，因为我们本身就可以自己写代码向数据库中插入日志信息，而不需要借助 log4net。

4.6.3　注意事项

记录日志是一个非常好的习惯，通过分析日志，不仅可以监测程序的运行状态，而且还可以分析其他一些业务场景。例如，用户一般在什么时间登录；同一个用户一般一天会登录几次；每天的用户访问量大约是多少等。

通过分析这些数据，技术可以反哺需求，而且也可以更好地改进网站。

任何一个事物都有两面性，log4net 给我们带来大量便利的时候，是不是也会潜在地

埋下一些不易察觉的“坑”？

这几乎是确定的！

写日志是由程序来运行的，那就会产生 CPU、内存、I/O 的消耗。如果事无巨细统统写入日志文件，必然导致网站运行缓慢，影响用户体验。在极端的情况下，甚至会发生由于过量的日志，把硬件存储“撑爆”导致网站停止运行的情况。所以记录日志的时候一定要选择记录那些有意义、有价值的日志信息来记录，而不能面面俱到地什么都记录。

由于日志是给人看的，所以记录日志的时候，一定要注意日志级别。一些较大的公司都会采用自动化监控的方式来监控日志中 Error 级别的日志，这样就要求写日志的时候一定要非常清楚当前日志是哪个级别的。

4.7 小　　结

本章中我们分享的是 NoSQL 中比较其名的 MongoDB 数据库的使用，以及如何用面向对象的思想对.NET 操作 MongoDB 进行抽象架构，使操作 MongoDB 就像操作 SQL Server 一样方便，最后还简单分享了一下如何用 log4net 来记录日志。

第 5 章　越俎代庖搞搞测试

在敏捷开发的流程中，比较理想的开发状态是一个项目中有很多个 Sprit（冲刺），任何一个冲刺完成以后，都是可以发布版本的。

刘朋：听起来似乎很难理解，项目都没做完，还能发布？

MOL：这也就是敏捷开发的一种体现。在每个 Sprit 完成的时候，新加入的功能一定是可用的，不太完美的地方是还有一些功能未实现，但是已有的功能一定可以满足一部分用户的需求。所以我们完全可以在每一个 Sprit 完成的时候发版，甚至有些公司会提倡“每日发版”的理念，也就是说每天都要求程序员开发出一个可用的版本。

如此频繁地发布版本，如何保证用户使用的产品一定是一个符合要求的，并且 Bug 极少的版本？

其实答案很简单，只有两个字“测试”。

5.1　简单说测试

任何一个程序员都不可能保证自己写的代码一定是正确的，即使是编码“牛人”也不例外。这几乎是大家所公认的一个准则。所以必须借助外力来保证自己的代码质量，因此有很多互联网公司或软件公司会有专人用来做测试。他们每天的工作就是“吹毛求疵”，当然，官方说法是保证项目质量。

在一个项目中，测试工作也会占用大量的时间，下面来看一个图，这个图描述了测试工作在一个项目中的地位，如图 5-1 所示。

图 5-1 中描述的是一个瀑布开发项目中测试所处的位置。把这个流程进行循环迭代，就变成了敏捷开发中的某个 Sprit。可以看到，在某个 Sprit 中，测试其实会占用将近一半的开发周期。只有经过大量的测试，才能保证开发人员编写的代码尽量不出问题。测试工作对于开发人员来说，就算是外力保证。

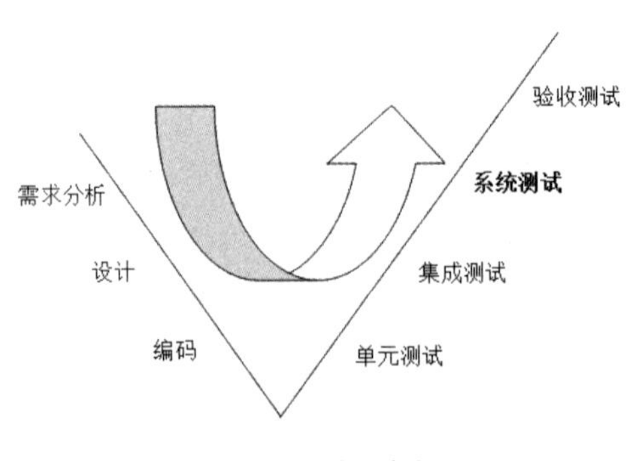

图 5-1　项目流程

除了借助外力，还可以通过借助其他的工具或插件来提高代码质量，比较常见的就是“单元测试”。

冲冲：我见过很多公司都没有测试人员呀。

MOL：这种公司主要分两类，第一类公司是比较“牛”的公司，他们的开发人员可以兼任测试人员，甚至还有自己的测试工具；第二类公司就是我们经常说的“作死型”公司。如果一个项目没有经过测试就上线了，那么这个项目的领导人一定会眼睁睁地看着这个项目一步步地走向消亡。这是多么恐怖啊！

冲冲：既然测试这么重要，测试人员的工作内容是啥呀？我觉得他们每天除了挑毛病，也不干其他事。

MOL：他们的工作内容就是保证你写的代码不出问题，表面上看他们是在挑毛病，而实质上他们就是在挑毛病，因为这本身就是他们的工作嘛。

鹏辉：那像我们这样没有测试人员的公司，我们的测试工作应该如何开展呢？

MOL：这个问题算是切中要害了。基于我们的实际情况，我们需要做的测试主要有两方面，第一是单元测试，第二是冒烟测试。

5.2　冒烟测试

冒烟测试这个专业术语，听起来不太像是软件行业的术语。其实冒烟测试这个词语是来自硬件行业的。MOL 在小的时候，经常会把家里的一些家用电器拆开看看，所以家里的半导体收音机、钟表、随身听之类的小电器都会被拆得“体无完肤”，甚至连 MOL 父母结婚时买的一台 17 寸的电视机也被拆了个七零八落，导致 MOL 家有很长一段时间都不能看电视。为了这些事，MOL 也没少挨揍。当然，这不是重点。

被拆的这些家用电器，基本上都有自己的工作线路，像电视机这样高档的家用电器，还有集成电路板。MOL 对这些电路比较感兴趣，经常会给这些电路板通电，观察它们的反应。有一次在给电视机的电路板通电的时候，正式终结了电视机的寿命。

还记得那是一个晴空万里的金秋十月，MOL 高高兴兴地给电路板通电，只见一股黑烟从电路板上的一个电容中冒了出来，然后就没有然后了。

所谓“冒烟”，就是这样来的。当然冒烟不是因为 MOL 拆了电视机而发明的，而是因为冒烟在早期的硬件测试中是非常常见的。比如一个硬件做好了，给硬件通电，看看硬件会不会冒烟，如果硬件没有冒烟，那说明硬件已经通过了最基本的冒烟测试。

说到这里，大家应该就能明白了，冒烟测试其实是最基本的测试。在软件行业来说，冒烟测试的内容其实就是按照业务流程运行程序。如果程序在运行过程中没有出现错误、异常，就说明冒烟测试已经通过了。

回到我们的晋商卡项目。我们进行冒烟测试的方法就是，根据需求，从最开始的登录注册，到后面的查找商品、下单、退款等一系列操作，都自己运行一遍，保证没有红页面（错误页面）和黄页面（警告页面）。这样的测试其实就是保证正流程可以顺利进行，而不会出现阻断性的 Bug。

因为冒烟测试的覆盖面不宽，所以一般都是开发人员顺手就完成了。真正测试人员的测试方法，其实是黑盒测试。

5.3　黑盒测试

程序员写的程序，对于测试人员来说就是一个黑盒子，盒子里面是怎么工作的，测试人员是不清楚的，而且也没必要清楚。测试人员只需要知道送一个输入到程序中，程序的输出与预期是一致的这就可以了，如图 5-2 所示。

例如，手机是一个黑盒子，那么对手机的输入（如发短信）一定会有一个结果（有人收到短信），你会关心短信是怎么变成电信号的，然后又通过无线电波传送出去的吗？当然不会，你只需要知道手机可以发短信就可以了。如果哪一天发现手机不能发短信了，说明手机已经产生 Bug 了。这就是黑盒测试的思路，确定的输入一定会造成确定的输出。如果输出和预期不一致，那说明黑盒测试不通过。

刘朋：说了这么多，都是在说一些概念性的东西，那么具体到我们的项目中，应该如何去做呢？

MOL：前面说过，冒烟测试是保证程序的正流程可以顺利进行。而黑盒测试就是针对需求中所有的场景，进行冒烟测试，相当于是大写的冒烟测试。

在晋商卡项目中有很多个功能模块，下面抽最简单的登录模块来举例说明，登录页面如图 5-3 所示。

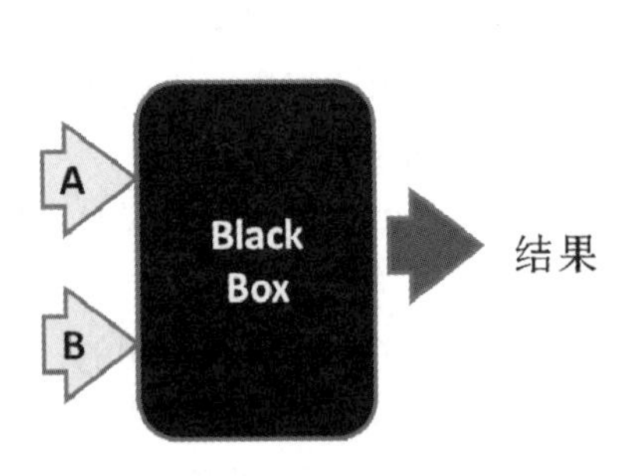

图 5-2　黑盒图解

图 5-3　登录页面

刘朋：这个登录页面如此简单，甚至没有记住密码之类的功能，这有啥可测试的呀。

MOL：大家来想一下，这个登录功能做完以后，你们是如何测试的？

刘朋：这还不简单，我输入一个用户名和登录密码，如果数据库中有匹配的信息，那么就登录成功，否则登录不成功并给出提示。

MOL：这就是所谓的冒烟测试。而冒烟测试明显是覆盖不到所有场景的。例如，不输入账号和登录密码就直接登录，程序应该有什么反应？比如有些黑客在输入账号的时候，是这样输入的：

```
;delete from T_CustomerInfo_TB;
```

这种情况下，数据库中的数据是否会丢失等其他一些可能发生的场景。这些场景都需要测试人员通过写大量的测试用例来覆盖。

刘朋：这样呀，也就是说测试人员一定要对业务非常清楚，并且需要考虑可能发生的任何情况，是这样吧。

MOL：对的，不仅如此，测试人员还会提出产品测试方面的问题，比如登录页面背景不符合需求……

刘朋：看来测试工作也不是件轻松的事啊。因此我们一定要在开发的时候保证高质量的代码，这样就可以减少测试的工作量了。

MOL：其实测试工作并不仅限于测试人员，对于开发人员来说，必须对代码进行单元测试（Unit Test）来保证代码质量。

5.4　单元测试

MOL 在很多公司都见过这样的现象：程序员在写完代码以后，自己随便“跑”一下正流程，发现没有问题，就直接提交给测试。接下来的测试过程就比较戏剧性了。

由于程序员的冒烟测试是不可能覆盖所有场景的，所以测试同事在测试的过程中就会发现很多问题。测试回退版本以后，开发人员开始修改 Bug，修改完以后再提交给测试，这样反复几轮以后，功能模块总算是可以正常运行了。

据官方调查数据表明，开发的时候发现 Bug 并修复，这个成本远小于测试人员发现 Bug 并反馈给开发人员带来的成本。因为一旦提交测试，这个项目就变成了两个部门（研发部门和测试部门）的共同任务，大家都知道，任何沟通都是需要成本的；更有些时候，当测试反馈 Bug 的时候，开发人员已经忘记了相应的业务逻辑，于是他们再去看需求，再去沟通，这样就造成了时间成本和人力成本的浪费。

为了减少这种测试回退的现象，开发人员一般在提交代码以前，需要对自己的代码进行“单元测试”，但是为什么国内很多程序员都不愿意写单元测试，甚至有些抵触呢？分析一下，其实很简单。

- 许多程序员不知道什么是单元测试，更谈不上写单元测试了；
- 有些知道单元测试的程序员懒得写，因为这会占用大量的编码时间；
- 很多项目都不会要求单元测试，所以大家对这个也就不太重视；
- 有些业务逻辑比较简单，程序员就非常相信自己不会出错；
- 过度相信测试人员，把查找 Bug 的任务统统交给测试人员去做；
- 项目进度紧张，没有时间写单元测试（这个理由似乎是最合理的）。

5.4.1　单元测试是什么

从字面上来看，单元测试是针对单元（Unit）的测试。单元这个概念，需要根据实际的场景来判断，比如，对于整个晋商卡解决方案来说，每一个项目（Project）就是一个单元；对于每一个项目来说，项目中的类（class）就是单元；对于每一个类来说，类中的函数（Function）是一个单元；对于每一个函数来说，分支流程，如 if...else...或 switch...case...就是一个单元。项目中的单元结构如图 5-4 所示。

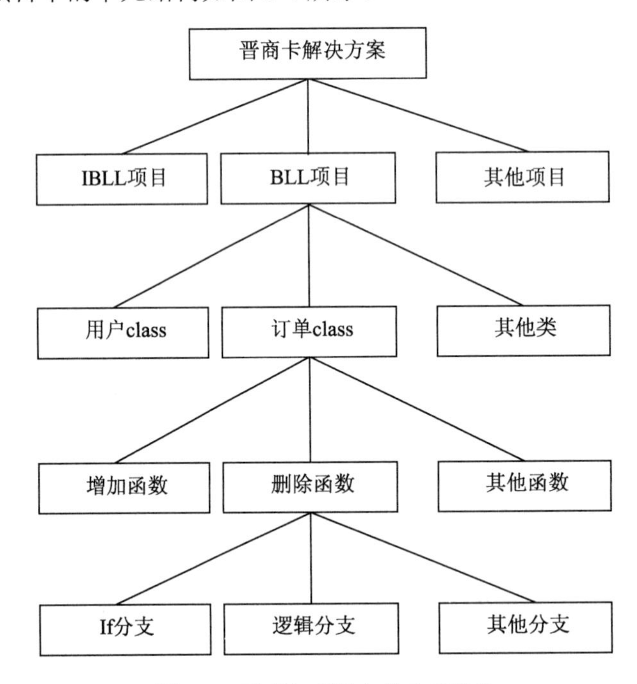

图 5-4　晋商卡项目中的单元结构

整个解决方案就是一个树状结构，对于上层节点来说，自己的子节点都算是单元。所谓单元测试，就是对这些子节点进行测试。保证子节点的测试通过，其实已经可以大大降低出 Bug 的几率了。这里 MOL 用词非常谨慎，并没有说可以完全避免 Bug 的出现，而是说“大大降低出 Bug 的几率”。其实所有的测试都不能保证覆盖所有的场景，也就不能避免完全不出 Bug，只不过是在经过单元测试以后，可以让我们对代码质量有更大的信心。

从公司管理角度来看，单元测试的推进也可以更好地促进开发人员和测试人员的沟通，对员工关系的改善也起到了很大的帮助。

5.4.2　如何进行单元测试

刘朋：那么如何进行单元测试呢？我需要写什么样的代码？

MOL：正常来说，MOL 一定会告诉大家单元测试里面的讲法之类的，但这明显不是 MOL 的风格。我们直接上手写一个单元测试，看看单元测试到底应该如何进行。MOL 选择“根据主键查询用户”来举例。

1. 单元测试前准备

针对单元测试，有很多插件可以供大家选择，常见的有 NUnit、XUnit、NCover 等。为了讲解方便，MOL 在这里使用 Visual Studio 自带的单元测试框架（MSTest）。

首先找到“根据主键查询用户”的函数，在我们的项目中，并没有针对 T_CustomerInfo_TB 来写一个查询方法，而是把所有的数据库操作都作为基类操作，通过业务实体类继承的方式来实现具体的操作。所以，找到 Elands.JinCard.EF.BLL. aseService. GetModel()方法，在这个方法名上面右击，在弹出的快捷菜单中选择“创建单元测试”命令，如图 5-5 所示。

图 5-5　创建单元测试

在弹出的对话框中，不需要修改任何配置，直接单击“确定”按钮，如图 5-6 所示。

创建单元测试
测试框架：MSTest
获取其他扩展
测试项目：<新测试项目>
测试项目的名称格式：[Project]Tests
名称空间：[Namespace].Tests
输出文件：<新测试文件>
测试类的名称格式：[Class]Tests
测试方法的名称格式：[Method]Test
测试方法代码：声明失败
确定　取消

图 5-6　单元测试项目配置

之后，Visual Studio 会自动创建一个测试项目，并且会在测试项目中新增一个 BaseServiceTests.cs 类文件，同时在该类文件中添加一个 GetModelTest()方法，用来对 BaseService.GetModel()方法进行测试，如图 5-7 所示。

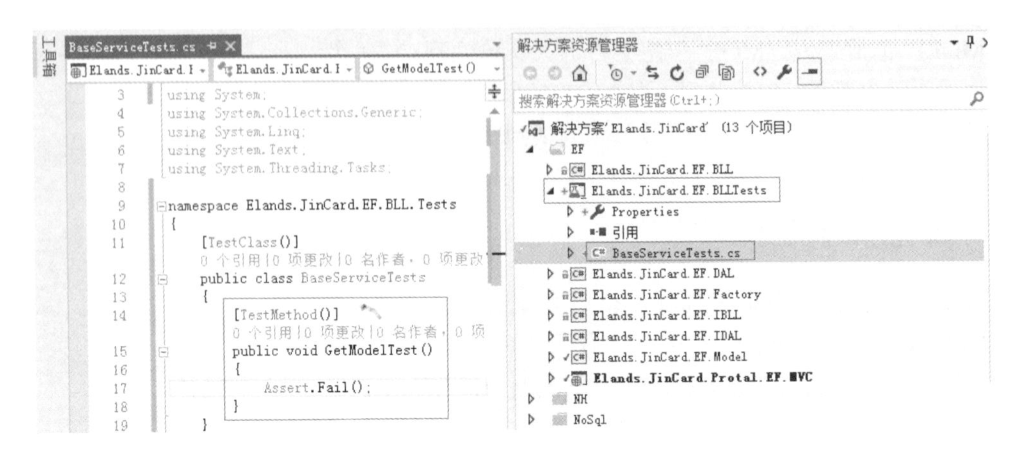

图 5-7　新增测试项目

接下来就要在 GetModelTest()方法中写代码了。我们测试的目的是为了测试“根据主键获取用户”这样一个功能，所以就要考虑到这个功能所涉及的所有场景。下面 MOL 列举一下可能出现的场景：

- 输入一个主键，返回正确的用户信息；
- 输入一个数据库中不存在的主键，返回用户为 null；
- 输入一个非 GUID 的主键，程序报错；
- 输入 null，程序报错。

暂且就列这么多吧，基本上已经够用了。

刘朋：我还想到一个场景，就是连接数据库错误的场景。

MOL：这个场景是需要测试，但不是在当前函数中测试。单元测试的目的是针对某个单元（当前单元是 GetModel()方法）来测试，而不是面面俱到地涉及所有相关的场景。而数据库连接是在 DAL 层做的，并不是 BLL 层关心的事情，所以在这里我们不去测试数据库连接的场景。

2. 单元测试代码编写

列举完场景以后，就需要根据具体的场景来写具体的测试代码。根据场景 1，测试代码如下：

```
[TestMethod()]
public void GetModelTest()
{
    //声明一个 BLL 对象并实例化
    IT_CustomInfo_TBService bll = new T_CustomInfo_TBService();
    //定义一个主键，这个主键存在于数据库中
    Guid id = new Guid("6F9619FF-8B86-D011-B42D-00C04FC964FF");
    //调用 BLL 对象的方法，获取用户实体
    T_CustomInfo_TB model = bll.GetModel(id);
    //断言用户登录名为 mol
```

```
    Assert.AreEquals(model.LoginUserName,"mol");
}
```

代码中，我们用到一个全新的类 Assert，从字面意义上来讲，Assert 表示“断言”。我们对程序的运行结果有一个预期，那我就推测预期结果和实际结果是一样的，这就是一种“断言”。如果觉得断言这个词不太好理解的话，大家可以把 Assert 理解为“推测”。如果预期结果和实际结果一致，说明测试通过；否则，说明测试不通过。

在 GetModelTest()方法上右击，在弹出的快捷菜单中选择“运行测试”命令，Visual Studio 就开始运行测试程序了。很不幸，第一次运行测试的时候将会出错，如图 5-8 所示。

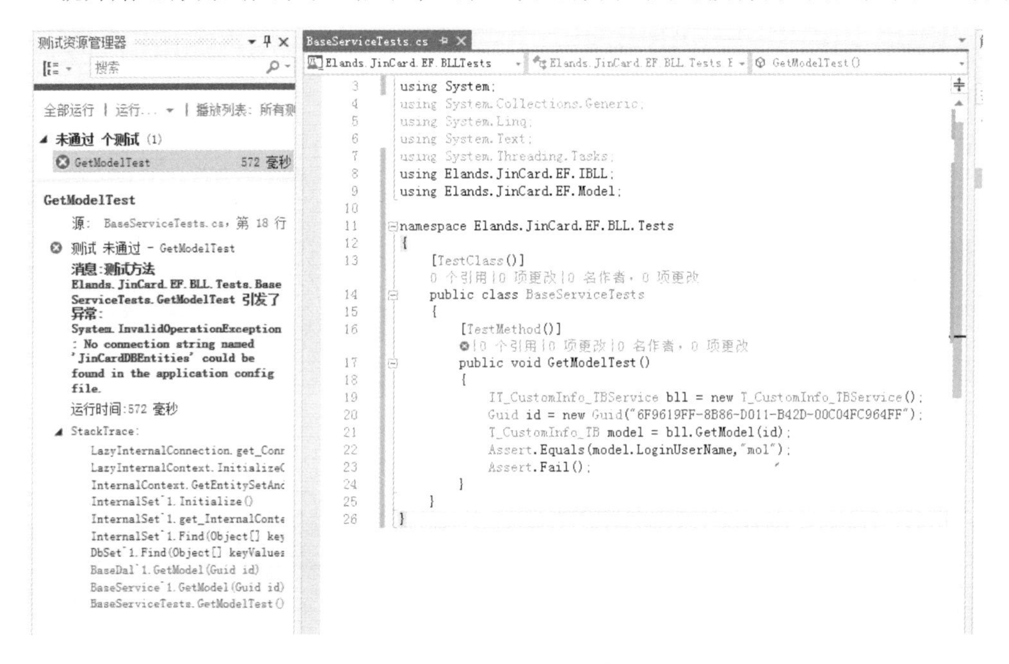

图 5-8 第一次运行的错误

仔细看错误信息，大意是说测试的时候没有找到数据库的连接字符串。

鹏辉：不对呀，我记得在 MVC 项目里已经把连接字符串加入到 Web.config 里了啊。而且在实体层也有相应的连接串，为什么这里还会报这样的错误呢？

MOL：到目前为止，我们项目中有两个连接字符串，第一个连接字符串位于 Elands.JinCard.EF.Model 项目中，它是用来指导 Visual Studio 连接数据库，并生成实体的；第二个连接字符串位于 Elands.JinCard.Protal.EF.MVC 中，它是服务于 MVC 项目的。也就是说，这两个连接字符串都和测试项目没有一点关系。

问题找到了，解决问题的方法也就随之产生了。我们在测试项目中加入 App.Config 配置文件，并在配置文件中加上连接字符串。

```
<?xml version="1.0" encoding="utf-8" ?>
<configuration>
  <connectionStrings>
```

```
    <add name="JinCardDBEntities" connectionString="metadata=res://*/EFModel.
csdl|res://*/EFModel.ssdl|res://*/EFModel.msl;provider=System.Data.SqlC
lient;provider connection string=&quot;data source=.;initial catalog=
JinCardDB;persist security info=True;user id=sa;password=000;Multiple
ActiveResultSets=True;App=EntityFramework&quot;"
providerName="System.Data.EntityClient" />
  </connectionStrings>
</configuration>
```

PS: 需要注意的是，连接字符串一定要和实体层保持一致。最简单的办法就是把实体层的连接字符串直接复制过来。

加上连接字符串以后，再来运行一下测试程序。如果再出现类似的错误，那么就根据提示来引用相应的命名空间，直到测试通过，如图 5-9 所示。

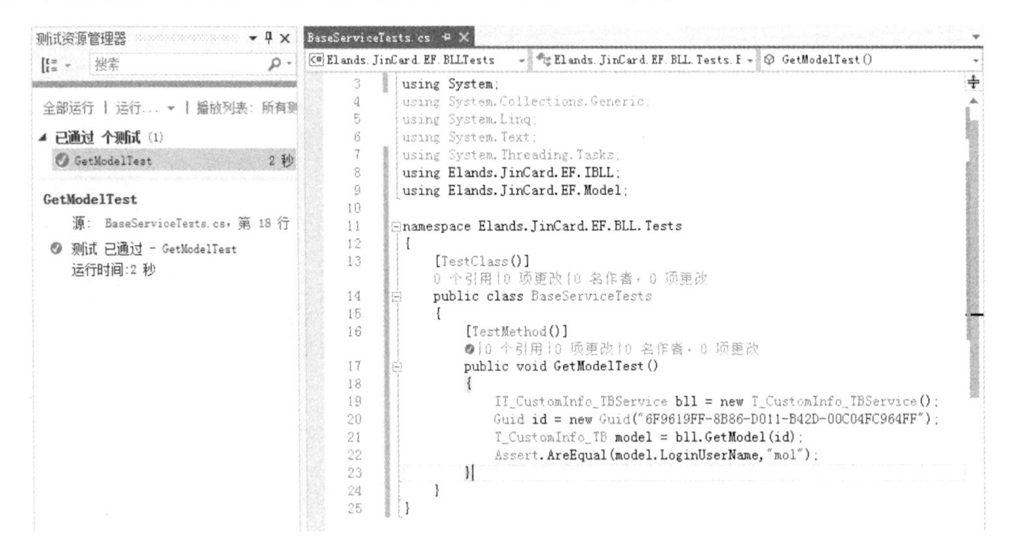

图 5-9　场景 1 测试通过

同样的，我们再来写代码测试其他的场景。测试代码如下：

```
01  [TestMethod()]
02  public void GetModelTest()
03  {
04      IT_CustomInfo_TBService bll = new T_CustomInfo_TBService();
05      #region 1、  输入一个主键，返回正确的用户信息
06      Guid id = new Guid("6F9619FF-8B86-D011-B42D-00C04FC964FF");
07      T_CustomInfo_TB model = bll.GetModel(id);
08      Assert.AreEqual(model.LoginUserName,"mol");
09      #endregion
10      #region 2、  输入一个数据库中不存在的主键，返回用户为 null
11      id = new Guid();
12      model = bll.GetModel(id);
13      Assert.AreEqual(model,null);
14      #endregion
15      #region 3、  输入一个非 GUID 的主键，程序报错
```

```
16        /* GetModel 函数是不支持非 GUID 参数的，所以在编译阶段就通不过
17        所以下面的测试代码也无法运行，不过这样是符合预期的
18        string idStr = "这是一个非 GUID 类型的主键";
19        model = bll.GetModel(idStr);
20        Assert.AreEqual(model, null);
21        */
22        #endregion
23        #region 4、  输入 null，程序报错
24        /* GUID 类型是一种不可以为 null 的类型，所以在给主键变量赋值的
25        过程中就会报错，在编译阶段就通不过，符合预期
26        id=null;
27        */
28        #endregion
29    }
```

测试结果如图 5-10 所示。

图 5-10　测试通过

断言的时候，不仅可以断言预期和实际是否一致，还有一些其他的断言方式。下面 MOL 将列举一些常用的断言。

判断实际值和预期值是否相等，通常有以下 12 个方法。

（1）断言期望值和实际值相等。例如：

```
Assert.AreEqual(期望值，实际值);
```

（2）如果期望值和实际值的类型可以确定，那么使用泛型的方法来断言期望值和实际值相等。例如：

```
Assert.AreEqual<T>(指定类型的期望值，实际值);
```

（3）断言期望值和实际值不相等。例如：

```
Assert.AreNotEqual(不期望的值，实际值);
```

（4）如果期望值和实际值的类型可以确定，那么可以使用泛型的方法来断言期望值和实际值不相等。例如：

```
Assert.AreNotEqual<T>(指定类型的不期望的值，实际值);
```

（5）断言期望对象和实际对象不是同一个引用。这里需要注意，如果断言两个对象相等，并不能证明两个对象的引用是一样的。例如：

```
String strA="mol";
String strB="mol";
```

strA 和 strB 两个对象的值是相等的，但在内存中是两个不同的地址，所以它们的引用是不一样的。

断言两个对象的引用不同，使用：

```
Assert.AreNotSame(不期望的对象，实际对象);
```

（6）断言两个对象的引用相同，使用：

```
Assert.AreSame(期望的对象，实际对象);
```

（7）如果需要直接断言失败，可使用：

```
Assert.Fail();
```

（8）有些时候，无论如何也不能断言到预期的值，这时就需要断言无法验证。例如：

```
Assert.Inconclusive("这个断言无法验证");
```

（9）判断某个布尔表达式为假的时候，需要使用：

```
Assert.IsFalse(小明是隔壁老王家的孩子);
```

（10）判断某个对象不为空，使用：

```
Assert.IsNotNull(实际对象);
```

（11）判断某个对象为空，使用：

```
Assert.IsNull(实际对象);
```

（12）判断某个布尔表达式为真的时候，需要使用：

```
Assert.IsTrue(小明和小红是兄妹);
```

上面是 Assert 这个断言类的常用方法，我们需要选择特定的方法断言具体的场景。MOL 经常看到很多程序员都只会用 Assert.AreEqual()方法，导致断言场景不全；或者对于某个场景的断言只是单一地使用某个断言方法，也会导致断言不全的现象发生。所以，我们需要针对能够想到的场景进行所有的断言。

比如，在前面写的单元测试代码“测试根据主键返回用户信息”的代码中，明显就是犯了“单一断言”的错误，因为我们只断言了返回用户对象的登录名为 mol。

刘朋：数据库中的登录名就是 mol 啊，那我还需要断言其他字段吗？

MOL：只要你能想到的字段都可以断言。其实这还不是主要问题，因为 GetModel()方法的返回值有可能为空，所以需要先断言返回值不为空。例如：

```
Assert.IsNotNull(model);
```

然后对字段进行断言，包括登录名但不限于登录名。

```
Assert.AreEqual(model.LoginUserName,"mol");
    //对其他字段进行断言
```

其实我们在设计数据库的时候，要求 T_CustomerInfo_TB 表中的 LoginUserName 字段唯一，所以这里只需要断言 LoginUserName 就可以了。

这样，对于 GetModel()函数的断言才算是比较完整的。

除了 Assert 对象，我们还可以使用 StringAssert 类。StringAssert 类只对字符串进行断言，常见的断言方法如下。

（1）断言主字符串包含子字符串，例如：

```
StringAssert.Contains(主字符串，子字符串);
```

（2）断言实际字符串与正则表达式不匹配，例如：

```
StringAssert.DoesNotMatch(字符串，正则表达式);
```

（3）断言实际字符串是以指定字符串结尾的，例如：

```
StringAssert.EndsWith(字符串,结尾字符串);
```

（4）断言实际字符串与正则表达式匹配，例如：

```
StringAssert.Matches(字符串,正则表达式);
```

（5）断言实际字符串以指定字符串开头，例如：

```
StringAssert.StartsWith(字符串,开头字符串);
```

可以看到，字符串断言可以有更具体的操作。大家在做单元测试的时候需要选择最符合的方法来做断言。

刘朋：什么是最符合的方法呢？

MOL：举例来说，判断字符串包含子字符串，可以使用 Assert 类也可以使用 StringAssert 类来做断言。

```
string mainStr = "mol is handsome";
string childStr = "hand";
//使用 Assert 断言
Assert.IsTrue(mainStr.Contains(childStr));
//使用 StringAssert 断言
StringAssert.Contains(mainStr,childStr);
```

这两种断言都可以实现测试的目的，而且测试结果都是一样的。但是 MOL 推荐选择 StringAssert 类来做断言。这是因为 StringAssert()类在处理字符串断言的时候更专业，而如果用 Assert 类来断言的话，必然会增加判断逻辑。所以，不管是从编译角度还是从阅读代码的角度来看，让专业的类做专业的事情，总是没错的。

PS：需要注意的是，上面所说的断言，都是基于微软的单元测试 MSTest 来说的，其他第三方的断言使用方法大体相同，但也有细微的区别，大家在使用的时候需要多加注意。

3. 其他的单元测试插件

冲冲：这样写测试代码确实是比运行起来单击鼠标要来得更快，但是怕我写的测试代码覆盖不全所有的场景。

MOL：不可能有任何一个测试代码是可以覆盖所有场景的。我们要做的只是根据需求，把可能出现的场景都写下来。这样可以保证测试人员测试的场景一定是我们单元测试通过的场景。

鹏辉：BLL 引用了 DAL，我要是给这两个项目都写单元测试的话，肯定会出现很多垃圾代码，而且也有可能会漏掉一些代码的测试，应该如何避免这样的现象呢？

MOL：光靠你一双慧眼去确保单元测试覆盖所有代码肯定是不现实的。所以我们要引出一个词，叫“代码覆盖率”。先来看一下代码覆盖率，如图 5-11 所示。

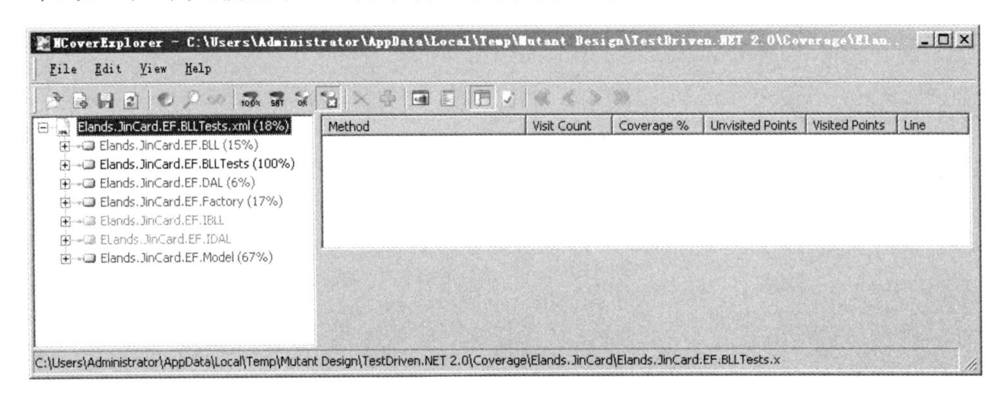

图 5-11　代码覆盖率

界面左边的红色字体（浅色部分）表示代码覆盖率没有达到要求，后面括号里面的数字表示的是代码覆盖率。所谓代码覆盖率，就是执行单元测试的时候，参与运行的代码数除以总代码数。

有些时候，代码覆盖率需要以文件的形式出现，HTML 文件是一种比较合理的载体，单元测试覆盖率的页面示例如图 5-12 所示。

可以看到，HTML 文件可以展示更多的信息，而且图文并茂，唯一有点“不爽”的就是全英文界面。这让很多英语不好的人感觉很是郁闷，不过只要多看几次，这些英文单词也就认得差不多了。

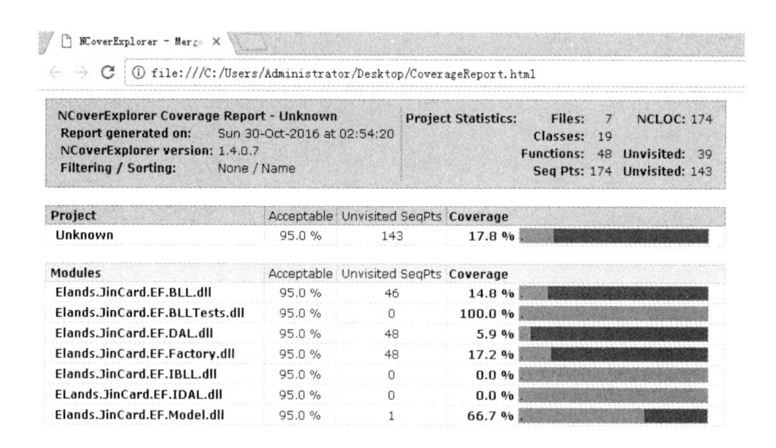

Project	Acceptable	Unvisited SeqPts	Coverage
Unknown	95.0 %	143	17.8 %

Modules	Acceptable	Unvisited SeqPts	Coverage
Elands.JinCard.EF.BLL.dll	95.0 %	46	14.8 %
Elands.JinCard.EF.BLLTests.dll	95.0 %	0	100.0 %
Elands.JinCard.EF.DAL.dll	95.0 %	48	5.9 %
Elands.JinCard.EF.Factory.dll	95.0 %	48	17.2 %
Elands.JinCard.EF.IBLL.dll	95.0 %	0	0.0 %
ELands.JinCard.EF.IDAL.dll	95.0 %	0	0.0 %
Elands.JinCard.EF.Model.dll	95.0 %	1	66.7 %

图 5-12　代码覆盖率页面

冲冲：这些代码覆盖率是怎么获得的呢？

MOL：接下来要介绍一个第三方的插件 TestDriven。

TestDriven 的下载地址为 http://www.testdriven.net/download.aspx。安装时需要先关闭 Visual Studio。安装好以后，在 Visual Studio 的右键快捷菜单里就会多出来单元测试的命令选项，如图 5-13 所示。

图 5-13　右键快捷菜单的单元测试命令选项

我们常用的命令选项有两个，分别是 Run Test(s)和 Test With。Run Test 命令用来直接运行单元测试，并输出结果。输出结果会显示在 Visual Studio 的“输出”窗口中，如图 5-14 所示。

```
BaseServiceTests.cs
Elands.JinCard.EF.BLLTests    Elands.JinCard.EF.BLL.Tests.BaseServiceTest    GetModelTest()
 7  using System.Threading.Tasks;
 8  using Elands.JinCard.EF.IBLL;
 9  using Elands.JinCard.EF.Model;
10
11  namespace Elands.JinCard.EF.BLL.Tests
12  {
13      [TestClass()]
        0 个引用|0 项更改|0 名作者，0 项更改
14      public class BaseServiceTests
15      {
16          [TestMethod()]
            |0 个引用|0 项更改|0 名作者，0 项更改
17          public void GetModelTest()
18          {
19              IT_CustomInfo_TBService bll = new T_CustomInfo_TBService();
20              #region 1、 输入一个主键，返回正确的用户信息
21              Guid id = new Guid("6F9619FF-8B86-D011-B42D-00C04FC964FF");
22              T_CustomInfo_TB model = bll.GetModel(id);
23              Assert.AreEqual(model.LoginUserName,"mol");
24              #endregion
25              #region 2、 输入一个数据库中不存在的主键，返回用户为null
100 %
输出
显示输出来源(S): Test
------ Test started: Assembly: Elands.JinCard.EF.BLLTests.dll ------

1 passed, 0 failed, 0 skipped, took 3.13 seconds (MSTest 10.0).

输出 错误列表 任务列表 查找结果 1 查找符号结果 Azure 应用服务活动
```

图 5-14　单元测试输出结果

Test With 命令提供了一切单元测试的方法，如调试、覆盖率等。如果程序员安装有其他的测试引擎，如 NUnit，那么 Test With 也会把这些测试引擎显示出来。MOL 刚才所展示的覆盖率页面，就是通过 Test With→NCover 命令导出的。选择 NCover 命令以后，先会运行单元测试代码，并将运行结果输出到 Visual Studio 的“输出”窗口中，然后弹出一个覆盖率的窗口，如图 5-15 所示。

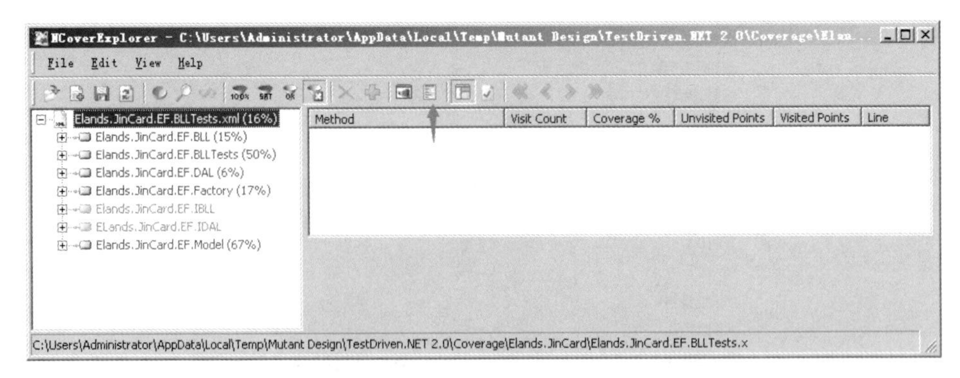

图 5-15　NCover 代码覆盖率

单击图中箭头所指的图标，就可以将代码覆盖率导出为 HTML 文件。在很多地方，第三方的单元测试插件要比 Visual Stuido 自带的单元测试更好用一些。

5.4.3　测试驱动开发

大家来想一下，我们拿到晋商卡的需求以后，是如何进行开发的呢？我们首先对需求进行分析，然后设计数据库，然后再写相应的业务代码。也就是说，我们现有的开发是先有了设计，然后再有了实现。这种开发模式叫 DDD（Domain Drive Design，领域驱动开发）。这样做的好处是上手比较简单，条理比较清晰。

还有一种开发模式叫 TDD（Test Drive Develop，测试驱动开发）。所谓测试驱动开发，就是在定义好业务接口以后，先写测试代码，然后再写具体的业务代码。写完业务代码以后，运行测试代码，发现 Bug 后，再修改业务代码。如此循环，直到整个单元测试都通过。

刘朋：这种循环迭代的开发方式，还真是有点敏捷开发的味道呢。

MOL：没错，TDD 就是更靠近敏捷开发的一种形式，相比而言，DDD 就更偏向于瀑布开发模式了。

刘朋：那以后在开发项目的时候，我们就先根据需求定义出业务接口，然后再写单元测试代码，最后再实现业务接口？这样听起来怪怪的。

MOL：这样的理解就有点片面了。其实任何一种开发模式都不是单独存在的。DDD 和 TDD 两者处于一种“你中有我，我中有你”的状态。任何一个项目，一定是先有设计，然后才能写代码，这是设计驱动开发。在有了设计以后，可以先定义业务接口，然后写测试代码，这是测试驱动开发。它们两者并不能一刀切。

每当 MOL 说这种非常正确的废话的时候，大家总是显得一脸茫然的样子。所以 MOL 需要补充一下开发流程，如图 5-16 所示。

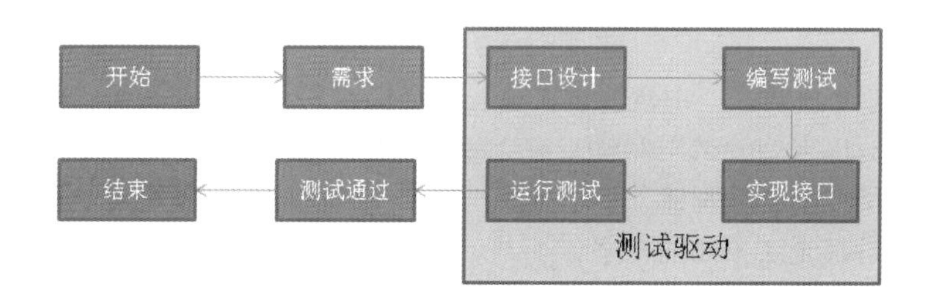

图 5-16　开发流程

从整体上看，我们采用的还是领域驱动开发的流程，而从“接口设计”开始，到“运行测试”这一部分，是测试驱动开发。从哲学的角度来看，这就是整体和部分的关系。

前面我们讲了如何用单元测试来保证代码质量，并且介绍了测试驱动开发的思想，接下来我们再来聊聊其他类型的测试。

5.5　白盒测试

前面我们讲过黑盒测试，现在再来回顾一下。黑盒测试是这样的一种测试：一个功能模块对于测试人员来说，就是一个黑盒子，盒子里面是怎么运行的，并不是测试人员关心的问题，测试人员只需要关心确定的输入进入黑盒，从黑盒输出的结果一定是符合预期的。

黑盒测试一定是最贴近用户使用的，因为用户也不关心黑盒的运行状态，只关心输出。那么这种测试就会有遗漏。举个简单的例子，有下面几行代码：

```
//判断用户所处的国家，并给出输出
Switch(CountryType)
{
    Case "中国":
        Return "我是中国人";
    Case "日本":
        Return "私は日本人です";
    Case "英国":
        Return "I'm English";
    Default :
        Return "不要问我从哪里来";
}
```

业务场景：这个项目是针对中国用户来开发的。

开发人员对这段代码一定是信心满满，因为开发人员不仅处理了需求描述的中国用户，甚至还处理了自己能够想到的日本人和英国人。

黑盒测试人员一定只会输入“中国”来进行测试，因为需求里只描述了中国，所以程序里的日本分支和英国分支就不会被测试到。这样就造成了黑盒测试的覆盖率不全。其实这样的现象在黑盒测试中是很常见的，因为测试人员不可能去问开发人员这个功能模块里的具体代码。

而白盒测试就不一样了。白盒测试人员一定会提前和开发人员进行沟通，了解模块内部的流程，这样写出来的测试用例就一定会覆盖所有的程序分支。

白盒测试人员一定会分别输入“中国”“日本”“英国”，甚至可能还会输入“火星人”这样连程序员都无法预知的文字。

当然，白盒测试人员和程序员的沟通成本一定会很大，因为开发人员要把自己写的代码详细地讲给测试人员，而且测试人员一定要能明确理解开发人员的意思。很多开发人员都觉得沟通成本比自己的开发时间多出很多，所以在大多数公司中，白盒测试一般由开发人员自己来完成。

其实单元测试和白盒测试在很大一部分的用例上是重合的，所以只要认真完成单元测试，然后稍微做一些加工，那么白盒测试将是手到擒来。

5.6 压力测试

大家来想一下，我们的晋商卡项目要面对的是整个山西省的老乡，大约有 3 500 万人，按 1%的比例来算，晋商卡的实际用户大约有 35 万人左右，这个用户群体是非常庞大的。我们来设想这样一种场景。

双十二（12 月 12 日）的时候晋商卡搞活动，活动内容是交城骏枣 1 块钱 1 斤，那么，在 12 月 12 日凌晨的时候，必然会有大量的用户进行下单操作。假设按 5%的比例来算，将会有近 2 万人在凌晨 0:00 时同时下单，那么我们的服务器是否能够抗得住这么大的并发？这就是压力测试的范畴。

所谓压力测试，就是制造某种特殊场景来对服务器产生压力，观察程序在压力环境下的运行状态。当然，压力测试并不完全只与代码有关，还需要服务器集群、负载均衡、CDN 等硬件支持。压力测试暴露出问题以后，程序员需要思考的是应该如何改良现有的编码，让程序可以承受更大的压力。比如使用缓存、减少数据库交互次数、用存储过程替换频繁的写操作等。关于缓存的设计，在后面的章节中的会详细讲述。

5.7 其他测试

除了前面提到的冒烟测试、单元测试、黑盒测试、白盒测试和压力测试之外，还有很多测试也发挥了很重要的作用。例如：

- 让项目在服务器上不间断地运行很长一段时间（如两周），观察项目的运行状态或程序的日志，这是疲劳测试。
- 在请求的 URL 中加入 XSS 攻击代码，观察网站是否会崩溃，数据库中的数据是否会被攻击，这是安全测试。

此外，还有其他的一些测试方法，但在我们的晋商卡项目中并不会出现，大家可自行研究一下，这里就不细讲了。

5.8 小　　结

本章主要介绍了测试的分类，重点讲解了冒烟测试、黑盒测试和单元测试。其中，单元测试是开发人员一定要做的一项工作，因为单元测试可以在很大程序上保证项目的正常运行。除此之外，还介绍了一些其他的测试，如白盒测试、压力测试、疲劳测试，希望大家能将这些测试方法应用到实际的项目中。

最后还是要强调，测试的意义不是保证项目没有 Bug，而是让我们对项目更有信心！

第3篇

高精尖技术

第 6 章　神奇的缓存

经过前面几章的学习，我们的晋商卡很顺利地上线了。大家都其乐融融地坐在办公室喝茶聊天。有些读者该埋怨 MOL 了，没有认真地讲一个页面，这样就把我们糊弄过去了？MOL 在这里要声明一下，本书的目的不是教大家如何做一个网站，我们的目的是以晋商卡这个项目为引子，给大家分享一些项目进展的时候遇到的问题以及解决问题的方法。所以我们不会去仔细地讲一个控制器怎么写，相信大家作为忠实的摩丝，这些细枝末节的事情是可以自己搞定的。

刘朋：（白眼）懒就直说呗，还找个这么冠冕堂皇的借口。

MOL：（汗）又被你看出来了。

鹏辉：不过，话说咱们自己写 MVC 代码的时候，基本上也没遇到什么麻烦，我觉得应该归功于这个优秀的代码结构。

冲冲：是的，我的体会最深了。我们没有架构的时候，可能会把大量的业务代码都写到控制器里，而且会在项目中出现大量重复的代码，容易出错不说，还不容易维护。

MOL：那还不喊出我们的口号？

众：懒人无敌！

6.1　网站崩溃了

大家正在其乐融融地享受这插科打诨的时间，客户不合时宜地打来电话。

客户：最近两天咱们的项目运行一直比较正常，但是今天上午 10 点的时候，陆续有用户反应界面有些卡，再后来，用户直接反应页面没有响应。再往后，我们的网站就彻底没有响应了。赶紧看看是什么原因吧。

MOL：行，5 分钟内解决问题。

收到用户的报障以后，MOL 立刻远程连接到生产服务器，在任务管理器中，MOL 看到 CPU 使用已经达到 100%，那不卡才怪。于是二话不说，放大招——直接重启。

果然，在重启服务器以后，网站马上又恢复了正常。这个时候我们要马上分析原因，并在第一时间给出解决方案。于是，MOL 命令大家分析服务器上的日志。

鹏辉：上午 10 点的时候，程序有报异常，异常信息是数据库连接超时。

冲冲：上午 10 点的时候，登录用户非常多，大约是平常的 10 倍左右。

刘朋：难道是用户太多，服务器“伺候”不过来了？

MOL：“伺候”这个词用得非常贴切。因为用户在请求服务器的时候，服务器其实就是在伺候用户，查询数据，处理数据，最后返回给用户。

根据我们检查日志的结果发现，上午 10 点的时候，有大量的用户在进行查询操作，因为客户在 10 点钟的时候有一大批新品上架，大量用户在好奇心的驱使下在查看这些新品。这样大量的操作，导致程序频繁地访问数据库，接下来就导致对数据库的查询操作占用了大量的 CPU，所以服务器操作系统就无法正常运行。

问题的原因找到了，由此也可以肯定，重启服务器绝对不是一个长久之计。因为我们无法预知客户会在什么时间点再上架新的商品。有可能是明年，当然也有可能是下一分钟。为了避免类似的情况再次出现，必须有一个对策来处理这种突发场景。

从架构层面来看，处理类似问题基本上就是两个方向，硬件方向和软件方向。

硬件方向的解决方法其实是最简单的。服务器不是“抗不住”这么多数据库查询吗，那么可以多加几台服务器，直到可以满足这种查询为止。这样的解决办法简单、粗暴，但是有效。而且很多企业都认为，钱能解决的问题都不叫问题。所以企业客户也愿意在服务器上投入更多的钱来满足用户的需求。

话分两头，我们不仅要看到从硬件角度解决问题的便捷，也要看到这种解决方式的局限性。例如现在是 1 万个用户同时查询，因此导致服务器崩溃，增加 2 台服务器后就可以满足 1 万个用户同时查询了。第二天，有 2 万个用户同时查询了，企业客户就需要再增加 2 台服务器，才能满足这样的要求。随着企业客户的业务发展，用户量也会每天增加，总有一天，大量的服务器会导致企业客户在硬件上投入的成本远高于网站所带来的利润。因为硬件投入本身就是一个无底洞，无论你投入再多的硬件，总有用完的那一天。所以，我们应该换个角度来思考问题。

如果我们减少对数据库的查询，那是不是也可以解决 CPU 占用过高的问题呢？

刘朋：用户要查看新品信息，能不让用户看吗？还是说只让一部分用户看，另一部分用户就干着急？这样也不合适啊。

MOL：我们的目的是通过减少对数据库的查询来减少 CPU 占用，但前提一定是要保证用户可以正常使用网站。

我们都知道，所有网站上展示的动态数据，一定是来源于数据库的，当大量用户在访问页面的时候，就会对数据库造成压力。那么是否可以把对数据库的查询结果放到一个地方（如硬盘），这样当有下一个用户再访问页面的时候，就不需要再去查询数据库了，直接从硬盘上读取就可以了。

这样的想法一定是对的，而且也是 MOL 所推荐的，因为这就是缓存的思想。

6.2　缓存是什么

还记得计算机界的一句名言吗：

计算机科学领域的任何问题，都可以通过增加一个间接的中间层来解决。

Any problem in computer science can be solved by anther layer of indirection.

缓存就是新增加了一个中间层，通过这个中间层，可以最少次数地访问数据库来获取数据。

话说，在我们国家刚解放的时候，大家的生产物资普遍都比较缺乏，作为农民，有一件趁手的农具对他们来说是一件非常幸福的事情。而农具这样宝贵的生产物资一般是归生产队所有的，所以大家早上起床干活的时候，都需要到生产队领农具，比如一把镰刀。

有农民去领镰刀的时候，管理员就会去仓库去找一把镰刀给农民。不停地有农民来领镰刀，管理员就需不停地去仓库找镰刀。对于每一把镰刀来说，耗费的时间都是“农民提起领取申请→管理员去仓库找镰刀→管理员把镰刀给农民”这一系列流程所耗费的时间。

假设有一天早上，整个村里的农民都去生产队领镰刀，那么管理员就要不停地在仓库和柜台间奔走，如果管理员早上还没有吃饭，那管理员极有可能就会晕倒。

我们所讲的这个场景，就是传统意义上的程序结构。所有的流程都是按照预定流程来进行的，难保哪一天这个既定流程不会崩溃，如图 6-1 所示。（由于其他原因，这里暂且用一些可爱的动物图片来代替村民）

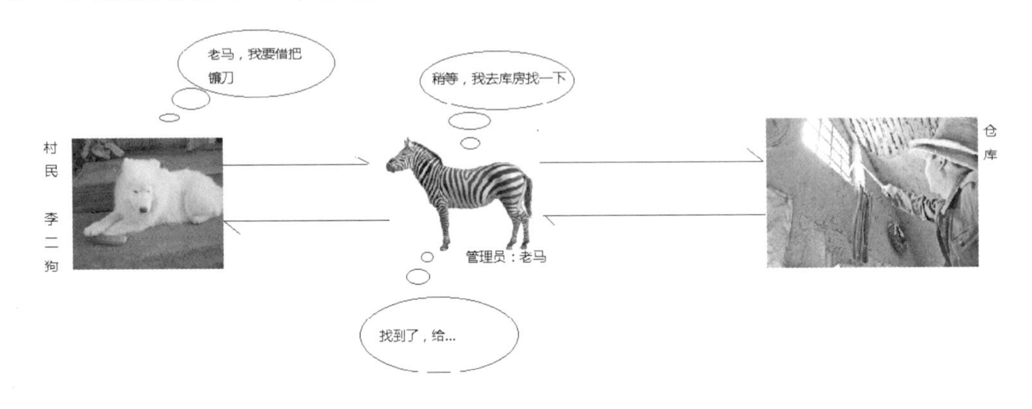

图 6-1　传统借镰刀

这样的场景，就是传统意义上的网站程序。李二狗是浏览器客户端，老马是 Web 服务器，镰刀仓库就是数据库，这三者就可以满足最基本的用户需求。用户发起请求，服务器处理请求，并从数据库中获取数据，并发送给客户端。如果有大量客户端请求的时候，那么 Web 服务器的压力就会变得非常大，甚至崩溃。

老马工作一段时间以后，觉得这样跑仓库太累，所以痛定思痛，他决定想一个办法来改进这种工作方法。老马本着“以人为本”的思想，招来几个新同事，一起做同样的事情，老马自己的工作压力骤减。如图 6-2 所示，可以描述这样的解决方法。

图 6-2　老马和他的同事们

对应到程序员的世界里，老马招聘同事这件事情其实就是增加服务器的过程。当服务器增加以后，每台服务器接收到的平均请求数就会下降，这样就解决了服务器“太累”的问题。

再回到老马和李二狗的场景。在那个还没有计划生育的年代里，人口增长是比较快的。一个几百人的小村落在十几年的发展中慢慢变成了上千人的一个大村落。而老马和他的同事们还是在重复同样的事情，唯一不同的是每天的工作量也在不断增大。直到有一天，老马在柜台和仓库之间又晕倒了。于是，他的同事们承担了更大的压力，也纷纷因体力不支倒下了。

同样的，如果我们只是单纯地增加服务器的数量，那么处理大量的请求是一个永远也无法解决的问题，因为你永远都不可能预测，当前的服务器数量是否能顶得住下一秒的用户请求。

老马又开始痛定思痛，他冥冥中想起了“变则通，通则达”这句话。老马觉得再招聘更多的同事也会遇到同样的问题，于是开始改进自己的工作方法。他带了一个筐子，早上有村民来借镰刀时，老马就把仓库里所有的镰刀都放到筐子里，并将筐子放在身边。当第二个村民来借镰刀的时候，老马直接从身边的筐子里取一把镰刀给他就可以了，避免了再去仓库中去取。晚上的时候村民要做饭，开始陆续地来借菜刀，老马就把筐子里的镰刀都放回仓库，然后再把仓库里所有的菜刀都放到筐子里，这样再有村民来借菜刀时，老马依旧是从筐子里拿菜刀给他。这样老马的工作就变得比较轻松，而且村民的等待时间也变短了，大家皆大欢喜。可以用图 6-3 来演示这样的场景。

在程序的世界里，也有“筐”的概念，这就是传说已久的缓存。

简单来给缓存做一个定义，缓存就是存储数据的一个临时的空间，因为从数据库取数据的成本太大，所以就借用缓存来做中间存储，正是因为缓存的存在，才减轻了服务器的压力。说得直白一点，就是老马身边的那个筐子。

其实我们在前面的架构中已经用到了缓存，不知道大家有没有注意到，EF 本身是有缓存的！

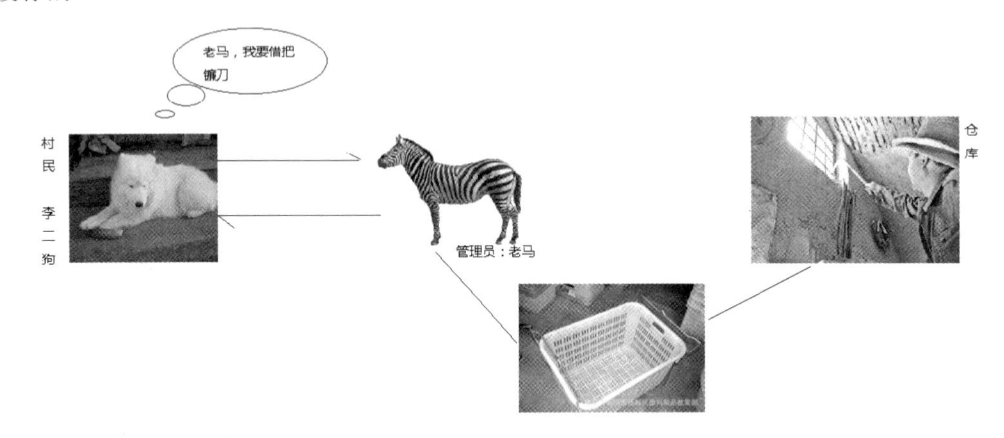

图 6-3　老马用上了筐子

刘朋：听起来好高端的样子，缓存这东西不知不觉地就跑到我们项目中了？

MOL：就知道你们不相信。大家可以这样来试一下，第一步，通过 EF 从数据库中取用户 MOL 的登录名，结果是 mol；第二步，在数据库中修改 MOL 的登录名为 test；第三步，再通过 EF 来获取 MOL 的登录名，会发现获取到的是 mol，而不是 test。这是因为 EF 会把查询过的数据保存到缓存中，下次查询的时候，直接从缓存中读取。

刘朋：知道了缓存的概念和用处，但还没有真正的使用过缓存，甚至不知道缓存长啥样嘞……

MOL：要想知道缓存长啥样，还是要回到缓存的目的。缓存的目的是为了减少访问数据库的次数（或其他耗时、耗 CPU 的操作），所以访问缓存的速度一定要比访问数据库的速度快很多。数据库存放在硬盘上后，那么访问数据库的速度和访问磁盘的速度相当，也就是说，只要有一种东西的访问速度比磁盘快，那么它就可以充当缓存。

刘朋：我知道内存的读写速度要远远高于磁盘速度，也就是说，内存可以当作缓存来使用喽？

MOL：没错。除了内存，还可以使用一些读写速度较高的非关系数据库如 MemCache 来实现缓存的功能，而且很多大企业都是这样做的。

6.3　微软提供了缓存

接下来就要进入缓存的世界了。按照 MOL 一贯的风格，一定会找一个比较简单的缓存来入门。没错，接下来我们要使用的缓存是微软提供的 Cache。

鹏辉：这不是 ASP.NET 的内置对象吗？

MOL：没错，Cache 是 ASP.NET 的 7 个内置对象之一，虽然它看起来没有其他 6 个对象那么举足轻重，但是这个小不点却有它的大用处。我们先来看一段代码。

```
//2016.11.11 12：00 设置为过期时间
private static DateTime expire = new DateTime(2016, 11, 11, 12, 0, 0);
/// <summary>
/// 根据不同时间段返回不同的问候语
/// 时间段和问候语的信息保存在数据库中
/// </summary>
/// <returns></returns>
public ActionResult Index()
{
    if (DateTime.Now > expire|| HttpRuntime.Cache["问候语"]==null)
    {
        /*从数据库中取得当前时间对应时间段的问候语*/
        string helloMsg = string.Empty;
        HttpRuntime.Cache["问候语"] = helloMsg;
       Expire＝expire.AddHours(3);
    }
    return Content(HttpRuntime.Cache["问候语"].ToString());
}
```

这段代码是用 Cache 来实现获取问候语功能的。大家都知道，在一段时间内（如几小时内），问候语是不会变的，因此我们就可以把这个短时间内不发生变化的问候语放到缓存中，在这一段时间内，当用问候语的时候，直接从存储中取，而不需要再次访问数据库。这里的 Cache 就充当了“老马的筐子”的角色。

使用缓存的时候，一定要明白以下两个问题：

- 缓存里的数据是什么时候放进去的，也就是老马什么时候才会把镰刀放到自己的筐子里。
- 缓存里的数据什么时候删除，即老马什么时候把镰刀从筐子中拿出去。

如果单纯讲缓存的话，以大家的 IQ 肯定是可以听懂的，但这明显不是 MOL 的风格。在讲缓存的时候，大家一定要联想“老马的筐子”，这样更容易理解。

大家想想，老马什么时候会把镰刀放到自己的筐子里？

刘朋：前面不是说了吗，是早上的时候，老马把镰刀放到筐子里。

MOL：如果有一天上午下雨了，老马还会把镰刀放到筐子里吗？

刘朋：那就是有人来借镰刀的时候。

MOL：如果筐子里已经有镰刀了，老马还会再从仓库中拿镰刀放到筐子中吗？

刘朋：有人来借镰刀，并且筐子中没有镰刀的时候，老马会从仓库中取出镰刀并放到筐子中。

MOL：这样就比较准确了。那么类比一下，Cache 里面的数据又是什么时候放进去的呢？

刘朋：当且仅当有客户端来请求，并且缓存中没有客户需要的数据，这种情况下，需要得到用户请求数据，并且放到缓存中。

MOL：这就解释了缓存里的数据是什么时候放进去的。

解决了放进去的问题，我们再来看一下拿出来的问题。老马什么时候需要把镰刀拿出去呢？

鹏辉：应该是筐子里放不下其他东西时，才需要把镰刀拿出去。

MOL：为什么拿出去的是镰刀，而不是菜刀呢？

鹏辉：是不是因为没有人借镰刀了，所以要把镰刀拿出去？

MOL：从老马的角度来看，把镰刀拿出去无非两种情况。第一种，当筐子里已经没有空间再放新的工具了，这个时候就需要把一些筐子里现有的工具移出去；第二种，在一段时间内，没有村民来借镰刀，所以老马推测在接下来的一段时间内也不会有人来借，这种情况就会把镰刀移出去。

总体来说，无非就是主动移出和被动移出两种情况。对应到 Cache 上，Cache 的容量一定是有限的，它是保存在内存上的，所以当 Cache 的容量超出了临界值，那么，.NET 就会有一套机制清除一些缓存中的数据。这种机制可能是最 FIFO（First In First Out 先进先出的），也有可能是命中率较低者被移除等其他一些机制，总之就是要把宝贵的缓存空间腾出来。当然，还有一种情况，是因为缓存超时，而被自动清理。

在前面的代码中，我们使用的是人工判断缓存的有效时间，在有效时间内，直接读缓存；如果超出了有效时间，那么我们会去找一个更新的数据放到缓存中，而原缓存中的数据就被清除了。这其实也是一种比较合适的清除缓存的方法。比如双十一的时候，大量的商家都会做促销，促销时间可能只有 1 个小时，那么程序就需要在 1 个小时内把促销的商品信息都缓存起来，1 个小时以后再清除掉。

Cache 是存放在内存中的，这一点大家一定要记住。记住这一点有什么用呢？内存一定是有限的，虽然现在的硬件价格越来越便宜，但是内存的容量也不可能无限制地增加，并且有一些服务器的操作系统是 32 位的，可能最高支持才 32GB 左右。对于有限的内存容量来说，大家在使用 Cache 做缓存的时候就需要小心了，因为大量不恰当地使用缓存，极有可能把内存消耗殆尽。大家可以自行脑补一下你的服务器内存被耗尽了是什么样子。

刘朋：服务器会出现假死现象，直到缓存被释放。

冲冲：我觉得应该会蓝屏吧。

鹏辉：服务器大多都没有显示器，应该不会蓝屏，我觉得服务器应该会直接“死掉”，然后等待启动。

MOL：其实大家所说的这些情况都有可能会发生。所有这些情况，我们都不希望它发生。所以，在使用 Cache 缓存的时候，一定要小心。

刘朋：我们应该怎么小心呢？

MOL：第一，缓存中只存放访问频繁的数据，如商品信息；第二，缓存一定要有过期时间，比如一个商品的缓存时间为 20 分钟；第三，及时清理缓存，当有商品信息发生更新的时候，要把更新后的商品信息放到缓存中，这样防止用户读取到脏的数据。

6.4　自己做缓存

刘朋：Session 也可以保存数据的，它和缓存有什么区别呢？

MOL：我们都知道，HTTP 协议是一种无状态的协议，也就是说，浏览器每次请求服务器的时候，服务器不知道你是生人还是熟客。所以 HTTP 提供了一种叫 Session（会话）的机制，这种机制就是告诉服务器："我就是刚才找你的那小子"。服务器收到这个会话以后，就会去找对应 Session 中的数据，比如这个会话是哪个领导人发起的。在晋商卡项目中，我们也使用了 Session 用来保存用户的基础信息。所以，Session 是一种基于会话的保存机制，张三的数据必须保存在张三的 Session 中，这样，就不会出现"串线"的情况了。而缓存里的数据，是需要让所有的用户能访问到，缓存可不管你是张三还是隔壁老王，只要你是网站的用户，那么就能访问缓存。

刘朋：Cache 是用于 B/S 项目中的，如果我们要做一个 C/S 的项目，就不能用 Cache 了吧。

MOL：其实 Cache 并不是只限于 B/S 项目中，BS 项目和 C/S 项目的区别只在于客户端，而不在于服务端。Cache 是一种服务端的技术，所以 Cache 是可以用于 C/S 项目中。大家会有这样的认知误区，其实是因为 Cache 是 ASP.NET 的 7 大对象之一，而 ASP.NET 一般用来做 B/S 项目。咱们在这里给 Cache 正身以后，大家就不要对 Cache 有偏见了。

鹏辉：如果用 Cache 做 C/S 项目的缓存，感觉还是怪怪的，有没有其他办法，不用 Cache 来缓存数据呢？

MOL：从技术层面来说，只要能解决问题的方法都是好技术，所以千万不要对任何技术有任何偏见。从大家的意思来看，其实大家就是想找一个更容易理解和使用的工具来使用缓存。我们来回忆一下缓存的意义。

- 首先，缓存是一种介质；
- 其实，这种介质里可以保存数据；
- 再次，这种介质的访问速度非常快。

那么我们可以想到的访问速度非常快的介质，无非就是 CPU 的寄存器和内存了。而 CPU 寄存器是操作系统来控制的，它的容量也非常小，所以我们不能直接去操作寄存器。可供选择的也只有内存了。也就是说，只要是工作在内存上的数据集，都可以被用来当作缓存。

哪些类型是可以工作在内存上呢？可以这样说，只要你在程序中声明一个常量或变量，它就是工作在内存上的。但需要注意的是，并不是所有的常量或变量都可以当作缓存来使用，因为缓存是要保存一些公共的、经常被访问的数据。这样看，

- 常量不可以被用做缓存，因为常量本身是不发生变化的；
- 私有的（用 private 修饰）变量不可以当作缓存，因为私有变量不可以被其他类所

访问；
- 局部变量不可以当作缓存，因为它有自己的有效工作范围，超出这个范围，局部变量就灰飞烟灭，不存在了。

好了，限制就这么多，大家现在来想一下，用什么来做缓存比较合适？

鹏辉：我能想到的是静态变量，如保存一个商品的时候，我就定义一个静态的商品对象，然后再定义一个timer来刷新这个对象。伪代码是这样的：

```
#region 缓存对象
//静态对象是私有的
//定义一个静态对象用来存放商品信息
private static T_Product_TB cacheProduct=null;
//定义一个对外的属性，用来获取商品缓存
public T_Product_TB CacheProduct
{
     Get
     {
        If(this.cacheProduct==null)
        {
             //如果缓存中的商品为空，则从数据库中查询
             This.cacheProduct=GetProductFromDB();
        }
        //返回缓存中的商品
        Return this.cacheProduct;
     }
     Set
     {
        This.cacheProduct=value;
     }
}
#endregion

#region 刷新缓存
//C/S程序的主函数中
//在程序启动的时候就需要设置一个计时器，这个计时器会定时刷新缓存
//每隔10分钟就会把静态变量赋值为空x
Public static void Main()
{
timer freshTimer=new timer();
freshTimer.interval =10*60*1000;//10分钟刷新1次
freshTimer.Tick+=刷新方法名 FreshFun;
freshTimer.enable=true;
}
private void FreshFun()
{
    This.CacheProduct=null;
}
#endregion
```

MOL：非常好，能写出这样的代码，我觉得你已经快出师了。大家来看看鹏辉写的这一段伪代码，这其实就是一个基本的缓存，不仅达到了快速读取的目的，而且还有定时刷

新的功能。所有大家可以见到的缓存实现，都是这样的思路。不过，这么完美的代码有什么缺陷吗？

冲冲：我的思路和鹏辉一致，还没看出来有什么问题。

MOL：程序上的事情比较简单，如果靠眼睛看不出来，那就自己敲敲代码。看看这样的代码有什么问题。

10 分钟以后……

鹏辉：这个代码确实有问题。这个刷新缓存的 timer 不知道该写在哪里比较好。

MOL：项目启动时一定有一个函数入口，像前面所讲的晋商卡项目 Globa.asax 里的 Application_Start()这个函数中。

冲冲：10 分钟刷新一次的这个逻辑好像不太合适。有时候我的商品好几天都不会发生更新，也就是说这个缓存可以好多天都不用刷新；而有些时候，我的商品信息可能变动比较频繁，10 分钟刷新一次又明显不够。

MOL：很多时候，缓存的刷新频率并不是可以预知的，因为我们无法预知数据什么时候发生改变。所以更多时候，我们希望数据发生变化时去刷新缓存。EF 在这方面做得就非常好。如果我们自己写这个刷新逻辑的话，那么可以这样写：

```
//缓存定义的代码和鹏辉的一样
......
//数据库的更新方法
Public void Update()
{
    //省略更新数据库的具体方法
    ......
    //更新以后，需要刷新缓存
This.CacheProduct=获取最新的数据;
}
//删除方法
Public void Delete()
{
    //省略删除数据库的具体方法
    ......
    //删除以后，需要清空缓存
This.CacheProduct=null;
}
```

但是有些场景完全可以定时刷新缓存，比如彩票的开奖数据，因为每一期的售票时间是固定的，比如 10 分钟，因此可以隔 10 分钟刷新一次缓存，这样反而简单一些。

刘朋：我定义一个静态变量作为缓存，那么就只能保存一个商品，我觉得用集合是不是更合适？比如 List<T_Product_TB>。

MOL：在实际的开发场景中，基本上不会使用单个的变量来缓存一个实体。更多时候愿意使用集合来保存缓存，这样不仅好管理，而且在清理缓存的时候也比较方便。大家都知道，集合有很多种，那么到底应该选择哪一种集合来作为缓存呢？

字典一定是最合适的，因为它是一种 key-value 类型的数据结构，所以我们可以很方便地把数据对象作为 value 放到字典中，并且给它起一个名字叫 key，这样就可以把所有需要缓存的对象都放在同一个字典中。例如：

```
//声明一个用来缓存的字典
IDictionary<string,object> cacheDic=new Dictionary<string,object>()
//将用户对象放到缓存中
cacheDic.add("张三",zhangsanUser);
//将写意对象放到缓存中
cacheDic.add("2016 订单号",2016Order);
//刷新张三对应的缓存
cacheDic["张三"]=lisiUser;
//获取订单对象
T_Order_TB  order=cacheDic["2016 订单号"] as T_Order_TB;
//清除张三的缓存
cacheDic.Remove("张三");
```

我们回过头来看一下，使用字典来缓存数据和使用 Cache 缓存数据，其实没有本质上的区别，它们都是 key-value 类型的数据结构，都保存在内存中。当然，在某些方面 Cache 表现得更高级一些，至少 Cache 是有过期时间的。

从我们讲 Cache 到字典，从来没有脱离过缓存的定义，也就是说，只要你能透彻地理解定义，那么你可以想出很多方法来实现缓存，而不仅仅局限于 MOL 所讲的这些内容。这也正是“不忘初心，方得始终”的真谛。

刘朋：说来说去，都是把数据临时保存在内存上，还是没有解决内存爆满的问题啊。

MOL：如果直接从数据库中读取数据，肯定是会出现页面响应速度慢的问题；如果把数据放到内存中，又会出现内存被“吃光”的现象。那么如何处理这样的问题呢？

6.5　第三方缓存

不仅是内存被“吃光”的问题，我们再来想这样的场景：现在的很多大型网站都会布置很多个 Web 服务器来做负载均衡，也就是说，内存会被分别放在不同的 Web 服务器上。如果用户 A 第一次访问晋商卡，这个请求被分配到服务器 1 上，服务器 1 发现没有用户 A 的相应数据，那么会去数据库中进行查询，并返回给用户 A，这是用户 A 的登录操作。

接下来，用户 A 要查看自己的订单，于是再次访问晋商卡网站，不幸的是，这次访问被分配到服务器 2 上，服务器 2 发现缓存中没有用户 A 的相应数据，就再去数据库查一次，然后再把查询数据返回给用户 A。

大家发现没有？在这种场景下，缓存其实是没有起到缓存作用的，因为针对用户 A 的两次请求，服务器对数据库访问了两次，如图 6-4 所示。

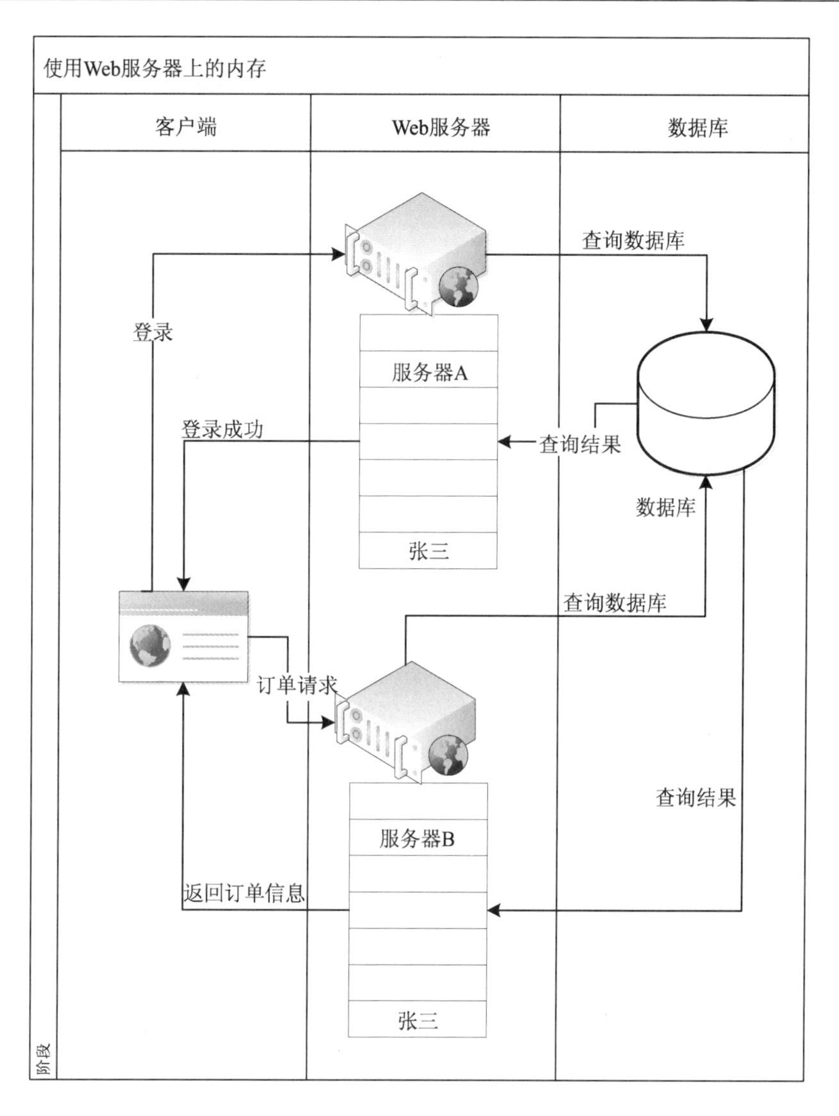

图 6-4　服务器上的内存作为缓存

如果使用 Cache 或者是内存数据集来实现缓存的话，上面的这种场景是非常常见的。那我们应该如何避免这样的现象呢？再来回忆一下本章开始的时候就提到的那句计算机界的名言：

计算机科学领域的任何问题都可以通过增加一个间接的中间层来解决。

Any problem　in computer science can be solved by anther layer of indirection.

前面我们讲的所有的缓存方法，都是把缓存和 Web 服务器强制放在一起，如果把缓存拆出来，让缓存是一个单独的整体，这样不就解决问题了吗？我们先来设想一下，这样的架构看起来如图 6-5 所示。

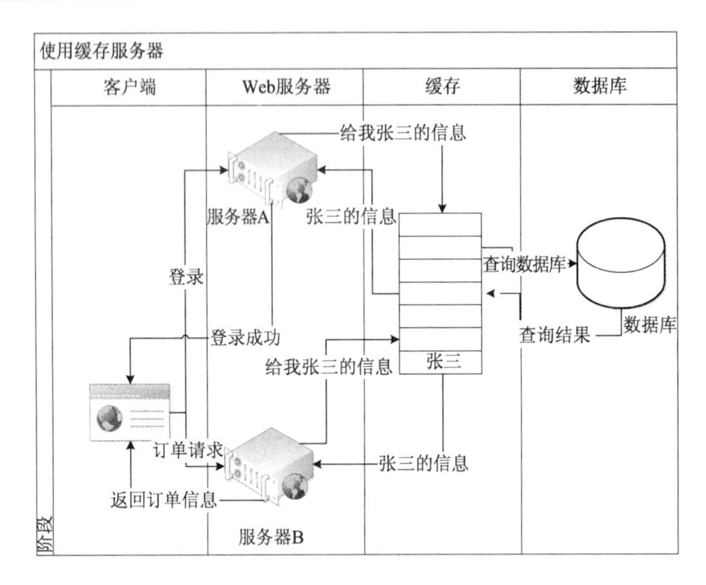

图 6-5　将缓存拆出来

这样一来，Web 服务器只管从缓存中取数据就可以了，完全不用去关心缓存中有没有需要的数据。再回到上面的场景。张三登录的时候被分配到服务器 A 上，这时缓存中还没有张三的信息，于是缓存服务器去数据库中取与张三有关的信息并存储到缓存中，然后再返回给服务器 A；张三查看订单的时候，这个请求被分配到服务器 B 上，服务器 B 去缓存中查找张三的信息，这时缓存中已经存在张三的信息，就不需要再去数据库中查询了。

这样的架构是可以扩展的，当 Web 服务器有更多的时候，这样架构的优势就非常明显了。

再回头看刘朋提出的关于内存容量有限的问题。即使我们把缓存拆出来放在一台缓存服务器上，也还是会有内存容量有限的问题。那么是否可以寻找一种缓存中间件，它可以保证内存中永远都有足够的空间来存放新的数据？答案一定是肯定的，否则 MOL 也不会在这里“瞎扯”这么多了。

常见的第三方缓存中间件有 MemCache 和 Redis 两种，这两种中间件又被称为内存数据库。

6.5.1　MemCache 缓存

1. MemCache是什么

和前面讲过的 Cache 一样，MemCache 是一个内存缓存系统，与 Cache 不同的是，它是分布式的内存缓存系统，可以在 MemCache 中缓存数据和对象，用来达到减少访问数据库的目的。更神奇的是，MemCache 可以用来缓存图像、视频和文件等“大块头”的对象。

鹏辉：听起来好有趣的样子，根据前面所讲的内容来推测，MemCache 应该是单独在一台机器上吧。

MOL：MemCache 可以装在 Web 服务器上，更多的时候我们愿意把 MemCache 做成一台单独的缓存服务器。而且，为了让缓存服务器发挥它的最大功效，一般都会选用 Linux 作为操作系统。在安装 Linux 的时候，可以选择最简安装方式，如 Gnome 之类的 UI，统统不要装，这样服务器就会最大限度地把内存供给 MemCache 来使用。

刘朋：我们一天到晚都喊着要拥抱开源，但我们还没用 Linux 做过什么东西，要不我们试一把？

MOL：那我们就来点刺激的，使用 Linux 来搭一个 MemCache 环境。

2. 远程到Linux

关于 Linux 的安装，MOL 在这里不做讲解，推荐大家使用 CentOS 这个版本的 Linux。大家可以在自己机器上装一个虚拟机，在虚拟机里安装 Linux，这样比较好管理。因为 Linux 对硬件的要求并不高，所以只需要给这台虚拟机分配两个 CPU 和 1GB 内存（或者 512MB 内存都可以）。安装完 Linux 以后，开启 SSHD 服务。

刘朋：装系统我们还可以自己装，但 Linux 里那些“乱七八糟”的命令我们不会啊。

MOL：别着急，其实很简单，让我们一步步地来做。

先登录 Linux 系统，Linux 字符界面的登录需要输入用户名和密码。输入密码的时候一定要注意，你输入的密码不会在界面上有任何显示，如图 6-6 所示。

还有一点需要注意，一定要使用 roo 账户登录，这样可以省去很多麻烦。简单来说，root 账户其实就是 Windows 系统中的 Administrator 账户。登录成功以后，界面如图 6-7 所示。

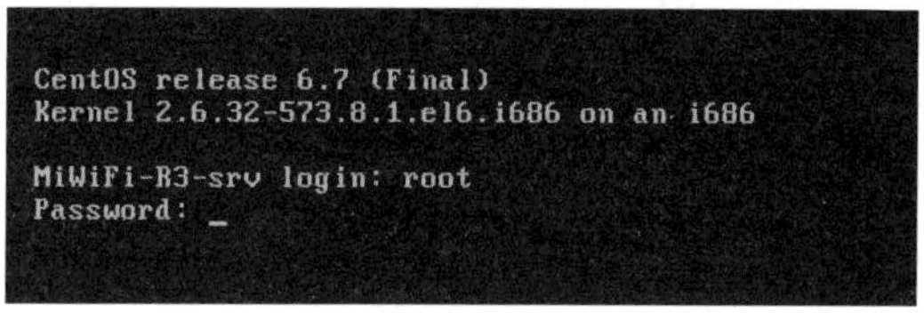

```
CentOS release 6.7 (Final)
Kernel 2.6.32-573.8.1.el6.i686 on an i686

MiWiFi-R3-srv login: root
Password: _
```

图 6-6　Linux 的登录界面

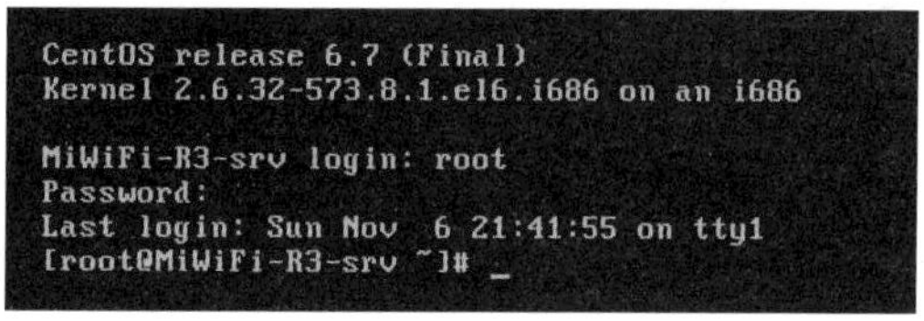

```
CentOS release 6.7 (Final)
Kernel 2.6.32-573.8.1.el6.i686 on an i686

MiWiFi-R3-srv login: root
Password:
Last login: Sun Nov  6 21:41:55 on tty1
[root@MiWiFi-R3-srv ~]# _
```

图 6-7　Linux 登录成功界面

登录成功以后，Linux 还会告诉我们 root 账号最后一次登录是什么时间，最后面的 tty1 表示终端。接下来，我们就要安装 SSH 了。

刘朋：不是讲 MemCache 吗？怎么又要安装 SSH 了？

MOL：因为我们在 Windows 环境中编码，而 MemCache 是在 Linux 中工作，这样就会造成我们必须在 Windows 和 Linux 之间来回切换。所以，我们希望在 Windows 中就可以操作 Linux。通常大家在远程控制其他主机的时候，可以使用 Windows 提供的远程桌面，但 Windows 远程桌面在远程控制 Linux 的时候很不给力，所以我们希望有其他的一种远程方式来代替，这就是 SSH。

我们可以在 Windows 中通过 SSH 的方式来远程连接到 Linux。为了达成这样的目的，需要在 Linux 中安装 SSH 服务端，在 Windows 中安装 SSH 客户端。

接下来安装 SSH 服务端，在 Linux 命令行中输入：

```
yum install openssh-server
```

SSH 服务端的安装过程还是比较快的。安装完成以后，查询 Linux 的 IP。查询 IP 的命令是 ifconfig，和 Windows 下查询 IP 的命令非常像，但还有一字之差。查询 IP 结果如图 6-8 所示。

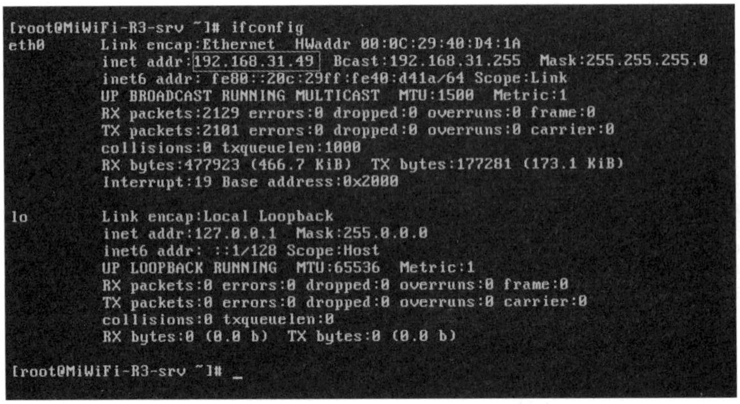

```
[root@MiWiFi-R3-srv ~]# ifconfig
eth0      Link encap:Ethernet  HWaddr 00:0C:29:40:D4:1A
          inet addr:192.168.31.49  Bcast:192.168.31.255  Mask:255.255.255.0
          inet6 addr: fe80::20c:29ff:fe40:d41a/64 Scope:Link
          UP BROADCAST RUNNING MULTICAST  MTU:1500  Metric:1
          RX packets:2129 errors:0 dropped:0 overruns:0 frame:0
          TX packets:2101 errors:0 dropped:0 overruns:0 carrier:0
          collisions:0 txqueuelen:1000
          RX bytes:477923 (466.7 KiB)  TX bytes:177281 (173.1 KiB)
          Interrupt:19 Base address:0x2000

lo        Link encap:Local Loopback
          inet addr:127.0.0.1  Mask:255.0.0.0
          inet6 addr: ::1/128 Scope:Host
          UP LOOPBACK RUNNING  MTU:65536  Metric:1
          RX packets:0 errors:0 dropped:0 overruns:0 frame:0
          TX packets:0 errors:0 dropped:0 overruns:0 carrier:0
          collisions:0 txqueuelen:0
          RX bytes:0 (0.0 b)  TX bytes:0 (0.0 b)

[root@MiWiFi-R3-srv ~]# _
```

图 6-8　查询 IP

查询结果显示，虚拟机有两块网卡，分别是 eth0 和 lo。我们只需要拿到 etho0 的 inet addr 就可以了。图 6-8 中所示的 IP 是 192.168.31.49。

然后我们在自己的 Windows 开发环境中安装 SSH 客户端。市面上有很多 SSH 客户端，MOL 给大家推荐的是一款叫 XShell 的客户端。XManager 是一个工具集，里面包含了很多有用的工具，如图 6-9 所示。

名称	修改日期	类型	大小
Xbrowser	2016/1/23 22:45	快捷方式	1 KB
Xconfig	2016/1/23 22:45	快捷方式	1 KB
Xftp	2016/1/23 22:45	快捷方式	1 KB
Xlpd	2016/1/23 22:45	快捷方式	2 KB
Xmanager - Broadcast	2016/1/23 22:45	快捷方式	1 KB
Xmanager - Passive	2016/1/23 22:45	快捷方式	1 KB
Xshell	2016/1/23 22:45	快捷方式	1 KB
Xstart	2016/1/23 22:45	快捷方式	1 KB

图 6-9　XManager 工具集

常用的工具有两个，一个是 Xftp，是用来连接 FTP 或 SFTP 服务器；另一个是 Xshell，也是我们接下来要使用的 SSH 客户端。打开 Xshell 后，在弹出对话框中选择“新建”命令，如图 6-10 所示。

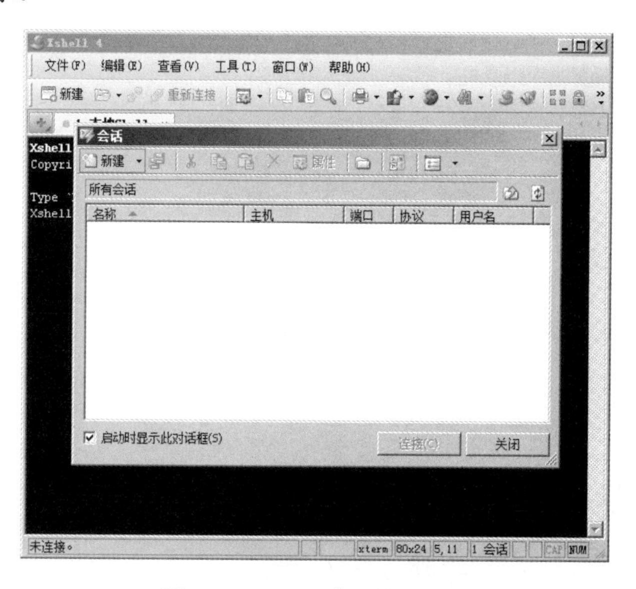

图 6-10　Xshell 弹出的对话框

在弹出的新建“新建会话属性”对话框中，输入 Linux 的 IP 地址，并且给这个连接取一个比较好记的名字，如图 6-11 所示。

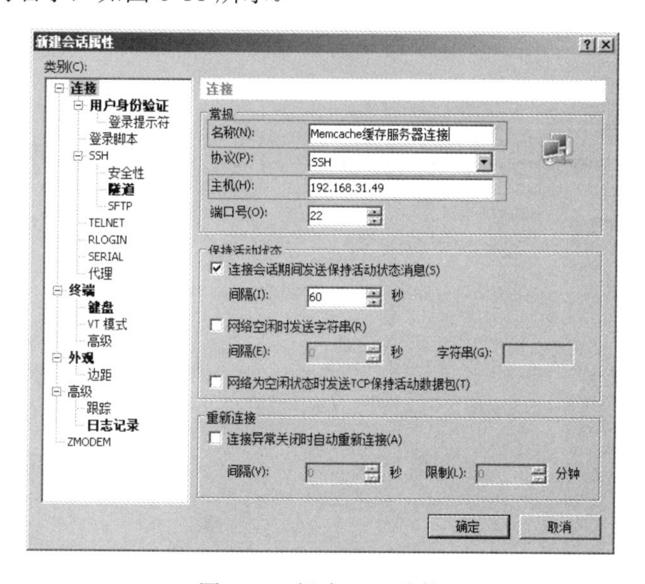

图 6-11　新建 SSH 连接

新建完连接后，单击“确定”按钮关闭当前对话框后，返回“会话”对话框，再单击“连接”按钮，向 Linux 服务器发起连接请求。这时 Xshell 会要求输入用户名，在弹出的对话框中输入用户名时，记得选中“记住用户名”复选框，这样可以避免以后发生重复连接的麻烦，如图 6-12 所示。

图 6-12　输入用户名

输入完用户名以后，再输入密码，同样的，需选中“记住密码”复选框，如图 6-13 所示。

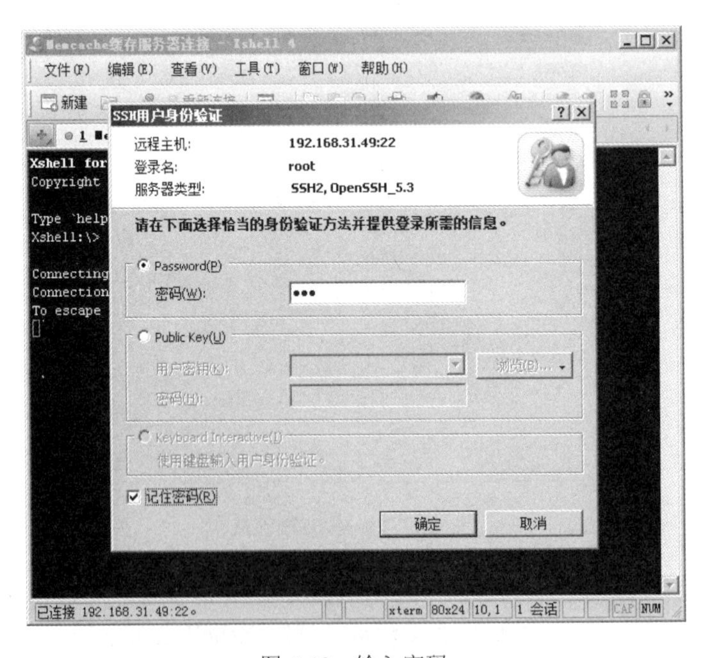

图 6-13　输入密码

输入密码，单击“确定”按钮以后，就可以登录 Linux 系统了。登录以后，可以直接在 Xshell 客户端写命令，如图 6-14 所示。

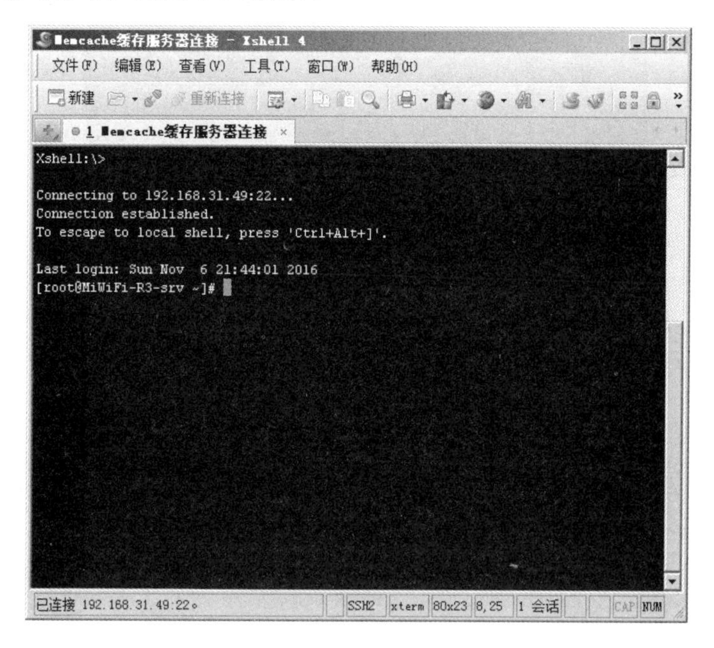

图 6-14　登录成功

3. MemCache安装

其实在这样一本书里讲如何安装一个软件是一件很不“地道”的事情，以大家的 IQ 完全可以自己“搞定”这一系列的安装过程。但是为了让大家不要在 Linux 上安装程序耗费大量的时间，所以 MOL 在这里还是需要介绍一下 MemCache 的安装。

不得不承认，对于新手来说，在 Linux 下安装软件是一件非常“烧脑”的事情。因为大家已经习惯了在 Windows 下一路“下一步”的这种安装方式。下面我们就来说一下如何在 Linux 下安装 MemCache。

（1）新建/var/software/memcache 目录，然后进入该目录，命令是：

```
mkdir /var/software/memcache
cd /var/software/memcache
```

我们将会在这个目录下面下载和安装 MemCache。

（2）下载 libevent 安装包，命令如下：

```
wget http://www.monkey.org/~provos/libevent-1.4.12-stable.tar.gz
```

下载完成后，如图 6-15 所示。

图6-15　下载libevent安装包

（3）解压安装包，在Linux系统中，.tar.gz文件表示一个压缩包，我们需要把它解压，解压命令是：

```
tar zxvf libevent-1.4.12-stable.tar.gz
```

解压完成以后，当前文件夹中就会多出一个名为libevent-1.4.12-stable的文件夹，这个文件夹就是解压的结果，如图6-16所示。

图6-16　解压文件

（4）进入解压得到的文件夹，命令如下：

```
cd libevent-1.4.12-stable
```

（5）编译、安装，命令如下：

```
./configure -prefix=/usr/libevent
make
make install
```

到这里为止，都是在为安装 MemCache 做准备，接下来，就要正式安装 MemCache 了！

（6）下载 MemCache，命令如下：

```
wget http://memcached.googlecode.com/files/memcached-1.4.15.tar.gz
```

（7）解压下载得到的文件，命令如下：

```
tar vxzf memcached-1.4.15.tar.gz
```

（8）进入解压得到的文件夹，命令如下：

```
cd memcached-1.4.15
```

（9）编译、安装，命令如下：

```
./configure -with-libevent=/usr/libevent/ -prefix=/usr/local/memcached
make
make install
```

（10）编写启动脚本。Linux 下启动服务比较麻烦，所以我们更愿意写一个启动脚本来启动服务，比如要写一个名为 start.sh 的脚本：

```
vi start.sh
```

然后输入脚本内容，启动脚本 MOL 已经写好了。

```
#!/bin/sh
echo "memcache 服务要启动喽！ $(date)..."
MEMCACHED=/usr/local/memcached/bin/memcached
usage()
{
    echo "缓存服务已经打开，端口：`basename $0` port"
}

if [ -n "$1" ]
then
{
    pid=`ps aux|grep memcached|grep "$1" |grep -v grep|awk '{print $2}'`
    if [ -n "$pid" ]
    then
    {
        sleep 2
        echo "干掉 memcache 服务 $1 begin"
        echo "pid:$pid"
        kill -9 $pid
        echo "干掉 memcache 服务 $1 end"
        sleep 2
    }
```

```
        fi
        echo "开始启动 memcache $1"
        LOG_FILE=/var/log/memcached/memcached_$1.log
        rm -f $LOG_FILE
        $MEMCACHED -d -m 2048 -p $1 -u root -vv >> $LOG_FILE 2>&1
        echo "start memcached end"
        tail -f $LOG_FILE
    }
    else
    {
        usage
        exit 1
    }
    fi
```

然后将脚本保存并运行。运行脚本的方式也比较特殊，运行命令如下：

```
./start.sh 11211
```

其中，11211 是脚本的运行参数，表示 MemCache 在端口 11211 上运行着缓存服务。运行以后，界面上的输出如图 6-17 所示。

图 6-17　MemCache 启动

如果在 Linux 下安装 MemCache 的话，步骤就是这么繁琐，但是这样做的好处是能在很大程序上保证 MemCache 服务的稳定性。如果大家在开发时用到 MemCache 的话，最好在自己的机器上安装虚拟机，在虚拟机上安装 Linux 操作系统，最后再安装 MemCache。如果还觉得这个安装步骤麻烦的话，那么直接在 Windows 上安装 MemCache 也是没有问题的，而且会更加方便。但是在生产环境下，很少用 Windows 来承载一个 MemCache 服务。

4．使用MemCache

如果要在项目中使用 MemCache，就必须引用 MemCache 相关的 dll 文件。下载地址是 https://sourceforge.net/projects/memcacheddotnet，下载完成后，将下载得到的 dll 文件全部引用到项目中。需要注意的是，MemCache 也提供了 log4net 的 dll 文件，而且这个 dll 文件是一定要引用的。所以如果项目中已经引用了 log4net，那么就需要先把已有的 log4net 删除，然后再引用。

引用完 dll 文件以后，就可以进行 MemCache 的使用了。在使用 MemCache 缓存之前，一定要对 MemCache 进行初始化，初始化操作需要在程序启动的时候进行。在晋商卡项目中，就是在 Global.asax 中的 Application_Start 中增加对 MemCache 的初始化。初始化过程如下：

```
/// <summary>
/// 初始化 memcache
/// </summary>
private void memcacheInit()
{
    string[] serverlist = { "127.0.0.1:11211" };
    //初始化池
    SockIOPool sock = SockIOPool.GetInstance();
    //添加服务器列表
    sock.SetServers(serverlist);
    //设置连接池初始数目
    sock.InitConnections = 3;
    //设置最小连接数目
    sock.MinConnections = 3;
    //设置最大连接数目
    sock.MaxConnections = 5;
    //设置连接的套接字超时
    sock.SocketConnectTimeout = 1000;
    //设置套接字超时读取
    sock.SocketTimeout = 3000;
    //设置维护线程运行的睡眠时间。如果设置为 0，那么维护线程将不会启动
    sock.MaintenanceSleep = 30;
    //获取或设置池的故障标志
    //如果这个标志被设置为 true，则 socket 连接失败
    //如果存在的话，将试图从另一台服务器返回一个套接字
    //如果设置为 false，则进行如果的逻辑。如果存在则得到一个套接字；如果它无法连接到
请求的服务器，则返回 NULL
    //如果为 false，对所有创建的套接字关闭 Nagle 的算法。
    sock.Failover = true;
    sock.Nagle = false;
    sock.Initialize();
}
```

初始化完成以后，就可以正式使用 MemCache 来操作缓存了。常用的操作缓存的方法有 4 个，分别是：

```
MemcachedClient mc = new MemcachedClient();
mc.EnableCompression = true; //是否启用压缩数据
//设置缓存
mc.Set(key,val);
//判断缓存键是否存在
mc.KeyExists(key);
//获取键对应的缓存
mc.Get(key);
//删除键对应的缓存
mc.Delete(key);
```

接下来写一个示例，这个示例要实现这样的功能：页面 1 设置缓存，页面 2 读取缓存。在 MVC 里，只需要写两个 Action 就可以了。

在页面 1 中，我们给缓存键 mol 设置一个值为“帅”。页面 1 的 Action 如下：

```
/// <summary>
/// 页面 1 设置缓存
/// </summary>
/// <returns></returns>
public ActionResult Index()
{

    MemcachedClient mc = new MemcachedClient();
    mc.EnableCompression = true; //是否启用压缩数据
    mc.Set("mol","帅");//设置键值
    return Content("完成设置");
}
```

页面 2 来获取缓存中的键 mol 对应的值。页面 2 的 Action 如下：

```
/// <summary>
/// 页面 2 读取缓存
/// </summary>
/// <returns></returns>
public ActionResult GetMemcache()
{
    MemcachedClient mc = new MemcachedClient();
    mc.EnableCompression = true; //是否启用压缩数据
    return Content( mc.Get("mol").ToString());//设置键值
}
```

可以看到，在设置和获取缓存的时候，都是先实例化一个 MemCache 客户端对象，然后通过这个对象去操作缓存。访问页面 1，得到结果如图 6-18 所示。

访问页面 2，得到结果如图 6-19 所示。

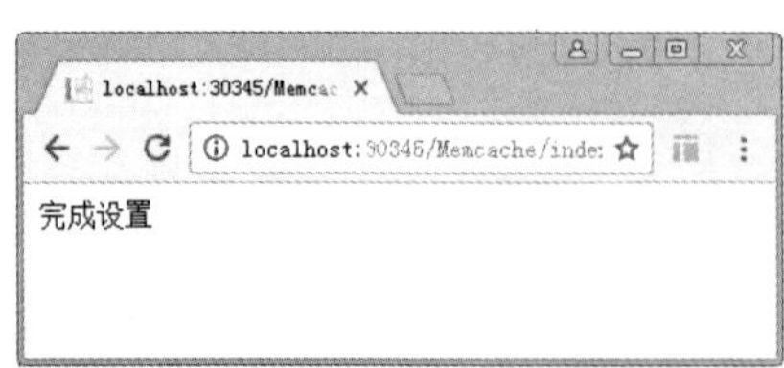

图 6-18　设置缓存

图 6-19　获取缓存

刘朋：这个简单的例子要说明什么呢？我们用 Cache 也可以实现相同的效果呀。

MOL：这也是 MOL 为什么要举这个简单例子的原因。大家来扩展一下，我在同一个项目中可以写两个页面访问缓存，那么跨项目的时候，是不是也可以呢？因为我们在访问缓存的时候，只是简单地使用 MemCache 客户端对象操作缓存，所以 MemCache 并不关心是哪个项目写的缓存，只要有人来取缓存，就“双手奉上”。也就是说，我们在晋商卡项目中写的缓存，可以被其他的某个网站来调用，这样就非常方便了。当然，方便的同时，也需要做好安全方面的工作。

6.5.2　Redis 缓存

Redis 的下载地址是 https://github.com/MSOpenTech/redis/releases，不管大家是安装 Linux 版本还是 Windows 版本，都可以安装 Redis。MOL 不会再讲安装过程，如果在 Linux 下安装 Redis 出现问题的话，可参照 MemCache 的安装过程。

1. Redis命令行的使用

Redis 安装完成以后，安装文件夹中会有一些可执行文件和配置文件，如图 6-20 所示。

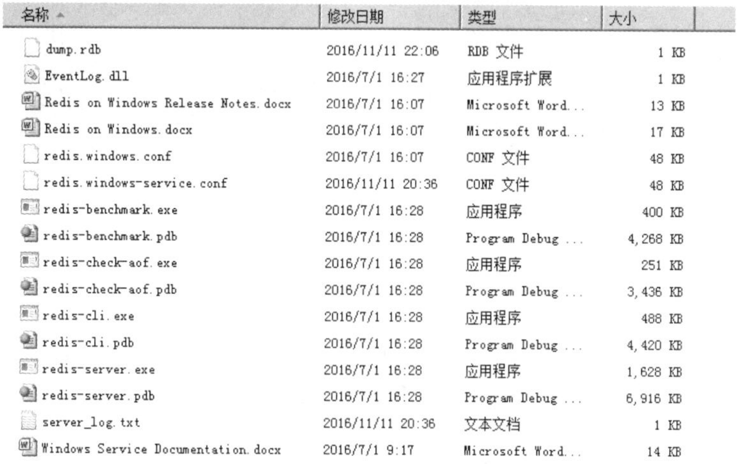

名称	修改日期	类型	大小
dump.rdb	2016/11/11 22:06	RDB 文件	1 KB
EventLog.dll	2016/7/1 16:27	应用程序扩展	1 KB
Redis on Windows Release Notes.docx	2016/7/1 16:07	Microsoft Word...	13 KB
Redis on Windows.docx	2016/7/1 16:07	Microsoft Word...	17 KB
redis.windows.conf	2016/7/1 16:07	CONF 文件	48 KB
redis.windows-service.conf	2016/11/11 20:36	CONF 文件	48 KB
redis-benchmark.exe	2016/7/1 16:28	应用程序	400 KB
redis-benchmark.pdb	2016/7/1 16:28	Program Debug ...	4,268 KB
redis-check-aof.exe	2016/7/1 16:28	应用程序	251 KB
redis-check-aof.pdb	2016/7/1 16:28	Program Debug ...	3,436 KB
redis-cli.exe	2016/7/1 16:28	应用程序	488 KB
redis-cli.pdb	2016/7/1 16:28	Program Debug ...	4,420 KB
redis-server.exe	2016/7/1 16:28	应用程序	1,628 KB
redis-server.pdb	2016/7/1 16:28	Program Debug ...	6,916 KB
server_log.txt	2016/11/11 20:36	文本文档	1 KB
Windows Service Documentation.docx	2016/7/1 9:17	Microsoft Word...	14 KB

图 6-20　Redis 安装文件

我们用到的只有 3 个文件，其中，redis-server.exe 和 redis.windows.conf 文件是用来开启服务的，默认情况下，Redis 会在 6379 端口上开启服务。开启服务的方法是打开命令行，先进入 Redis 的安装目录，然后运行下面的语句：

```
redis-server.exe redis.windows.conf
```

执行以后，结果如图 6-21 所示。

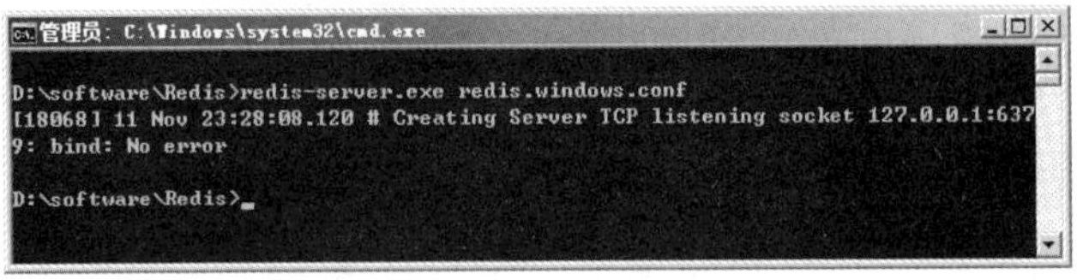

```
管理员: C:\Windows\system32\cmd.exe
D:\software\Redis>redis-server.exe redis.windows.conf
[18068] 11 Nov 23:28:08.120 # Creating Server TCP listening socket 127.0.0.1:637
9: bind: No error

D:\software\Redis>_
```

图 6-21　启动 Redis 服务

这里需要注意，服务启动以后，不要把当前运行的命令行窗口关掉。

除了上面提到的两个文件，还有一个 redis-cli.exe 文件，这个文件是 Redis 的客户端运行程序，通过客户端程序可以操作缓存服务。接下来我们重新打开一个命令行窗口，并进入 Redis 目录，执行 redis-cli.exe 文件。执行结果如图 6-22 所示。

如果只执行 redis-cli.exe 文件，表示访问本机的 6379 端口。如果要访问其他服务器的缓存，那么需要把 IP 和端口加上。格式如下：

```
redis-cli.exe -h 127.0.0.1 -p 6379
```

执行 redis-cli.exe 以后，就进入缓存操作了，例如，向缓存键 username 中放入值 mol，如图 6-23 所示。

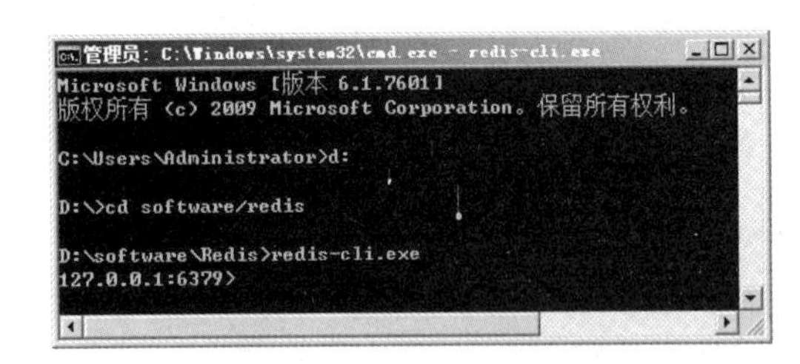

图 6-22　访问 Redis 缓存服务

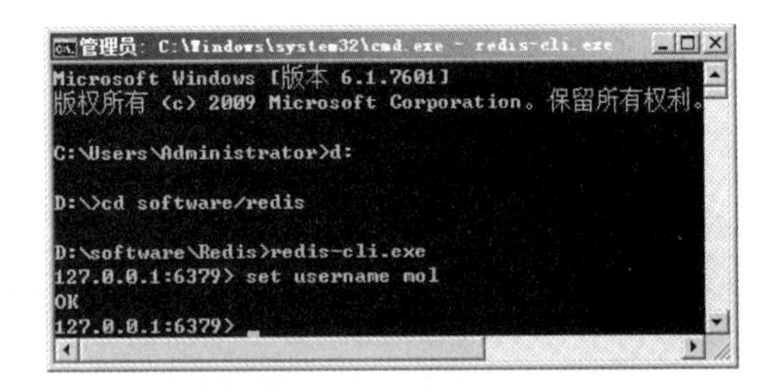

图 6-23　设置缓存

然后再从缓存中取 username 对应的值，如图 6-24 所示。

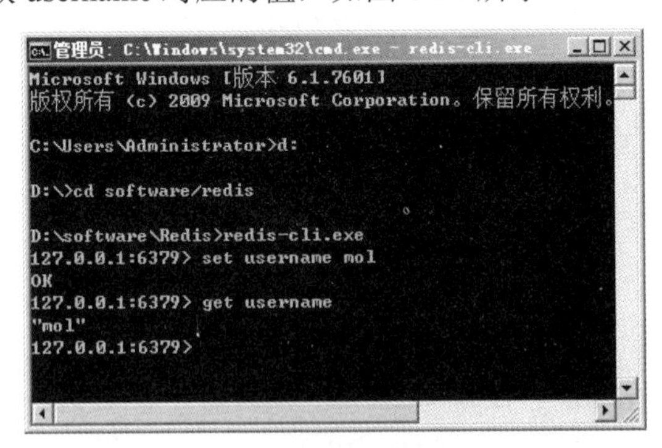

图 6-24　获取缓存

接下来看一下如何在.NET 中使用 Redis。

2．在项目中使用Redis

.NET 本身是不支持 Redis 的，所以需要先下载第三方提供的 dll 文件，下载地址是 https://github.com/servicestack/servicestack.redis，下载结束后，转到 ServiceStack.Redis-master\lib 文件夹下，如图 6-25 所示。

名称	修改日期	类型	大小
netstandard1.1	2016/11/8 10:04	文件夹	
netstandard1.3	2016/11/8 10:04	文件夹	
signed	2016/11/8 10:04	文件夹	
tests	2016/11/8 10:04	文件夹	
ServiceStack.Client.dll	2016/11/8 10:04	应用程序扩展	184 KB
ServiceStack.Client.xml	2016/11/8 10:04	XML 文档	19 KB
ServiceStack.Common.dll	2016/11/8 10:04	应用程序扩展	180 KB
ServiceStack.Common.xml	2016/11/8 10:04	XML 文档	18 KB
ServiceStack.Interfaces.dll	2016/11/8 10:04	应用程序扩展	126 KB
ServiceStack.Interfaces.dll.mdb	2016/11/8 10:04	Microsoft Acce...	16 KB
ServiceStack.Pcl.Net45.dll	2016/11/8 10:04	应用程序扩展	34 KB
ServiceStack.Pcl.WinStore.dll	2016/11/8 10:04	应用程序扩展	10 KB
ServiceStack.Pcl.WinStore.pri	2016/11/8 10:04	PRI 文件	2 KB
ServiceStack.Text.4.0.0.nupkg	2016/11/8 10:04	NUPKG 文件	417 KB
ServiceStack.Text.4.0.0.symbols.nupkg	2016/11/8 10:04	NUPKG 文件	1,275 KB
ServiceStack.Text.dll	2016/11/8 10:04	应用程序扩展	338 KB
ServiceStack.Text.XML	2016/11/8 10:04	XML 文档	71 KB

图 6-25　Redis 动态链接库文件

把这些 dll 文件全部引用到项目中，就可以使用 Redis 缓存了。

引用 dll 文件以后，我们来写一个 Action，这个 Action 的功能是获取刚才通过命令行设置的缓存（缓存键为 username），代码如下：

```
/// <summary>
/// 获取测试时设置的缓存值
/// </summary>
/// <returns></returns>
public ActionResult GetClientValue()
{
    RedisClient redisClient = new RedisClient("127.0.0.1", 6379);//Redis
服务 IP 和端口
    string username ="读取控制台设置的缓存，结果是："+ redisClient.Get<string>
("username");
    return Content(username);
}
```

运行这个 Action，结果如图 6-26 所示。

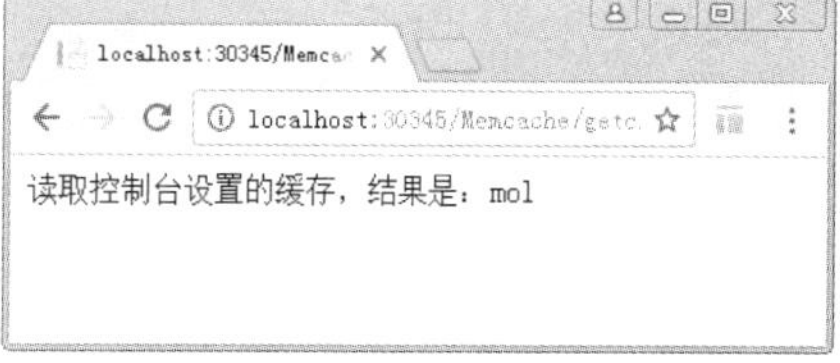

图 6-26　获取控制台设置的缓存

可以看到，我们在项目中并没有任何一句代码来设置缓存，而是直接读取缓存中的值，这个值是通过控制台写入的。正如前面讲 MemCache 的时候说的，Redis 也是自行管理内存的，只要有人来取，它就会

“双手奉上”，而不管这个缓存是谁写入的。

3. Redis的特殊用法

到现在为止，看起来就是完全在重复 MemCache 的操作。接下来来看一下，Redis 和 MemCache 有哪些异同点。

- 从宏观角度来看，MemCache 和 Redis 都是内存数据库，MemCache 还可以存储图片、视频等资源。不过一般情况下并不用内存来存储这些“大块头”，因为这些“大块头”都非常“吃”内存；
- MemCache 和 Redis 都可以构建成集群的形式来增加负载能力；
- Redis 不仅支持 key-value 数据结构，还支持 list、set 和 hashmap 等数据结构；
- Redis 还有一个最大的特点就是可以持久化。所谓持久化，就是指数据可以保存在硬盘上。例如，我们有两台缓存服务器，分别安装了 MemCache 和 Redis 服务器。如果同一时间断电，MemCache 服务器上缓存的数据就灰飞烟灭了，而 Redis 服务器上的数据是可以恢复的。

其实我们写代码的时候，更多的是关心缓存中存放的是什么数据，应该怎么存放。至于数据恢复，暂时不是我们关心的问题。前面提到过，Redis 不仅支持 key-value 数据结构，还支持 list、set 和 hasmap 等数据结构。那么我们来看一下，这些特殊的数据结构应该怎么用。

先来看 hasmap。大家都知道，设置缓存的时候，可以给一个缓存键，并设置这个键对应的值，使用方法如下：

```
RedisClient redisClient = new RedisClient("127.0.0.1", 6379);
redisClient.Set("键","值");
```

更多的时候，我们不仅希望缓存一个字符串而是缓存一个对象。例如，定义一个用户对象，并实例化一个对象放到缓存中。代码如下：

```
/// <summary>
/// 用户对象
/// </summary>
public class Customer
{
    /// <summary>
    /// 用户名
    /// </summary>
    public string Username { get; set; }
    /// <summary>
    /// 年龄
    /// </summary>
    public int Age { get; set; }
    /// <summary>
    /// 创建时间
    /// </summary>
    public DateTime CreateDate { get; set; }
```

```
}
/// <summary>
/// 向缓存中增加一个用户对象
/// </summary>
/// <returns></returns>
public ActionResult SetCustomer()
{
    //实例化用户对象
    Customer customer = new Customer();
    customer.Age = 25;
    customer.CreateDate = DateTime.Now;
    customer.Username = "mol";
    RedisClient redisClient = new RedisClient("127.0.0.1", 6379);
    redisClient.Set("Person", customer);
    return Content("向缓存中增加一个用户对象");
}
```

这可能是大家最喜欢用的一种设置缓存的方法，因为不管是 MemCache 还是微软的 Cache，都是直接调用 Set 方法来设置缓存的，但是这样的设置方法并不是最优的。在 Redis 缓存服务器上，可以通过 hashmap 来存放对象。先来想一想，任何一个对象都是有属性的（如果没有属性，那也没有缓存的必要了），对象的属性一定是有值的（如果没有值，这个对象就没有存在的意义）。也就是说，对象的本质就是以属性名为键，以属性值为值的一个字典类型的数据结构。那么我们就可以把这个对象以 hashmap 的形式存放在 Redis 中。

还是以 Customer 对象为例，来看一下如何使用 hashmap 存储对象并读取缓存。存储缓存的代码如下：

```
/// <summary>
/// 设置对象缓存
/// </summary>
/// <returns></returns>
public ActionResult SetCustomerHashmap()
{
   RedisClient redisClient = new RedisClient("127.0.0.1", 6379);
   redisClient.SetEntryInHash("Customer", "Age", "25");
   redisClient.SetEntryInHash("Customer",
"CreateDate",DateTime.Now.ToString());
   redisClient.SetEntryInHash("Customer", "Username","mol");
   return Content("设置缓存完成！");
}
```

可以看到，使用 hasmap 设置缓存的特点就是把属性值分开设置，而不是直接把对象“扔”到缓存中。获取对象的过程是一个逆过程，指定缓存键，先把键对应的 hashmap（字典）取出来，然后再根据属性名取得对应的值。代码如下：

```
/// <summary>
/// 获取缓存
/// </summary>
/// <returns></returns>
public ActionResult GetCustomerHasmap()
{
   RedisClient redisClient = new RedisClient("127.0.0.1", 6379);
```

```
    IDictionary<string,string> customer = redisClient.GetAllEntriesFrom
ash("Customer");
    return Content(string.Format("姓名:{0},年龄:{1},创建日期:{2}", customer
"Username"],
        customer["Age"], customer["CreateDate"]));
    //如果需要返回实体对象，那么可以参考下面的代码
    Customer cacheCustomer = new Customer();
    cacheCustomer.Username = customer["Username"];
    cacheCustomer.Age = int.Parse( customer["Age"]);
    cacheCustomer.CreateDate = DateTime.Parse( customer["CreateDate"]);
}
```

代码运行结果如图 6-27 所示。

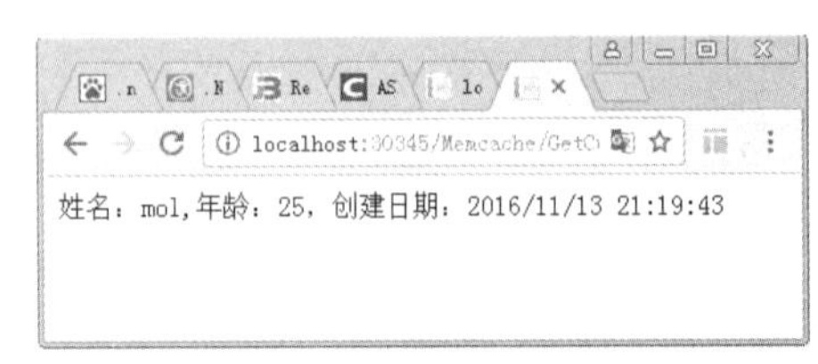

图 6-27　获取 hashmap 对象

这样设置缓存和获取缓存的方法，大家是否会感觉有点反人类呢？本来我们是提倡以面向对象的思维来编写代码的，结果 Redis 推出这样一个 hashmap，让我们觉得编码过程很是不爽。没有关系，我们自己来封装一下 Redis 的 hashmap 操作。

这次 MOL 讲缓存的时候，基本上都是自己在说，接下来的时间，我们互动一下。大家大开脑洞，想想应该怎么封装，除此之外，还有哪些代码是可以抽象的。

刘朋：这缓存的内容讲得我都快睡着了。我先抛个砖吧，我觉得封装操作无非就是把操作字典，变成操作对象就可以了。我给出的方案是使用反射，下面是我写的代码：

```
#region hashmap
/// <summary>
/// 设置缓存
/// </summary>
/// <typeparam name="T"></typeparam>
/// <param name="key"></param>
/// <param name="input"></param>
public void SetEntity<T>(string key,T input) where T : class, new()
{
    RedisClient redisClient = new RedisClient("127.0.0.1", 6379);
    //遍历类属性
    foreach (PropertyInfo p in typeof(T).GetProperties())
    {
        //读取对象的属性值，并且放到缓存中
        redisClient.SetEntryInHash(key, p.Name, p.GetValue(input).ToString());
    }
}
/// <summary>
/// 读取缓存
/// </summary>
/// <typeparam name="T"></typeparam>
/// <param name="key"></param>
/// <returns></returns>
public T GetEntity<T>(string key) where T : class, new()
{
    RedisClient redisClient = new RedisClient("127.0.0.1", 6379);
    IDictionary<string, string> cacheList = redisClient.GetAllEntries
```

```
FromHash(key);
    T entity = new T();
    //遍历类属性
    foreach (PropertyInfo p in typeof(T).GetProperties())
    {
        //把缓存中的值赋值给对象
        p.SetValue(entity, cacheList[p.Name]);
    }
    return entity;
}
#endregion
```

MOL：刘朋的这种做法，是达到了 MOL 提到的要求，但并不是 MOL 最想要的结果。

刘朋：（白眼）这是为什么呢？

MOL：首先，反射是非常消耗资源的，我们在处理反射的时候，会浪费大量的 CPU 时间和内存 I/O。如果按你的做法，还不如直接把对象放进缓存，不使用 hashmap。其次，循环遍历也是比较浪费资源的，因为这样做其实并没有达到缓存的目的，反而增加了程序的负担。

其实这个封装并没有大家想的那么复杂，我们在命令行下面看一下 Redis 是怎么存储对象的。输入：

```
hgetall customer
```

hgetall 指令表示要获取 customer 对应的 hashmap。运行结果如图 6-28 所示。

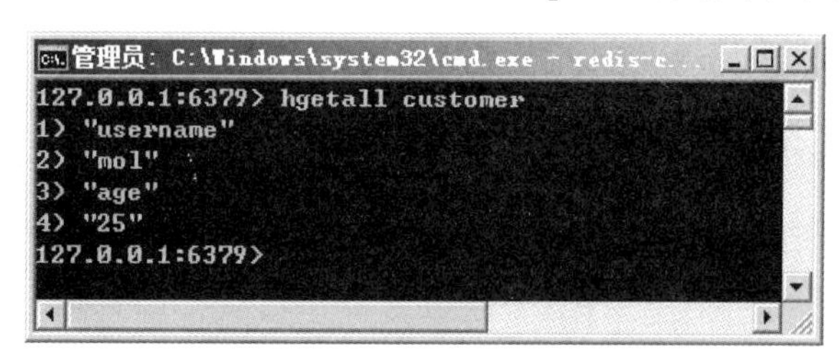

图 6-28　获取 hashmap

可以看到，在 Redis 里，Customer 对象是被序列化存放的，所以我们可以从序列化的角度去思考，如何存放和获取对象。

冲冲：我写了一下序列化的版本，代码如下。

```
01  #region hashmap serilizer
02  /// <summary>
03  /// 设置缓存
04  /// </summary>
05  /// <typeparam name="T"></typeparam>
06  /// <param name="key"></param>
07  /// <param name="input"></param>
08  public void SetSeriEntity<T>(string key, T input) where T : class, new()
09  {
10      RedisClient redisClient = new RedisClient("127.0.0.1", 6379);
11      JavaScriptSerializer jss = new JavaScriptSerializer();
```

```
12      redisClient.Set(key, jss.Serialize(input));
13  }
14  /// <summary>
15  /// 读取缓存
16  /// </summary>
17  /// <typeparam name="T"></typeparam>
18  /// <param name="key"></param>
19  /// <returns></returns>
20  public T GetSeriEntity<T>(string key) where T : class, new()
21  {
22      RedisClient redisClient = new RedisClient("127.0.0.1", 6379);
23      JavaScriptSerializer jss = new JavaScriptSerializer();
24      string re = redisClient.Get<string>(key);
25      return jss.Deserialize<T>(re);
26  }
27  /// <summary>
28  /// 获取缓存的控制器
29  /// </summary>
30  /// <returns></returns>
31  public ActionResult GetHashMapSeri()
32  {
33      Customer customer = GetSeriEntity<Customer>("Customer");
34      return Content(string.Format("姓名: {0},年龄: {1}, 创建日期: {2}",
    ustomer.Username, customer.Age, customer.CreateDate));
35
36  }
37  /// <summary>
38  /// 设置缓存的控制器
39  /// </summary>
40  /// <returns></returns>
41  public ActionResult SetHasMapSeri()
42  {
43      Customer customer = new Customer() { Age = 25, Username = "mol",
    reateDate = DateTime.Now };
44      SetSeriEntity<Customer>("Customer", customer);
45      return Content("hashmap set complete");
46  }
47  #endregion
```

MOL：这个思路比较不错，也可以达到我们的目的。还有没有其他地方可以抽象的？

鹏辉：实体化 Redis 客户端的一行代码基本上在每个函数中都会出现，这句代码一定可以抽象出来，放到 BaseController 中就可以了。

MOL：大家说的都非常好。至于重复性代码如何抽象，我想大家应该轻车熟路了吧。这块代码由大家自行实现。接下来要看的是 Redis 的另一个特殊的数据结构 list。

从字面上来看，list 就是一个集合，当然 list 本身就是一个集合，仅此而已。不过 list 有一个非常有用的功能就是排序。来看下面的例子。

向 list 中添加数据的命令是 lpush，接下来要向键 mylist 中放入 4 个数字。

```
lpush mylist 39 26 99 1
```

执行结果如图 6-29 所示。

接下来对这个 list 进行排序，排序的命令是 sort。

```
sort mylist
```

执行结果如图 6-30 所示。

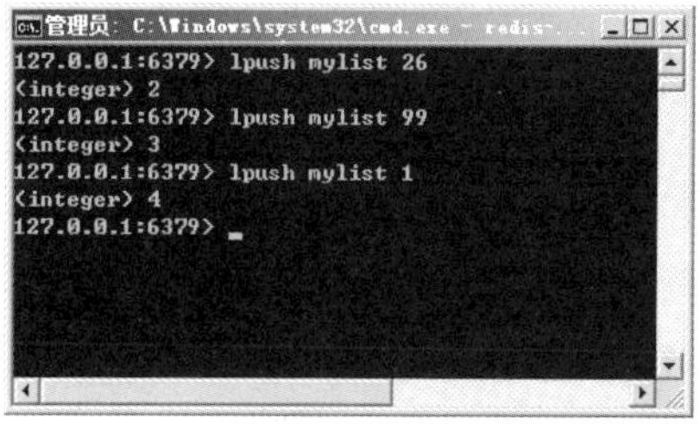

图 6-29　向 list 中添加数据

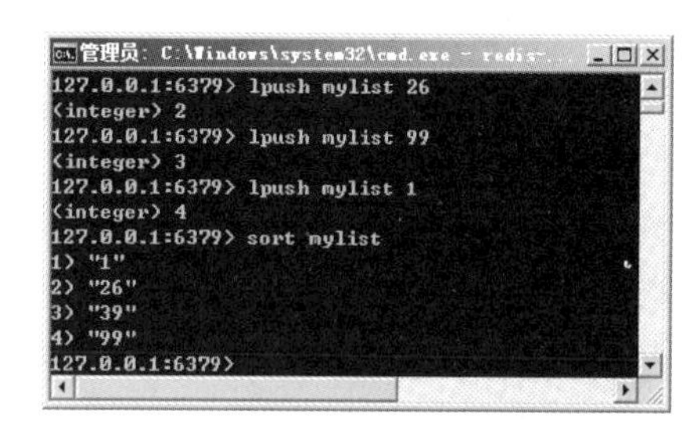

图 6-30　对 list 进行排序

可以看到，Redis 已经对缓存中的数据进行了排序。这个功能对于很多项目来说都是非常有用的。例如，有些直播网站的用户是分级别的，把这些用户信息放到缓存以后，我们希望把这些用户按等级进行排序，这种场景下，就可以使用 Redis 的 list 进行存放。

6.5.3　把缓存抽象出来

讲到这里或许大家会感觉到比较突兀，Redis 还有点意犹未尽，MOL 就已经戛然而止了。这是因为在晋商卡的项目中，并没有使用 Redis。MOL 讲 Redis，只是为了让大家在需要的时候还能想起来有 Redis 这么“一号人物”存在。

前面所有关于缓存的操作，都是在 UI 层直接完成的，明显不符合我们的设计原则。所以我们希望把缓存专门抽象成一层（Layer），这样缓存就孤立于业务场景而存在，也就是传说中的“解耦”。

其实这个操作非常简单。我们只需要添加一个缓存项目，把该引用的 dll 文件都引用上，最后把该封装的方法封装一下，以接口的形式向外公开，就 OK 了。

下面以设置缓存来举例。

首先是接口定义。

```
void SetCache<T>(string key,T input);
```

接下来是接口实现，比如我们使用 MemCache 作为缓存载体，那么代码就是：

```
public void SetCache<T>(string key,T input)
{
MemcachedClient mc = new MemcachedClient();
mc.Set(key,input);//设置键值
}
```

其他功能，如获取缓存、清除缓存的功能，请大家自行实现。

6.5.4　读写分离

刘朋：原谅我刚睡醒，我弱弱地问一下，我们能不能把缓存放在硬盘上呢？

鹏辉：那不行呀，硬盘的读写速度和内存就不在一个数量级上啊。况且，数据库就是放在硬盘上的，如果再把缓存也放硬盘上的话，那缓存还有啥存在的意义呢？

MOL：不得不承认，硬盘的读取速率明显是低于内存的，但是在容量和速度上要取一个折中点，所以我们完全可以牺牲一点速度，来换取整体性能的提升。

再来说硬盘上的数据库。如果把缓存放到硬盘上的话，读写速率是否和数据库是一个级别呢？我们晋商卡中使用的数据库是 SQL Server（MongoDB 只是一个小插曲，客户考虑到稳定性的问题，最终把数据库换成了比较稳定的 SQL Server)，而 SQL Server 是一个典型的关系数据库。关系数据库的特点就是有大量的表间关系、约束等一系列限制条件。而这一系列限制条件，才是真正影响查询效率的原因，否则为啥 MongoDB 的读取速度比 SQL Server 快很多？这样看来，缓存完全可以放到硬盘上。

如果把缓存放到硬盘上，意味着我们不能再用 Cache 或字典这样的内存数据集来管理缓存了。这时候就需要引入第三方的缓存，常见的第三方缓存有 MemCache 和 Redis。而需要注意的是，无论是 MemCache 还是 Redis，它们都是基于内存操作的。

这样说好像有点前后矛盾，大家需要这样理解：如果有一个算法来保证服务器的内存永远都有足够的空间来放进新的数据，那么内存爆满的问题就解决了。如果非要把缓存从内存中移除，那么可以使用 SQL Server 做写操作，MongoDB 做读操作。在保证 SQL Server 和 MongoDB 的前提下，我们可以直接从 MongoDB 中读取数据。

然后我们再来看刘朋提出的问题“把缓存放到硬盘上”。如果把缓存放到硬盘上，是不是就相当于直接从 MongoDB 中查询数据？从架构层面来讲，我们可以使用 SQL Server 来保存数据，并同步到 MongoDB 数据库中。页面需要读取数据的时候，可以从 MongoDB 中查询。这样就减少了很多需要缓存的地方，也就侧面地“把缓存放在硬盘上”。

关于 SQL Server 和 MongoDB 合作实现读写分离，并不是一个成熟的技术，所以 MOL 也没有把这个技术放到晋商卡的项目中。

6.6　利用模板引擎生成静态页面

刘朋：那缓存所存在的意义，其实就是尽量减少数据交互呗。如果我要在服务器上直接发布一个静态网站，页面全部都是静态的 HTML，这样速度应该是非常快了吧。

鹏辉：但是这样的网站维护起来不是非常麻烦吗？如果只做一些纯展示的话，这种方法也是不错的吧。但是在电商项目中，好像不太合适吧，至少登录、注册、下单这些功能肯定是要访问数据库的。

MOL：你们俩说的其实都对。如果想要网站的响应速度尽量快，那么就需要尽量少地访问数据库。这几乎是不争的事实。但有些功能却又不得不访问数据库，因此我们完全可以把不需要访问数据库的页面拆分出来，用静态页面来展示。

冲冲：就像鹏辉说的，一个电商项目中，很少有不变化的页面。好像除了“关于我们”这样的页面，还真没什么其他的静态页面了。

MOL：从哲学的角度来看，人不能两次踏进同一条河流，更有些激进的人说，人不能一次踏进同一条河流。虽然我们搞技术的人可能不太理解，但这其实是从抽象的角度告诉我们，动和静是相对的。按佛家思想来说，“不是风动，不是帆动，仁者心动”。也就是说，我们可以认为某些页面是不动的，把我们认为是不动的这些页面做成静态页面，就可以达到目的了。

哪些页面是我们可以认为不动的呢？正如上面所说，动是绝对的，静是相对的，我们可以让某些页面在某个时间段内是静态的。举个例子，商品详情页面的变化其实是不大的，在上线促销的时候，是促销页面；促销结束后，是正常的商品详情；在双十一的时候，是活动详情。即使业务场景再复杂一点，我们也是可以把这些场景罗列出来的。那我们取促销结束后的这个时间段来看，商品详情页面就是一个静态页面，如果把商品详情页面做成静态的，用户访问的时候，就不需要 Web 服务器再去连接数据库了。当场景发生改变（如双十一搞活动）时，只需要让这个静态页面重新生成为活动详情页面，就可以适应了。

刘朋：哦，那这样的话，就需要我做很多个静态页面来适应这些业务场景了，这个工作量会不会很大啊。

MOL：如果你要做大量的静态页面放到项目中，那么这个项目基本上就瘫痪了。先不说以后如何维护这些静态页面，单说 Web 服务器查找正确的业务场景对应的静态页面，就是一件很麻烦的事情。

刘朋：那我们应该怎么做呢？

MOL：我们可以打开一个购物网站来看看。

MOL 边说，边打开一个购物网站（为了避免不必要的纠纷，这里不能给出网站的名称和链接），并在搜索框中输入“笔记本电脑”进行搜索。在搜索结果中随便选择两个商品进行查看。

MOL：我们来看一下这两款笔记本电脑的详情页面，看看是否可以发现什么线索。

冲冲：这两个页面的布局完全相同，不同的只有商品名称、属性、说明、价格等一些特性的东西。

MOL：总结得非常好，再回想一下我们以前讲 MVC 的时候提到过的“挖坑”，就是在一个模板上写一些占位符，取到数据以后，再把数据填到坑里面，这样就形成了一个页面。

其实在 MVC 出现之前，就有这种“挖坑－填坑”的做法。这一系列的做法统称为模板引擎，现在有大量的模板引擎可供我们使用。这种模板引擎的技术在 PHP 开发中尤为常见，随便找一个 PHP 开发的程序员，他一定可以把模板引擎给你讲得非常透彻。

接下来 MOL 要介绍的模板引擎是从 Java 的 Velocity 移植过来的，按照移植的潜规则，在.NET 中对应的模板引擎叫 NVelocity。

6.6.1　初识 NVelocity

MOL：NVelocity 是一种基于.NET 的模板引擎，它自己定义了一套模板语言（templete language）。

刘朋：我们又要学一门新语言吗？

MOL：其实模板语言只是一种称谓，准确地说，NVelocity 的“模板语言”并不是一种开发语言，而是由一些标签组成的，而且这些标签也比较少。我们先来看一下一个简单的模板长什么样子。

```
01  <!--简介内容-->
02  <dl class="about_desc">
03      <dt class="tit">$model.MerchantName</dt>
04      <dd class="cnt">$model.BriefIntroduct</dd>
05  </dl>
06  <!--简介信息-->
07  <ul class="about_msg" style="display:none;">
08      <li><strong>公司名称：</strong>$model.MerchantName</li>
09      <li><strong>总部地点：</strong>$model.HeadQuarterAddress</li>
10      <li><strong>员工数：</strong>$model.StaffCount 名员工</li>
11      <li><strong>成立时间：</strong>$model.ConstructDate.ToString("yyyy
    年 MM 月 dd 日")</li>
12      <li><strong>经营范围：</strong>$model.BusinessScope</li>
13      <li><strong>荣誉：</strong>$model.Honour</li>
14  </ul>
```

这是一个“关于我们”的页面，在这个页面上，除了大家熟悉的 HTML 标签以外，还有一些类似 PHP 语言的元素。例如，第 3、4 行，第 8～13 行，这几行代码中，都包含了以$符号开头的一些元素，这就是 NVelocity 的一种表现形式。

当然，NVelocity 不仅仅只是这一种表现，它还包括条件、循环等一些标签语句。

如果这些标签不太好理解的话，大家可以想想 string.Replace（"旧字符串","新字符串"）这个函数。NVelocity 其实是一种“挖坑”的思想，把个性的元素挖成“坑”，也就是我们上面看到的$符号打头的一些元素；把共性的元素做成模板，也就是上面的 HTML 代码。

当需要“填坑”的时候，就从数据库（当然也可能是其他方式获取数据）中查询数据，把查询到的数据传送给模板，这样一个页面就展现出来了。

下面来举一个例子，这个例子展示一个商家的“关于我们”的页面。

要做这样一个页面，一定是先有一个已经成型的“关于我们”的页面，然后在这个页面上“挖坑”。先来写一个普通的页面。

```
01  <!DOCTYPE HTML>
02  <html>
03  <head>
04      <meta http-equiv="Content-Type" content="text/html; charset=utf-8" />
05      <meta name="viewport" content="width=device-width, initial-scale=
    1.0, maximum-scale=1.0,
06  user-scalable=0">
07      <title>晋商卡-MOL 的小店</title>
08      <meta name="description" content="" />
09      <meta name="keywords" content="" />
10      <script src="/Scripts/Page/jquery.js"></script>
11      <link href="/Content/Page/css/default.css" rel="stylesheet" />
12      <script src="/Scripts/Page/common.js"></script>
13  </head>
14  <body>
15      <div class="wrapper">
16
17
18          <!--头部 S-->
19          <div class="header">
20              <!--返回按钮-->
21              <a href="javascript:window.history.go(-1);" class="btn_back">
    返回</a>
22              <h2>公司简介</h2>
23          </div>
24          <!--头部 E-->
25          <!--简介标题-->
26          <div class="about_tit">
27              <img src="/upload/Penguins.jpg" />
28          </div>
29
30          <!--简介内容-->
31          <dl class="about_desc">
32              <dt class="tit">MOL 的小店</dt>
33              <dd class="cnt">小店简介：我们不生产知识，MOL 只是知识的搬运工。
    </dd>
34          </dl>
35
36          <!--简介信息-->
37          <ul class="about_msg" style="">
38              <li><strong>公司名称：</strong>其实 MOL 没有公司</li>
39              <li><strong>总部地点：</strong>China</li>
40              <li><strong>员工数：</strong>20</li>
41              <li><strong>成立时间：</strong>2015-9-9</li>
42              <li><strong>经营范围：</strong>爱生活，爱编程</li>
43              <li><strong>荣誉：</strong>没啥荣誉，金杯银杯，不如大家的口碑</li>
44          </ul>
45
46          <!--服务网站-->
47          <div class="about_web" style="display:none;">服务网站：<a href=
    "www.mol 的网站.com">www.mol 的网站.com</a></div>
48
```

```
49        </div>
50        <!--导航 S-->
51        <ul id="footul" class="nav"></ul>
52        <!--导航 E-->
53    </body>
54    </html>
55    <script type="text/javascript">
56        $("#footul").load('/foot/index?StatePage=1');
57    </script>
```

这段代码的运行结果如图 6-31 所示。

图 6-31　示例页面

有了这个示例页面以后，接下来的工作就是“挖坑”。再强调一次，“挖坑”是要把个性的元素挖出来，把共性的元素保留下来。

在当前示例中，个性元素有页面标题、店面图片、店面名称及其他灰体字部分。我们把这些个性的部分挖掉，并用占位符补上。

占位符的文章就比较高深了。我们可以写类似$a、$b、$c 这样的简单变量，也可以使用“$店面.公司名称”这样可读性比较高的占位符，因为 NVelocity 是支持解析对象的。如果使用简单变量，则意味着需要向模板传送一个比较复杂的字典（Dictionary

<string,string>）集合，而使用店面对象的时候，只需要向模板传送一个店面实体即可。相比而言，我们更喜欢对象的方式。当然，$model.属性中的对象名和属性名一定要和传入的对象属性是匹配的。

把这些个性的元素挖走以后，填上占位符，代码如下：

```
01  <!DOCTYPE HTML>
02  <html>
03  <head>
04     <meta http-equiv="Content-Type" content="text/html; charset=utf-8" />
05      <meta name="viewport" content="width=device-width, initial-scale=
    1.0, maximum-scale=1.0, user-scalable=0">
06
07     <title>川商卡-试运营</title>
08     <meta name="description" content="" />
09     <meta name="keywords" content="" />
10     <script src="/Scripts/Page/jquery.js"></script>
11     <link href="/Content/Page/css/default.css" rel="stylesheet" />
12     <script src="/Scripts/Page/common.js"></script>
13  </head>
14  <body>
15     <div class="wrapper">
16
17
18        <!--头部 S-->
19        <div class="header">
20         <!--返回按钮-->
21           <a href="javascript:window.history.go(-1);" class="btn_back">
    返回</a>
22         <h2>公司简介</h2>
23        </div>
24        <!--头部 E-->
25
26        <!--简介标题-->
27        <div class="about_tit">
28           <img src="/$model.LogoImgPath" />
29        </div>
30
31        <!--简介内容-->
32        <dl class="about_desc">
33         <dt class="tit">$model.MerchantName</dt>
34           <dd class="cnt">$model.BriefIntroduct</dd>
35        </dl>
36
37        <!--简介信息-->
38        <ul class="about_msg" style="display:none;">
39         <li><strong>公司名称：</strong>$model.MerchantName</li>
40           <li><strong>总部地点：</strong>$model.HeadQuarterAddress</li>
41           <li><strong>员工数：</strong>$model.StaffCount 名员工</li>
42           <li><strong>成立时间:</strong>$model.ConstructDate.ToString
    ("yyyy 年 MM 月 dd 日")</li>
43           <li><strong>经营范围：</strong>$model.BusinessScope</li>
```

```
44              <li><strong>荣誉：</strong>$model.Honour</li>
45          </ul>
46
47          <!--服务网站-->
48          <div class="about_web" style="display:none;">服务网站：<a
    href="$model.ServiceSiteUrl">$model.ServiceSiteUrl</a></div>
49      </div>
50      <!--导航 S-->
51      <ul id="footul" class="nav"></ul>
52      <!--导航 E-->
53  </body>
54  </html>
55  <script type="text/javascript">
56      $("#footul").load('/foot/index?StatePage=1');
57  </script>
```

这样就完成了一个模板。完成模板以后，接下来要做的事情就是向模板传送一个对象。为了举例方便，我们新建一个“一般处理程序”，如图 6-32 所示。

图 6-32　新建“一般处理程序”

需要注意的是，“一般处理程序”不能在 MVC 项目中添加，需要新建一个非 MVC 的 Web 项目，如 ASP.NET 的 Web 窗体应用程序。因为我们要向模板中传送一个对象，所以需要先定义一个店面实体的类（class），代码如下：

```
01  /// <summary>
02  /// 店面类
03  /// </summary>
04  public partial class T_Merchant_TB
05  {
06      /// <summary>
07      /// 主键
```

```
08       /// </summary>
09       public System.Guid MerchantID { get; set; }
10       /// <summary>
11       /// 店面名称
12       /// </summary>
13       public string MerchantName { get; set; }
14       /// <summary>
15       /// 店面简介
16       /// </summary>
17       public string BriefIntroduct { get; set; }
18       /// <summary>
19       /// 店面图片
20       /// </summary>
21       public string LogoImgPath { get; set; }
22       /// <summary>
23       /// 总部地址
24       /// </summary>
25       public string HeadQuarterAddress { get; set; }
26       /// <summary>
27       /// 员工数量
28       /// </summary>
29       public Nullable<int> StaffCount { get; set; }
30       /// <summary>
31       /// 公司创办日期
32       /// </summary>
33       public Nullable<System.DateTime> ConstructDate { get; set; }
34       /// <summary>
35       /// 运营范围
36       /// </summary>
37       public string BusinessScope { get; set; }
38       /// <summary>
39       /// 荣誉
40       /// </summary>
41       public string Honour { get; set; }
42       /// <summary>
43       /// 服务链接
44       /// </summary>
45       public string ServiceSiteUrl { get; set; }
46       /// <summary>
47       /// 获取测试实体
48       /// </summary>
49       /// <returns></returns>
50       public static T_Merchant_TB GetTestModel()
51       {
52          T_Merchant_TB re = new T_Merchant_TB();
53          re.BriefIntroduct = "这是店面简介";
54          re.BusinessScope = "这是营业范围";
55          re.ConstructDate = DateTime.Now;
56          re.HeadQuarterAddress = "这是总部地址";
57          re.Honour = "这是荣誉";
```

```
58          re.LogoImgPath = @"../upload/Penguins.jpg";
59          re.MerchantID = Guid.NewGuid();
60          re.MerchantName = "这是店面名称";
61          re.ServiceSiteUrl = @"http://www.mol 的网站.com";
62          re.StaffCount = 20;
63          return re;
64      }
65  }
```

在定义这个店面类时，增加了一个获取测试对象的方法 GetTestModel()，这样可以省去我们查询数据库的代码。当然，只是在例子中可以这样做，在具体的项目中，一定要按照具体的情况来获取数据。

接下来就是把实体传入模板的过程了，先上代码：

```
01  public void ProcessRequest(HttpContext context)
02  {
03      context.Response.ContentType = "text/html";
04      T_Merchant_TB merchant = T_Merchant_TB.GetTestModel();
05      VelocityEngine vltEngine = new VelocityEngine();
06      vltEngine.SetProperty(RuntimeConstants.RESOURCE_LOADER, "file");
07      string tmpPath = System.Web.Hosting.HostingEnvironment.MapPath
    ("~/htmlTemplate");
08      vltEngine.SetProperty(RuntimeConstants.FILE_RESOURCE_LOADER_PATH,
    tmpPath);                                    //模板文件所在的文件夹
09
10      vltEngine.Init();
11
12      VelocityContext vltContext = new VelocityContext();
13      vltContext.Put("model", merchant);  //设置参数，在模板中可以通过
                                              $model 来引用
14
15      Template vltTemplate = vltEngine.GetTemplate("AboutTemplate.html");
16      System.IO.StringWriter vltWriter = new System.IO.StringWriter();
17      vltTemplate.Merge(vltContext, vltWriter);
18
19      string html = vltWriter.GetStringBuilder().ToString();
20      context.Response.Write(html);
21  }
```

使用 NVelocity 传送对象给模板，需要以下几个步骤：

（1）声明一个模板引擎对象，并初始化（第 5～8 行），初始化的时候，需要指定模板所在的路径。

（2）声明一个 NVelocity 上下文，并把店面对象传入（第 12、13 行）。

（3）定义一个模板对象并初始化（15～17 行），初始化的时候，需要指定上面定义的上下文对象。

（4）输出结果（第 19 行）。

看着不是很难吧。上面的代码运行效果如图 6-33 所示。

图 6-33　NVelocity 运行效果图

和图 6-29 相比，这两个页面除了内容以外，其他的样式都是一样的。

6.6.2　使用 NVelocity 生成静态页面

刘朋：我们在 MVC 中也是这样做的呀，挖个“坑”，然后再用实体对象来“填坑”，而且要比 NVelocity 简单得多。我们为什么要用 NVelocity 呢？

MOL：首先，如果一个网站使用 NVelocity 来实现的话（就像上面所演示的一样），要比用 WebForm 实现的网站快很多。这并不是重点，重点是 NVelocity 可以将模板“填坑”，并且输出为文件。这个输出的文件就非常有用了，因为输出文件就是我们需要的静态页面。

刘朋：难道我们要把页面先运行出来，然后再保存网页吗？

MOL：显然不能这样干，我们要让 NVelocity 自动生成静态页面到文件中。看看代码的第 19 行，有没有什么灵感。

鹏辉：我有灵感！上面的代码是先生成 HTML 报文字符串（第 19 行），然后输入到浏览器上。我在拿到 HTML 字符串以后，可以不输出到浏览器上，而是把这个字符串写入到某个文件中，这样就可以得到一个网页文件了。

MOL：是这样的，没错。只要把上面的代码稍加改造，就可以生成 HTML 文件。改造后的代码如下所示。

```
01  public void ProcessRequest(HttpContext context)
02  {
03      context.Response.ContentType = "text/html";
04      T_Merchant_TB merchant = T_Merchant_TB.GetTestModel();
05      VelocityEngine vltEngine = new VelocityEngine();
06      vltEngine.SetProperty(RuntimeConstants.RESOURCE_LOADER, "file");
07      string tmpPath = System.Web.Hosting.HostingEnvironment.MapPath
    ("~/htmlTemplate");
08       //模板文件所在的文件夹
09      vltEngine.SetProperty(RuntimeConstants.FILE_RESOURCE_LOADER_PATH,
    tmpPath);
10      vltEngine.Init();
11      VelocityContext vltContext = new VelocityContext();
12      //设置参数，在模板中可以通过$model 来引用
13      vltContext.Put("model", merchant);
14      Template vltTemplate = vltEngine.GetTemplate("AboutTemplate.html");
15      System.IO.StringWriter vltWriter = new System.IO.StringWriter();
16      vltTemplate.Merge(vltContext, vltWriter);
17      string html = vltWriter.GetStringBuilder().ToString();
18      #region 将生成的 HTML 字符串存放到 “测试页面.html” 中
19      string dir = @"D:\";
20      Directory.CreateDirectory(Path.GetDirectoryName(dir));
21      System.IO.File.WriteAllText(dir + "测试页面.html", html, Encoding.
    UTF8);
22      #endregion
23      context.Response.Write(html);
24  }
```

上面代码的黑体部分（第 18～22 行）就是把 HTML 报文字符串写入文件中。这几行代码没有任何技术难度。访问一下这个一般处理程序就会发现，D 盘根目录下已经存在“测试页面.html”这个页面了，这样一个简单的生成静态页面的功能就实现了。接下来要做的是看看上面的代码中，哪些代码是可以抽象出来的。

冲冲：如果把生成 HTML 页面的代码写到页面层，那就意味着会出现大量重复的代码。这块代码可以抽象成一个独立的函数。

MOL：OK，那你来把这个函数搞定。不仅要给出最后的代码，还要描述在编码的时候是怎么想的。时间是半小时。

冲冲马上投入了抽象函数的编码工作中……

十几分钟后，冲冲兴高采烈地告诉大家，抽象方法已经完成了。

冲冲：我抽象方法的时候是这样考虑的，先找哪些元素是需要输入的，再找哪些元素是需要输出的。用自然语言来描述就是，我要把**对象**传送到**模板**中，并且生成**文件**，文件要存放在某个**路径下**。其中，对象、模板、文件名、路径都是输入参数，而当前函数是可以没有输出的，所以没有输出页面。抽象出来的函数如下：

```
using NVelocity;
using NVelocity.App;
```

```
using NVelocity.Runtime;
using System.IO;
using System.Text;

namespace Elands.JinCard.Common
{
    public class NvelocityHelper
    {
        /// <summary>
        /// 根据传入的参数来生成静态页面
        /// </summary>
        /// <param name="templatePath">模板所在文件夹</param>
        /// <param name="templateName">模板名称</param>
        /// <param name="data">传入的对象</param>
        /// <param name="directory">输出静态页面所在的文件夹</param>
        /// <param name="htmlname">输出的页面的文件名（不包含后缀）</param>
        /// <returns></returns>
        public static string RenderHtml(string templatePath, string
templateName, object data,string directory, string htmlname)
        {
            VelocityEngine vltEngine = new VelocityEngine();
            vltEngine.SetProperty(RuntimeConstants.RESOURCE_LOADER, "file");
            string tmpPath = System.Web.Hosting.HostingEnvironment.MapPath
(templatePath);
            vltEngine.SetProperty(RuntimeConstants.FILE_RESOURCE_LOADER_
PATH, tmpPath);                    //模板文件所在的文件夹
            vltEngine.Init();

            VelocityContext vltContext = new VelocityContext();
            vltContext.Put("model", data);   //设置参数，在模板中可以通过$data
                                              来引用

            Template vltTemplate = vltEngine.GetTemplate(templateName);
            System.IO.StringWriter vltWriter = new System.IO.StringWriter();
            vltTemplate.Merge(vltContext, vltWriter);
            string html = vltWriter.GetStringBuilder().ToString();
            if (!Directory.Exists(directory))
            {
                Directory.CreateDirectory(directory);
            }
            System.IO.File.WriteAllText(directory + htmlname + ".html",
html, Encoding.UTF8);
            return html;
        }
    }
}
```

顺便说一下，因为这个生成 HTML 静态页面的函数是与业务逻辑无关的，所以我把它放在了 Elands.JinCard.Common 中。

MOL：在晋商卡项目中，有这个生成静态页面的方法就够用了。但在一些比较大型的项目中，这个函数就不够用了。因为有些页面需要的数据特别多，把单个对象传入模板就不够用了，这时我们可以多传一个字典到模板中，在模板中，读取字典。

字典中可以是简单数据类型，也可以是复杂的数据集合，甚至自定义对象也是可以的。这种情况下，模板中的代码示例如下：

```
#if($name)
<dt><strong>店名：</strong>$name</dt>
#else
```

传入模板的代码如下：

```
Dictionary<string, string> dic = new Dictionary<string, string>();
dic.Add("name ", "mol");
VelocityContext vltContext = new VelocityContext();
foreach (string key in dic.Keys)
{
    vltContext.Put(key,dic[key]);
}
```

这样比较容易看明白，我们给字典中增加一个键为 name，并把这个字典传入模板，在模板中，就可以通过$name 的方式来引用传入模板的值了。

接下来把上面生成静态页面的函数扩展一下，扩展后的函数如下：

```
01  /// <summary>
02  /// 根据传入的参数来生成静态页面
03  /// </summary>
04  /// <param name="templatePath">模板所在文件夹</param>
05  /// <param name="templateName">模板名称</param>
06  /// <param name="data">传入的对象</param>
07  /// <param name="directory">输出静态页面所在的文件夹</param>
08  /// <param name="htmlname">输出的页面的文件名（不包含后缀）</param>
09  /// <param name="dic">字典</param>
10  /// <returns></returns>
11  public static string RenderHtml(string templatePath, string
    templateName, object data,string directory, string
12  htmlname, Dictionary<string, string> dic)
13  {
14      VelocityEngine vltEngine = new VelocityEngine();
15      vltEngine.SetProperty(RuntimeConstants.RESOURCE_LOADER, "file");
16      string tmpPath = System.Web.Hosting.HostingEnvironment.MapPath
    (templatePath);
17      vltEngine.SetProperty(RuntimeConstants.FILE_RESOURCE_LOADER_PATH,
    tmpPath);                          //模板文件所在的文件夹
18      vltEngine.Init();
19
20      VelocityContext vltContext = new VelocityContext();
21      vltContext.Put("model", data);//设置参数，在模板中可以通过$data 来引用
22      foreach (string key in dic.Keys)
23      {
24          vltContext.Put(key, dic[key]);
25      }
26      Template vltTemplate = vltEngine.GetTemplate(templateName);
27      System.IO.StringWriter vltWriter = new System.IO.StringWriter();
28      vltTemplate.Merge(vltContext, vltWriter);
29      string html = vltWriter.GetStringBuilder().ToString();
```

```
30      if (!Directory.Exists(directory))
31      {
32         Directory.CreateDirectory(directory);
33      }
34      System.IO.File.WriteAllText(directory + htmlname + ".html", html,
   Encoding.UTF8);
35      return html;
36  }
```

MOL：页面静态化的内容就讲完了，大家思考一下，页面静态化的工作需要在什么时候完成？

刘朋：在网站发布之前就先生成静态页面，然后一并发布。

MOL：很多电商网站在上线的时候其实并没有现成的商品，那么页面静态化是不是就不能做了呢？再想想。

冲冲：添加商品的时候，把商品页面静态化。

MOL：这个思路还比较靠谱。我们前面还说过，电商网站是会搞活动的。意味着搞活动时的静态页面和平常的静态页面肯定是不一样的，这时候应该怎么办？

冲冲：先把商品删除，再新增？

鹏辉：这样不太好吧。我觉得应该是商品详情发生改变的时候，就生成静态页面。比如新增、编辑这两种操作的时候，先把修改后的数据写入数据库，然后再生成静态页面。

MOL：总结得非常好，静态页面存在的意义是让用户更快地访问到数据，那么一定是在数据有变化的时候就生成静态页面，这样才能准确地将变化后的数据反映给用户。

6.6.3 静态页面带来的问题

页面静态化的技术可以让很多页面都不用去读取数据库信息，这样就可以节省服务器上宝贵的 CPU 和 I/O 资源。但也会带来一些让我们不习惯的编码方式。

在 MVC 里经常使用下面的代码来指定一个表单（Form）。

```
@using (Html.BeginForm("Action", "Controller", FormMethod.Post))
{
表单主体
}
```

而在静态页面里就不能把 MVC 的代码写进去。这种情况下就需要使用最原始的 HTML 中的表单来实现表单功能。例如：

```
<form method="post" action="/控制器/Action">
表单主体
</form>
```

除此之外，静态页面是无法获取 Session 的，所以如果静态页面有对 Session 的依赖，就需要把 Session 信息也写入页面中，通过表单提交或 AJAX 的方式来对 Session 信息进行验证。

6.7　CDN 的加入会大大减少服务器的压力

作为一个“码农”，会使用缓存、会使用页面静态化，就可以胜任很多的优化工作了。接下来要提到的 CDN 并不属于编码的范畴。

关于 CDN（Content Delivery Network，内容分发网络）的概念，网络上有很多解释，但基本都不是我们想要的，因为那些专业的解释并不能帮助我们理解它。接下来，MOL 要让你们自己说出 CDN 的定义，也许你们从来没有听说过这个词。

前面的章节中，我们把一些可静态化的页面做成静态页面，当用户在访问网站的时候，Web 服务器就直接把静态页面返回给用户。这样可以节省大量 CPU 和内存。但 Web 服务器还是要处理请求，并返回相应的页面。假如有这样一种机制，当有用户发起请求的时候，这个请求还是静态资源，Web 服务器就不接受这样的请求，这样 Web 服务器就会节省更多的 CPU 和内存。

还记得计算机界的一句名言吗：

计算机科学领域的任何问题都可以通过增加一个间接的中间层来解决。

Any problem in computer science can be solved by anther layer of indirection.

如果在 Web 服务器的前面还存在一台服务器 A，这台服务器用来检测用户请求的资源是否静态资源，服务器 A 上存放着大量的静态资源。如果用户访问的是静态资源，那么服务器 A 直接从自己的存储中返回相应的页面；如果用户访问的是动态资源，那么服务器 A 把这个请求转发给 Web 服务器，流程如图 6-34 所示。

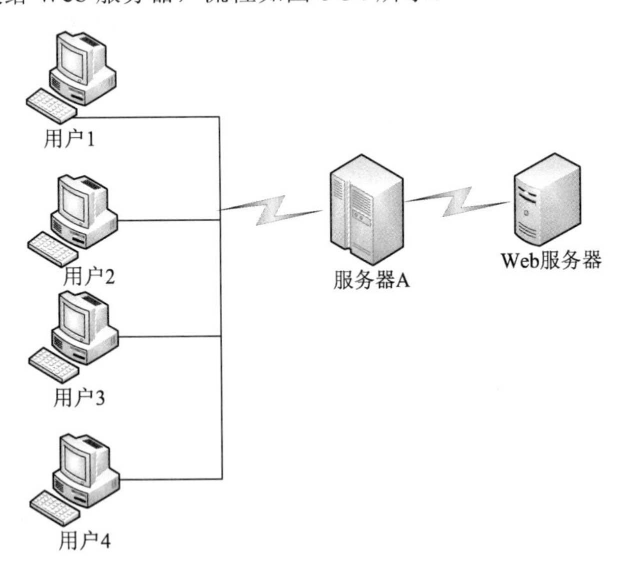

图 6-34　添加一层代理服务器

图 6-32 中的服务器 A 就是 CDN 服务器。好了，现在大家自己总结一下，CDN 是干什么用的。

鹏辉：CDN 上存放的是静态资源或变化不频繁的资源。

冲冲：CDN 服务器还有转发的功能。

刘鹏：他们把我想说的都说完了……

MOL：其实 CND 的定义挺复杂的，不过大家总结的已经非常好了，而且在实际的项目中，我们也只需要知道这两点就可以了。

可以看到，这个 CDN 服务器接收到用户请求以后，会有一个转发的动作（如果在 CDN 服务器上没有需要返回的资源），也就是说，Web 服务器收到的请求 IP 都是 CDN 服务器的 IP，这样的话，各位程序员就需要注意了，我们通常会把用户请求的 IP 保存下来并放在数据库中，使用的代码是：

```
用户 IP=Request.UserHostAddress;
```

这样保存以后，再查看一下数据库会发现，数据库里的用户 IP 全部都是 CDN 的 IP。如果想要得知用户 IP 应该怎么做呢？

CDN 在转发用户请求的时候，会把用户原始的 IP 放到 HTTP 头部，Web 服务器在获取用户 IP 的时候也需要从 HTTP 头部获取，代码如下：

```
//获取 HTTP 头部的用户原始 IP
String userIP = Request.Headers["Cdn-Src-Ip"];
//如果没有获取到，说明当前请求不是从 CDN 过来的，直接获取请求 IP 即可
if(userIP == null)    {
   userIP = Request.UserHostAddress;
}
```

除此之外，大家不并关心 CDN 的存在，按已有的逻辑进行编码即可。

6.8 小　　结

其实缓存是一种思想，大到项目架构，小到程序实现，都有缓存的影子。举个最常见的例子，我们都知道 SQL 的全称是结构化的查询语言，如果在程序中写 SQL 语句的话，通常会这样写：

```
String sqlStr="Select username from t_customer_tb where userid=:userid; "
```

而不是

```
String sqlStr="Select username from t_customer_tb where userid="+userid;
```

这两个 SQL 语句看起来一样，但是实际上数据库拿到这两个 SQL 语句的时候，执行策略是不一样的。由于第 2 个 SQL 语句是一个确定的 SQL 语句，所以数据库是先编

译再执行。而第 1 个 SQL 语句是一个参数化的 SQL 语句，所以数据库会先查询一下缓存中是否有这样的语句已经执行过，如果有则直接执行，不需要编译了。这就是一种缓存的思想。

本章我们主要讲述了缓存的使用方法，先介绍了微软的 Cache，接着又自己实现了缓存，然后又介绍了第三方缓存，介绍完缓存以后，我们还把缓存进行了抽象，最后介绍了页面的静态化和 CDN。总之，本章的目的就是为了更少地访问数据库，更多地节省服务器资源！

第 7 章　程序员眼中的前端

前面所有的章节中，基本上都是围绕 C#来讲代码架构的，不知大家是否看得出来 MOL 一直在回避有关前端的问题。这是因为有非常优秀的前端工程师已经帮我们做好了大部分工作，而且他们的输出产物为 HTML 文件。有了这些 HTML 页面，程序员就不需要去关心 HTML 页面的实现。这是一个非常理想的工作状态。

有些时候理想很丰满，现实却很骨感。这不，搞前端的同事要回家结婚了，所以接下来的这一个月，公司将处于没有前端的状态。这是一件很让人头疼的事情。因为其他人无法顶上前端的这个职位，所以 MOL 只能硬着头皮上了。

鹏辉：咱们的晋商卡后台可是一点都没动啊，没有前端怎么破？

冲冲：我最怕写 HTML 和 CSS 了，我可是一点美术细胞都没有呀！（刘朋抓狂中……）

MOL：其实我对前端也不太懂。（众皆倒）

MOL：众爱卿莫慌，把我们的口号喊出来先！

众：懒人无敌！

MOL：我们要发挥懒人的精神，在前端空缺的时候，身体力行地把这个职位的工作责任担起来！

刘朋：莫非有什么宝贝？

MOL：你这样一说，让我有一种身体要被掏空的感觉啊。

接下来 MOL 要介绍一些前端框架，通过使用这些框架，可以使在座的每个人都可以简单地写出漂亮的页面。先贴合我们的实际情况来介绍。

比较幸运的是，我们的用户端页面都已经完成并且上线了，所以我们要做的页面也只是管理端页面。

刘朋：为啥幸运呢？

MOL：首先，管理端页面是给管理员用的，受众群体比较小，万一出问题，影响也比较小；其次，管理端的风格要求是简单、大方，而不是像用户端界面一样丰富，所以难度会比较小一些。

所以呢，我们对前端框架的要求就是 4 个字：简单、大方。

7.1　常见的前端框架

先来解释一下什么是前端框架。一提到前端，可能大家最先想到的就是 DIV+CSS，曾几何时，DIV+CSS 一度非常流行，被奉为前端界的一杆大旗。因为，如果一个前端程序员不会 DIV+CSS 的话，那么他就基本上没法在业内干下去。

随着网络技术的发展，DIV+CSS 似乎已经成为了一个家喻户晓的技术。虽然 DIV+CSS 的红旗屹立不倒，但是很多彩旗已经开始迎风招展了。这些飞扬的彩旗已经有了各自的技术用户群体。

下面以弹出对话框为例，来说明什么是前端框架。

在最原始的 HTML 页面中，要想实现一个提示信息弹出框，就只能调用 JavaScript 提供的 alert 方法，效果如图 7-1 所示。

图 7-1　alert 效果（chrome 和 IE）

如果是确认信息弹出框，就需要调用 JavaScript 提供的 confirm 方法来实现，实现效果如图 7-2 所示。

图 7-2　confirm 效果（chrome 和 IE）

如果用户需要在弹出框中输入信息，那么需要调用 JavaScript 提供的 prompt 来实现，实现效果如图 7-3 所示。

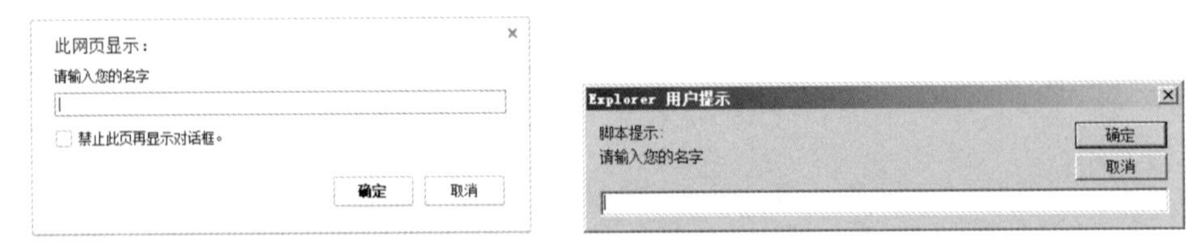

图 7-3　prompt 效果（chrome 和 IE）

有没有感觉很丑陋？而且它们在各个浏览器中的展示效果是不一样的。这就很让人头疼了。

后来，聪明的程序员就在思考了：既然 JavaScript 弹出框在各个浏览器中的表现不一致，能不能不用 JavaScript 弹框，而用别的方式来替代呢？于是有人就利用 CSS 样式来实现弹出框，其实原理非常简单。先在页面中放置一个隐藏的 DIV 容器，分设这个 DIV 容器叫 DIVContainer，当需要弹出框的时候，就把这个隐藏的 DIVContainer 显示在页面的正中间，然后在 DIVContainer 后面再增加一个透明度为 50%的 DIV，假设这个 DIV 叫 DIVMask。设置 DIVContainer 为最上层，DIVMask 次之，这样 DIVMask 就把其他非 DIVContainer 的控件全部遮挡住了，看起来就像是把 DIVContainer 弹出来一样。在 DIVContainer 中，可以有提示文字、输入框，然后再加上按钮，这样就实现了弹出框的效果。

先来看实现方法：

```
<!DOCTYPE>
<html>
<head>
<meta http-equiv="Content-Type" content="text/html; charset=gb2312">
<title>测试弹框</title>
<script>
function alertMsg()
{
//获取容器
var divContainer=document.getElementById("divContainer");
//让容器显示出来
divContainer.style.display="block";
//获取蒙板
var divMask=document.getElementById("divMask");
//让蒙板显示出来
divMask.style.display="block";
}
function closeMsg()
{
//获取容器
var divContainer=document.getElementById("divContainer");
//让容器显示出来
divContainer.style.display="none";
//获取蒙板
var divMask=document.getElementById("divMask");
//让蒙板显示出来
divMask.style.display="none";
}
</script>
</head>

<body>

<fieldset style="z-index:1;">
<legend>测试弹框</legend>
```

```
<input type="button" onclick="alertMsg();" value="弹出提示框" />
<input type="button" onclick="firmMsg();" value="弹出确认框" />
<input type="button" onclick="promptMsg();" value="弹出输入框" />
</fieldset>
<p>
后来，聪明的程序员就在思考了。既然 JS 弹框在各个浏览器中的表现不一致，那能不能不用 JS
弹框，用别的方式来替代呢？于是，有人就利用 CSS 样式来实现弹框。其实原理非常简单。先在页
面中放置一个隐藏的 DIV 容器，分设这个 DIV 容器叫 DIVContainer，当需要弹框的时候，就把
这个隐藏 DIVContainer 显示在页面的正中间，然后在这个 DIVContainer 后面再加一个透明
度为 50%的 DIV，假设这个 DIV 叫 DIVMask。设置 DIVContainer 为最上层，DIVMask 次之，
这样，DIVMask 就把其他非 DIVContainer 的控件全部遮挡住了。看起来就像是把
DIVContainer 弹出来一样。在 DIVContainer 中，可以定提示文字，也可以写输入框，再加上
按钮，就实现了弹框的效果。
</p>
<div
style="z-index:999;display:none;width:200px;height:200px;float:left;pos
ition:absolute;left:200px;top:200px;background-color:red;"
id="divContainer">
这是一个提示消息！
<input type="button" onclick="closeMsg();" value="点我关闭" />
</div>
<div                                                    id="divMask"
style="z-index:998;display:none;filter:alpha(opacity=50);opacity:0.5;wi
dth:100%;height:100%;background-color:gray;
left:10px;top:10px;float:left;position:absolute;" />
</body>
</html>
```

实现效果如图 7-4 所示。

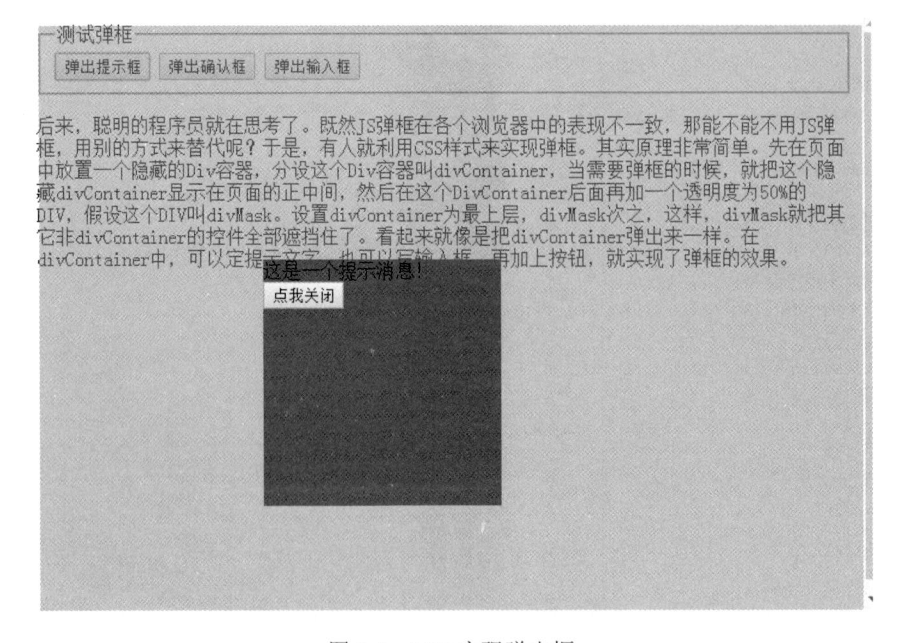

图 7-4　DIV 实现弹出框

刘朋：咦……这不是更丑陋吗？

MOL：丑陋的原因是没有进行 CSS 美化，加上美化效果以后，这个弹出框会非常漂亮。这个例子要说明的是，我们可以控制弹出框的大小、位置和内容，比 JavaScript 弹出框要灵活得多。更重要的是，这个弹出框在各个浏览器中的表现形式是一样的。

这种弹出框已经算是一个意义重要的突破了。其实各个前端框架中的弹出框都是这样实现的。不同的是，在前端框架中，这个弹出框的 CSS 样式会非常复杂，表现形式也更漂亮、更多元化。

接下来我们以 EasyUI 框架举例，来看看 EasyUI 中的弹出框是什么样的。

EasyUI 中的确认框如图 7-5 所示。

图 7-5　EasyUI 中的确认框

代码实现如下：

```
<!DOCTYPE html>
<html>
<head>
    <meta charset="UTF-8">
    <title>Interactive Messager - jQuery EasyUI Demo</title>
    <link rel="stylesheet" type="text/css" href="../../themes/default/
easyui.css">
    <link rel="stylesheet" type="text/css" href="../../themes/icon.css">
    <link rel="stylesheet" type="text/css" href="../demo.css">
    <script type="text/javascript" src="../../jquery.min.js"></script>
    <script type="text/javascript" src="../../jquery.easyui.min.js"></script>
</head>
<body>
    <h2>Interactive Messager</h2>
    <p>Click on each button to display interactive message box.</p>
    <div style="margin:20px 0;">
        <a href="#" class="easyui-linkbutton" onclick="confirm1();">确认
</a>
    </div>
    <script>
        function confirm1(){
            $.messager.confirm('My Title', 'Are you confirm this?', function(r){
```

```
                    if (r){
                        alert('confirmed: '+r);
                    }
                });
            }
        </script>
    </body>
    </html>
```

可以看到，使用了前端框架以后，做一个漂亮的弹出框只需要一个$.messager.confirm语句。

总结一下，前端框架的出现大大减少了前端代码的开发量，也使得更多的人可以很简单地使用框架做出很漂亮的页面。使用这些框架，并不会对开发人员的前端基础有很高的要求。

其实，我们的晋商卡的管理端前端，就是使用 EasyUI 这个框架来实现的。

7.2 尝试 EasyUI

之所以把 EasyUI 放在最前面来讲，是因为它的入门确实相对比较简单，而且我们的项目中也真实地用到了这个框架。从名字上来看，这个框架突出一个 easy。

刘朋：妈妈再也不用担心我不会写前端了！

众：呵呵。

EasyUI 是基于 jQuery 的一个前端框架，完美支持 HTML 5；它虽然简单，但是功能强大到令人发指，程序员只需要写很少的代码，就可以实现很多漂亮的界面。

鹏辉：接下来是要讲 jQuery 吗？

MOL：作为一个 Web 程序员，jQuery 是基本功。如果有谁不会，先拖出去打 50 大板，然后自己在三天之内学会 jQuery。

7.2.1 基础框架

要使用 EasyUI，必须引用 jQuery，并且引用 EasyUI 的基础文件。代码如下：

```
<link href="~/Content/Easyui/themes/default/easyui.css" rel="stylesheet"
/>
<link href="~/Content/Easyui/themes/icon.css" rel="stylesheet" />
<script src="~/Scripts/jquery-1.8.0.min.js"></script>
<script src="~/Scripts/Easyui/jquery.easyui.min.js"></script>
<script src="~/Scripts//Easyui/easyui-lang-zh_CN.js"></script>
```

需要注意的是，jQuery 最好使用 EasyUI 里带的 jQuery，因为其他版本的 jQuery 有可能和 EasyUI 不兼容。这里 MOL 没有使用 EasyUI 自带的 jQuery，是因为我们在页面中需要处理一些表单方面的工作，还需要另外一个 jQuery 插件，这个插件 EasyUI 并没有提供。而且 jQuery 1.8.0 这个版本和 EasyUI 的兼容性还是挺不错的。

接下来会先搭一个主体框架，这个框架里包含左侧菜单、右上角退出按钮。当管理员选择菜单时，页面主体部分会增加一个选项卡用来显示当前菜单，这些选项卡是支持右键快捷菜单的，效果如图 7-6 所示。

图 7-6　EasyUI 后台框架示意图

这个页面可以分为以下 3 大块来做。

- 页面项端的标题和退出功能；
- 页面左边的菜单；
- 页面右边“占地面积”最大的页面主体。

这 3 大块功能需要分开实现。先看第一块功能。第一块页面包含网站名称 、欢迎信息、退出功能这 3 个小部分。先从 EasyUI 官网（http://www.jeasyui.com/download/index.php）上下载最新版本的 EasyUI，下载完成以后的文件列表如图 7-7 所示。

名称	修改日期	类型	大小
demo	2016/7/31 22:11	文件夹	
demo-mobile	2016/7/31 22:11	文件夹	
locale	2016/7/31 22:11	文件夹	
plugins	2016/7/31 22:24	文件夹	
src	2016/7/31 22:14	文件夹	
themes	2016/7/31 22:11	文件夹	
changelog.txt	2016/7/19 14:40	文本文档	31 KB
easyloader.js	2016/7/31 22:10	JScript Script...	7 KB
jquery.easyui.min.js	2016/7/31 22:10	JScript Script...	401 KB
jquery.easyui.mobile.js	2016/7/31 22:10	JScript Script...	5 KB
jquery.min.js	2015/6/18 10:18	JScript Script...	94 KB
license_freeware.txt	2015/10/26 10:31	文本文档	2 KB
readme.txt	2016/7/31 22:03	文本文档	1 KB

图 7-7　EasyUI 文件列表

图 7-7 中被框起来的文件都是要放到项目中的，为了让项目中的文件规划比较整齐，所以要把 JavaScript 文件放到 Scripts/EasyUI 下面，把样式文件放到 Content/Easyui 下面。

PS：除了 themes 之外，其他的文件夹都是 JavaScript 文件。

1．页面顶端

新建控制器、创建视图之类的操作，MOL 在这里就不多说了。总之，我们能得到一个前端页面。在我们的项目中，控制器是 AdminLoginController，视图是 Index。

创建好视图以后，在视图中引用 EasyUI 的基础文件，引用完成以后，代码如下：

```
<!DOCTYPE html>
<html>
<head>
    <meta name="viewport" content="width=device-width" />
    <title>欢迎使用晋商卡后台管理系统</title>
    <link href="~/Content/Easyui/themes/default/easyui.css" rel=
"stylesheet"/>
    <link href="~/Content/Easyui/themes/icon.css" rel="stylesheet" />
    <script src="~/Scripts/Easyui/jquery.min.js"></script>
    <script src="~/Scripts/Easyui/jquery.easyui.min.js"></script>
</head>
<body>
</body>
</html>
```

接下来要用到的是 EasyUI 中的 Layout 布局。EasyUI 中的 Layout 布局分为东、南、西、北、中 5 个部分，与我们平常熟知的“上北下南，左西右东”是一致的，布局效果如图 7-8 所示。

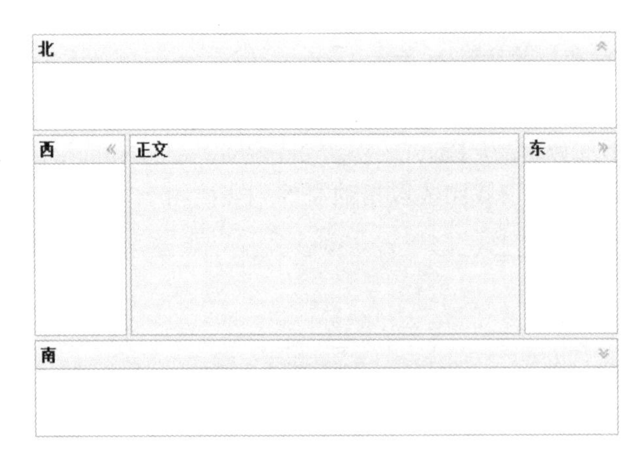

图 7-8　EasyUI 的 Layout 布局

除了正文部分，其他的 4 个方位都是可以省略的。

再回到项目中，页面顶端的内容就是占用了北方向上的部分，如图 7-9 所示。

图 7-9　页面顶端

如果是前端的程序员来做的话，一定会把这个页面顶端做一个详细的切图。由于前端的知识不是本书讲的重点，所以我们用 HTML 代码来描述页面顶端的实现。在介绍实现方法以前，MOL 要告诉大家一个写 HTML 的原则。尽管使用 table 标签进行布局会显得比较简单，但在项目中是禁止这样做的。因为加载 DIV 相比加载 table 要快很多，而且控制起来比较灵活。下面是页面顶端的 HTML 代码：

```
<div region="north" split="true" border="false" style="overflow: hidden;
height: 30px;
    background: url(../../images/layout-browser-hd-bg.gif) #7f99be repeat-
x center 50%;
    line-height: 20px;color: #fff; font-family: Verdana, 微软雅黑,黑体">
    <span style="float:right; padding-right:20px;" class="head">欢迎使用晋
商卡后台管理系统 <a href="#" id="editpass" style="display:none;">修改密码</a>
<a href="#" id="loginOut">安全退出</a></span>
    <span style="padding-left:10px; font-size: 16px; "><img src= "~/images/
logo.png" width="20" height="20" align="absmiddle" /> 晋商卡</span>
</div>
```

可以看到，我们需要先声明一个 DIV，并且给它一个 region 属性，属性值是 north，表示当前 DIV 是位于最上面的。DIV 里面就是内容了，这里使用两个 span 来放置顶部内容。大家可以放置自己喜欢的内容至 DIV 里。

PS: 可能大家会对 region 属性比较困惑，因为 region 属性本身并不是一个标准的 HTML 属性，它是为了在 EasyUI 中更方便地布局而存在的。

2. 页面左侧菜单

刘朋：总体布局应该怎么写？

鹏辉：是啊，突然来一个顶部的代码，让宝宝很慌啊。

MOL：之所以不按套路出牌，是因为我们需要先知道有 region 这个属性，然后由大家来猜，整体布局应该怎么做。

冲冲：根据“上北下南，左西右东”的原则来猜测，我觉得整体布局应该是下面的代码。

```
<body>
    <div region="north">
        上北
    </div>
    <div region="south">
        下南
    </div>
    <div region="west">
        左西
```

```
        </div>
        <div region="east">
            右东
        </div>
        <div region="center">
            中神通
        </div>
    </body>
```

MOL：没错，猜得非常准确，只是漏掉了一个非常重要的元素。大家来想一下，冲冲所说的“上北下南，左西右东”的布局，一定是需要在 EasyUI 的总体布局容器中来生效的。也就是说，所有的 region 一定要在 EasyUI 的容器中才能实现布局的交果，否则，region 属性将不会被解析。

HTML 中的容器非常神奇，你可以只要可以包含子元素的标签，都可以作为容器来使用。常见的容器有 DIV、UL 等。所有的这些容器又被包含在 HTML 的 body 中。也就是说，body 是一个最大的容器。那么我们就把 body 作为 EasyUI 的布局容器来编码，只需要将 body 节点声明为一个 EasyUI 的布局容器就可以了。修改后的代码如下：

```
<body class="easyui-layout">
    <div region="north">
        上北
    </div>
    <div region="south">
        下南
    </div>
    <div region="west">
        左西
    </div>
    <div region="east">
        右东
    </div>
    <div region="center">
        中神通
    </div>
</body>
```

可以看到，只需要在 body 节点增加 class="easyui-layout"就可以让 body 变成一个 EasyUI 布局的容器。当然，在真实的项目中（如我们当前的晋商卡项目），不仅需要声明容器，还需要给容器增加一些样式。在晋商卡项目中，真实的布局如下：

```
<html xmlns="http://www.w3.org/1999/xhtml">
<head id="Head1">
    <title>晋商卡后台管理系统</title>
    <link href="~/Content/default.css" rel="stylesheet" />
    <link href="~/Content/Easyui/themes/default/easyui.css" rel="stylesheet" />
    <link href="~/Content/Easyui/themes/icon.css" rel="stylesheet" />
    <script src="~/Scripts/js/jquery-1.4.2.min.js"></script>
    <script src="~/Scripts/js/jQuery.easyui.js"></script>
</head>
```

```
<body class="easyui-layout" style="overflow-y: hidden" scroll="no">
    <noscript>
        <div style="position:absolute; z-index:100000; height:2046px;top:
0px;left:0px; width:100%; background:white; text-align:center;">
            <img src="images/noscript.gif" alt='抱歉，请开启脚本支持！' />
        </div>
    </noscript>
    <div region="north" split="true" border="false" style="overflow: hidden;
height: 30px;
        background: url(../../images/layout-browser-hd-bg.gif) #7f99be repeat-
x center 50%;
        line-height: 20px;color: #fff; font-family: Verdana, 微软雅黑,黑体">
        <span style="float:right; padding-right:20px;" class="head">欢迎使
用晋商卡后台管理系统 <a href="#" id="editpass" style="display:none;">修改密码
</a> <a href="#" id="loginOut">安全退出</a></span>
        <span style="padding-left:10px; font-size: 16px; "><img src="~/images/
logo.png" width="20" height="20" align="absmiddle" /> 晋商卡</span>
    </div>
    <div region="south" split="true" style="height: 30px; background:
#D2E0F2; ">
        <div class="footer"></div>
    </div>
    <div region="west" split="true" title="导航菜单" style="width:180px;"
id="west">
        <div class="easyui-accordion" fit="true" border="false">
        </div>
    </div>
    <div id="mainPanle" region="center" style="background: #eee; overflow-
y:hidden">
        <div id="tabs" class="easyui-tabs" fit="true" border="false">
            <div title="欢迎使用" style="padding:20px;overflow:hidden;" id=
"home">
                <h1>欢迎使用晋商卡后台管理系统</h1>
            </div>
        </div>
    </div>
    <!--修改密码窗口-->
    <div id="w" class="easyui-window" title="修改密码" collapsible="false"
minimizable="false"
        maximizable="false" icon="icon-save" style="width: 300px; height:
150px; padding: 5px;
        background: #fafafa;">
        <div class="easyui-layout" fit="true">
            <div region="center" border="false" style="padding: 10px;
background: #fff; border: 1px solid #ccc;">
                <table cellpadding=3>
                    <tr>
                        <td>新密码：</td>
                        <td><input id="txtNewPass" type="Password" class=
"txt01" /> </td>
                    </tr>
                    <tr>
                        <td>确认密码：</td>
```

```
                        <td><input id="txtRePass" type="Password" class=
"txt01" /></td>
                    </tr>
                </table>
            </div>
            <div region="south" border="false" style="text-align: right;
height: 30px; line-height: 30px;">
                <a id="btnEp" class="easyui-linkbutton" icon="icon-ok" href=
"javascript:void(0)">
                    确定
                </a> <a class="easyui-linkbutton" icon="icon-cancel" href=
"javascript:void(0)"
                        onclick="closeLogin()">取消</a>
            </div>
        </div>
    </div>
    <div id="mm" class="easyui-menu" style="width:150px;">
        <div id="mm-tabclose">关闭</div>
        <div id="mm-tabcloseall">全部关闭</div>
        <div id="mm-tabcloseother">除此之外全部关闭</div>
        <div class="menu-sep"></div>
        <div id="mm-tabcloseright">当前页右侧全部关闭</div>
        <div id="mm-tabcloseleft">当前页左侧全部关闭</div>
        <div class="menu-sep"></div>
        <div id="mm-exit">退出</div>
    </div>
</body>
</html>
```

这一大堆代码看起来非常繁杂，但大家千万不要被这繁杂的外表所吓倒。其实这一堆代码就是对“上北下南，左西右东”的扩展。大家如果不信，可以把这一堆代码放在 Visual Studio 中查看，效果如图 7-10 所示。

```
107  <body class="easyui-layout" style="overflow-y: hidden" scroll="no">
108  <noscript>...</noscript>
113      <div region="north" split="true" border="false" style="overflow: hidden; height: 30px;      上北
114          background: url(../../images/layout-browser-hd-bg.gif) #7f99be repeat-x center 50%;
115          line-height: 20px;color: #fff; font-family: Verdana, 微软雅黑,黑体">
116          <span style="float:right; padding-right:20px;" class="head">欢迎使用晋商卡后台管理系统 <a href="#" id="editpass" style="display:none;">修改密码</a>
117          <span style="padding-left:10px; font-size: 16px; "><img src="~/images/logo.png" width="20" height="20" align="absmiddle" /> 晋商卡</span>
118      </div>
119      <div region="south" split="true" style="height: 30px; background: #D2E0F2; ">      下南
120          <div class="footer"></div>
121      </div>
122      <div region="west" split="true" title="导航菜单" style="width:180px;" id="west">      左西
123          <div class="easyui-accordion" fit="true" border="false">
124              <!--  导航内容 -->
125
126          </div>
127
128      </div>
129      <div id="mainPanle" region="center" style="background: #eee; overflow-y:hidden">      中神通
130          <div id="tabs" class="easyui-tabs" fit="true" border="false">
131              <div title="欢迎使用" style="padding:20px;overflow:hidden;" id="home">
132
133                  <h1>欢迎使用晋商卡后台管理系统</h1>
134
135              </div>
136          </div>
137      </div>
138      <!--修改密码窗口-->
139      <div id="w" class="easyui-window">...</div>
163      <!--右键菜单-->
164      <div id="mm" class="easyui-menu">...</div>
174
```

图 7-10　Visual Studio 中展示的 HTML 布局结构

将本页面运行起来，在浏览器中展示的效果如图 7-11 所示。

图 7-11　后台管理界面运行示意图

再回到我们的话题——页面左侧的导航菜单是怎么实现的。

晋商卡项目中的左侧菜单是二级菜单，如图 7-11 中所示，“用户管理”为第一级菜单，“浏览用户”和“等级管理”是第二级菜单。大家来想一想，如何用程序或数据来描述这种二级结构呢？

刘朋：一级菜单是主表，二级菜单是子表，这样就可以了吧。

MOL：OK，这是一种在数据结构层面描述的方式，而且这种描述是可以解决当前需求的。我们只需要建立两张表，T_MenuParent_TB 表描述一级菜单，T_MenuChild_TB 表描述二级菜单。这样的数据关系非常清楚，而且对于代码编写也是比较方便的。但是如果有一天用户说菜单要变成三级菜单，也就意味着我们需要再新加一张表 T_MenuChild Child_TB 来描述三级菜单，这不仅是数据库级别的变动，而且也会大量地修改现有的代码逻辑。如果用户要变成五级菜单，那就需要再建一个 T_MenuChildChildChildC 表来描述四级菜单，T_MenuChildChildChildChild_TB 表来描述五级菜单。这将是一件非常头疼的事情。

我们再来想一下还有没有其他的解决办法。

冲冲：按照刘朋的思路，需要建立两张表结构一模一样的表来存放菜单信息，其实可以只建一张表 T_Menu_TB 来描述所有的菜单，在这个基础上，新增一个字段 parentId 来描述当前菜单的父菜单，这样就不怕用户的需求变更了，别说五级菜单了，N 级菜单都不需要修改数据库。

MOL：非常好，就是这个意思。不管在设计数据库还是设计程序的时候，都要想想可扩展性，这样就可以变相地保护自己的劳动成果了。

按照冲冲的思路设计出来的数据库表如图 7-12 所示。

列名	数据类型	允许 Null 值
MenuID	bigint	☐
MenuName	nvarchar(MAX)	☐
MenuUrl	nvarchar(MAX)	☐
CreateDate	datetime	☐
CreateIP	varchar(100)	☑
UpdateDate	datetime	☐
DeleteFlag	int	☐
OrderBy	int	☐
Remark	varchar(MAX)	☐
ParentId	bigint	☑
		☐

图 7-12　菜单表结构

在表 7-12 中定义了菜单名称和对应的链接，在最后定义了字段 ParentId，用来描述当前菜单的父级菜单。

这样我们就可以创建几个菜单，用来描述图 7-11 中的“用户管理”了。首先，“用户管理”是一级菜单，它是没有父级菜单的。所以它的 ParentId 为 null，而子菜单的 ParentId 是指向“用户管理”菜单的，数据如图 7-13 所示。

MenuID	MenuName	MenuUrl	CreateDate	CreateIP	UpdateDate	DeleteFlag	OrderBy	Remark	ParentId
1	用户管理		2017-03-19 1...	NULL	2017-03-19 1...	0	0	用户管理菜单	NULL
2	浏览用户	/CustomerMa...	2017-03-19 1...	NULL	2017-03-19 1...	0	0	浏览用户菜单	1
3	等级管理	/CustomerMa...	2017-03-19 1...	NULL	2017-03-19 1...	0	0	等级管理菜单	1
NULL	NULL	NULL	NULL	NULL	NULL	NULL	NULL	NULL	NULL

图 7-13　用户管理及其子菜单

还有一种主流的数据存储方式。我们闭上眼睛想象一个虚拟的根级菜单“根菜单”，有了这个根级菜单以后，再把其他的菜单都挂在这个根级菜单下。当然，这个根级菜单是不显示在页面上的。数据如图 7-14 所示。

MenuID	MenuName	MenuUrl	CreateDate	CreateIP	UpdateDate	DeleteFlag	OrderBy	Remark	ParentId
1	用户管理		2017-03-19 1...	NULL	2017-03-19 1...	0	0	用户管理菜单	6
2	浏览用户	/CustomerMa...	2017-03-19 1...	NULL	2017-03-19 1...	0	0	浏览用户菜单	1
3	等级管理	/CustomerMa...	2017-03-19 1...	NULL	2017-03-19 1...	0	0	等级管理菜单	1
6	根菜单		2017-03-19 1...	NULL	2017-03-19 1...	0	0	根菜单	NULL
NULL	NULL	NULL	NULL	NULL	NULL	NULL	NULL	NULL	NULL

图 7-14　另一种存储菜单的方式

这样做的好处是，除“根菜单”之外的其他菜单都是可以找到父亲（父节点）菜单的，很多处女座的程序员都比较倾向于这种方式。在“晋商卡”项目中，我们将采取第一种数据存储的方式。

我们把所有的菜单都存储在一张表中，在查询的时候，就需要采用“自连接”的查询方式。例如，查询“用户管理”及其子菜单的 SQL 语句如下：

```
select parent.menuname as 父菜单名称,child.menuname as 子菜单名称,child.
menuurl as 子菜单链接 from t_menu_tb parent
left join t_menu_tb child on parent.menuid=child.parentid
where parent.menuid=1
```

得到结果如图 7-15 所示。

	父菜单名称	子菜单名称	子菜单链接
1	用户管理	浏览用户	/CustomerManager/CustomerIndex
2	用户管理	等级管理	/CustomerManager/GradeIndex

图 7-15　自连接查询子菜单

到这里为止，我们解决了菜单如何存放在数据库中的问题。接下来就要把这些菜单数据传给前端并展示。又到了大家“烧脑”的时候了，来想一下，如何把菜单数据显示在前端。

刘朋：我需要定义一个新类，这个类包含两个属性，CurrentMenu 用来描述本级菜单，Child 用来描述子菜单，定义如下：

```
/// <summary>
/// 扩展的菜单实体
/// </summary>
public class T_Menu_TB_Ext
{

    public IT_Menu_TBService menuBll { get; set; }
    /// <summary>
    /// 本级菜单
    /// </summary>
    public T_Menu_TB CurrentMenu { get; set; }
    public T_Menu_TB_Ext(T_Menu_TB input)
    {
        this.CurrentMenu = input;
    }
    /// <summary>
    /// 子菜单
    /// </summary>
    public List<T_Menu_TB> Child
    {
        get
        {
            //返回 parentid 为当前菜单主键的菜单，即为当前菜单的子菜单
            return menuBll.GetListByPageBase(t => t, t => t.ParentId ==
this.CurrentMenu.MenuID, t => t.MenuID, true).ToList();
        }
    }
}
```

前端展示的时候，只需要拿到父菜单对应的 T_Menu_TB_Ext 实体，然后再拿到对应的子菜单就可以展示了。后端获取父菜单展示如下：

```
public ActionResult leftmenuIndex()
{
    var customerMenuParent = menuBll.GetModel(1);
    T_Menu_TB_Ext currentMenu = new T_Menu_TB_Ext(customerMenuParent);
    return View(currentMenu);
}
```

前端展示如下：

```
<ul>
    <li>@Model.CurrentMenu.MenuName
    <br />
    <ul>
        @foreach (var child in Model.Child)
        {
            <li>
                <a href="@child.MenuUrl">@child.MenuName</a>
            </li>
```

```
        }
    </ul>
    </li>
</ul>
```

鹏辉：可以啊，前后通吃啊。

刘朋：承让，承让。

MOL（敲敲桌子）：注意啊，同样的错误不要犯第二次。

刘朋的这个解决方法确实是满足了我们的需求，但还要考虑用户的需求可能会变。还是前面的问题，如果用户要三级菜单的话，你的前端也要发生变化，是不可自适应。第二个问题，我们不希望用户点击菜单以后，菜单栏被刷新，这就要求我们把菜单对应的页面展示在页面布局中的“中神通”里。

刘朋：那应该怎么办？

MOL：前端的事情就交给前端去做，而后台只需要提供数据即可。在项目源文件中，有一个名为 leftmenu.js 的文件（路径为源代码 Code/Elands.JinCard/Elands.JinCard. Protal. MVC/Scripts/leftmenu.js），我们只需要引用这个 js 文件，就可以达到展示菜单的目的。当然，后台需要提供数据，后台提供的数据如下：

```
var _menus = {
    "menus": [
            {
                "menuid": "1", "icon": "icon-sys", "menuname": "用户管理",
                "menus": [{ "menuname": "浏览用户", "icon": "icon-nav", "url":
"/CustomerManager/CustomerIndex" },
                { "menuname": "等级管理", "icon": "icon-nav", "url": "/Gread
Manager/Index" }
                ]
            }, {
                "menuid": "2", "icon": "icon-sys", "menuname": "订单管理",
                "menus": [{ "menuname": "订单管理", "icon": "icon-nav", "url":
"/OrderManager/Index" }
                ]
            },
            {
                "menuid": "3", "icon": "icon-sys", "menuname": "商家管理",
                "menus": [{ "menuname": "商家管理", "icon": "icon-nav", "url":
"/FinanceManager/Index" },
                        { "menuname": "门店管理", "icon": "icon-nav", "url":
"/FinanceManager/accessIndex" }
                ]
            }
    ]
};
```

正如大家所看到的，后台需要提供一个 JSON 格式的数据。那么后台应该怎么提供数据呢？我们需要定义两个实体，Node 用来描述父级菜单，Leaf 用来描述叶子菜单（最后一级菜单）。

```
01 /// <summary>
02 /// 父级菜单
03 /// </summary>
04 public class Node
05 {
06     public long menuid { get; set; }
07     public string icon { get { return "icon-sys"; } }
08     public string menuname { get; set; }
09     //如果有多级菜单，需要定义下面的属性
10     //public List<Node> Child { get; set; }
11     public IList<Leaf> menus { get; set; }
12 }
13 /// <summary>
14 /// 叶子级菜单
15 /// </summary>
16 public class Leaf
17 {
18     public string menuname { get; set; }
19     public string icon { get { return "icon-nav"; } }
20     public string url { get; set; }
21 }
```

注意父级菜单的定义，如果菜单级别超过两级，就需要把第 10 行的注释放开，这样就可以适应多级菜单了。

后台获取菜单数据的方法如下：

```
01 /// <summary>
02 /// 获取需要显示的菜单 json
03 /// </summary>
04 /// <returns></returns>
05 public string LoadMenu()
06 {
07     IList<T_Menu_TB> menuList = menuBll.GetListAll();
08     //父菜单集合
09     var nodeList = new List<Node>();
10     foreach (var menu in menuList)
11     {
12         //如果当前菜单的链接为空，说明当前菜单是父菜单
13         if (string.IsNullOrEmpty(menu.MenuUrl))
14         {
15             //父菜单
16             var node = new Node();
17             node.menuid = menu.MenuID;
18             node.menuname = menu.MenuName;
19             //找到当前菜单对应的子菜单
20             var childMenuList = menuList.Where(t => t.ParentId == menu.
   MenuID).ToList();
21             //如果当前菜单有子菜单，进行下面的操作
22             if (childMenuList != null && childMenuList.Count > 0)
23             {
```

```
24                  //初始化子菜单集合
25                  node.menus = new List<Leaf>();
26                  //遍历子菜单
27                  foreach (var childMenu in childMenuList)
28                  {
29                      //构建子菜单对象
30                      Leaf leafMenu = new Leaf()
31  {menuname=childMenu. MenuName,url=childMenu.MenuUrl };
32                      //将子菜单加到父菜单的menus集合中
33                      node.menus.Add(leafMenu);
34                  }
35              }
36              //将当前菜单增加到父菜单集合中
37              nodeList.Add(node);
38          }
39      }
40      //将父菜单集合序列化为json
41      JavaScriptSerializer js = new JavaScriptSerializer();
42      string json = js.Serialize(nodeList);
43      //将序列化后的json构建为前端需要的格式
44      return @"{'menus':" + json + "}";
}
```

显示后台主页面的时候，把菜单传入到前端视图即可。后台主页面 Action 如下：

```
/// <summary>
/// 显示后台主页面
/// </summary>
/// <returns></returns>
public ActionResult MainIndex()
{
    ViewBag.menuStr = LoadMenu();
    return View();
}
```

在对应的视图里，需要加上下面的代码：

```
<script   type="text/javascript"   src='~/Scripts/Admin/js/outlook2.js'>
</script>
<script type="text/javascript">
    var _menus = @Html.Raw(ViewBag.menuStr);
</script>
```

这样就达到了我们预期的效果。

7.2.2　常用的控件

7.2.1 节中我们只用到了 EasyUI 的布局，而 EasyUI 里还有太多的控件值得使用，常见的控件有文本框、日期控件、下拉框、表格控件等。“晋商卡”项目中也会大量地使用这些控件，接下来就一起认识一下这些控件。

1．文本框

先来看一下文本框控件是个啥样子，如图 7-16 所示。

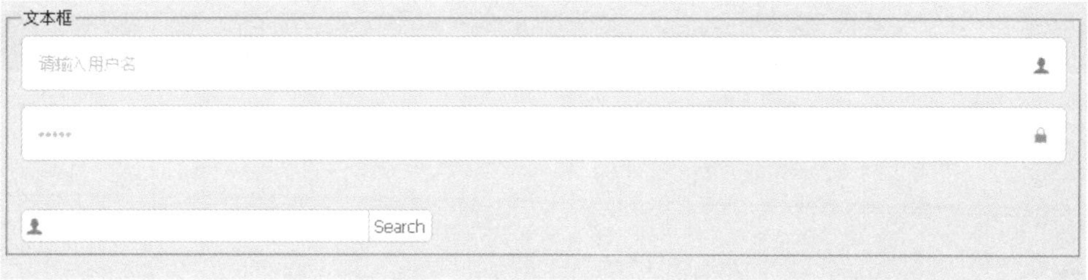

文本框

请输入用户名

Search

图 7-16　文本框控件示意图

这里只简单地展示了 3 种形式的文本框控件，那我们应该如何使用文本框控件呢？MOL 说得不够权威，最好是去查看 EasyUI 的官网。虽然现在已有中文版本的 API 说明文档了，不过 MOL 还是比较喜欢看英文原版本的 API 文档，一是 MOL 学 EasyUI 的时候只有英文文档，虽然 EasyUI 的作者也是中国人，二是感觉英文文档说得比较准确。

对于很多人来说，查看 API 是一件非常痛苦的事情，因为大家不知道如何查看。接下来，让 MOL 带你一起去看 EasyUI 的 API 文档。

EasyUI 的 API 文档说明的地址是 http://www.jeasyui.com/，打开以后，如图 7-17 所示。

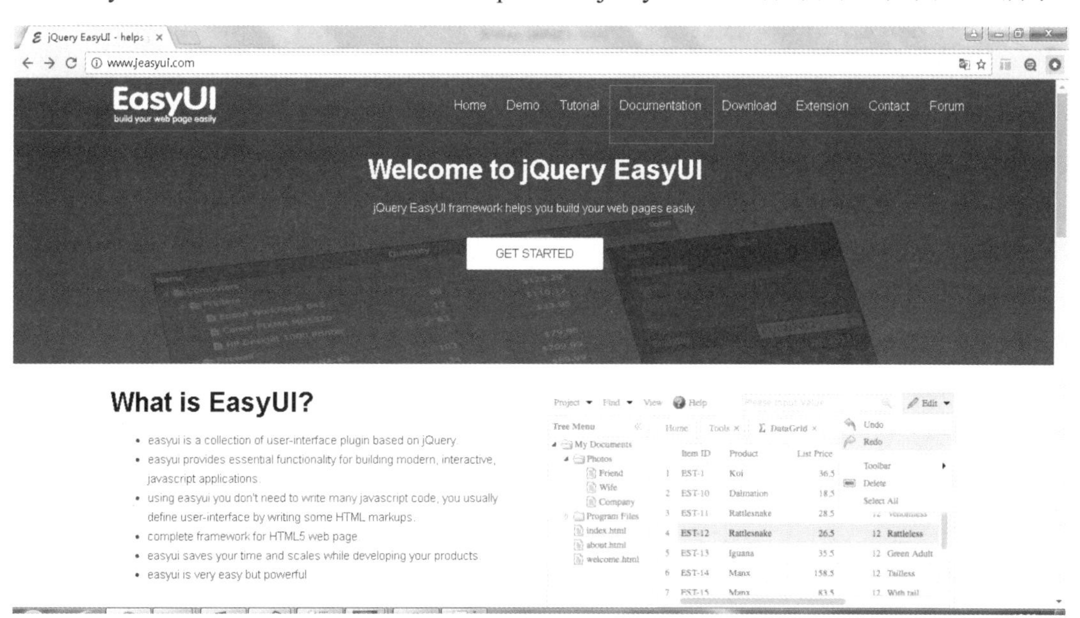

图 7-17　EasyUI 主页面

接下来，有两种方法进入 API 文档。第一种方法是单击首页上的 Documentation 按钮，进入如图 7-18 所示的页面。

该页面最左边就是所有的控件，我们可以选择自己需要的控件进行查看。

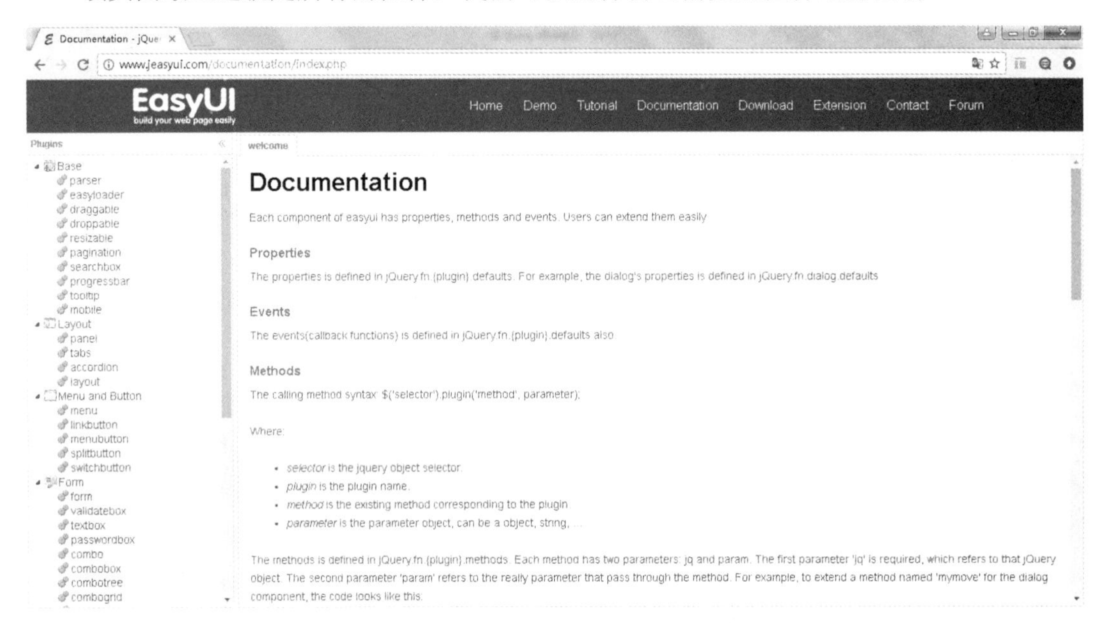

图 7-18　API 说明页面

第二种方法是，在主页面的最下方，列出了所有的控件列表，如图 7-19 所示。

jQuery EasyUI - help
www.jeasyui.com

jQuery EasyUI offers a full collection of components including powerful datagrid, treegrid, panel, combo and more for building cross-browser web page. Users can use them all together, or just use some components he wants.

parser	easyloader	draggable	droppable	resizable
pagination	searchbox	progressbar	tooltip	mobile
panel	tabs	accordion	layout	menu
linkbutton	menubutton	splitbutton	switchbutton	form
validatebox	textbox	passwordbox	combo	combobox
combotree	combogrid	combotreegrid	tagbox	numberbox
datebox	datetimebox	datetimespinner	calendar	spinner
numberspinner	timespinner	slider	filebox	window
dialog	messager	datagrid	datalist	propertygrid
tree	treegrid			

图 7-19　主页面最下方的 API 入口

MOL 个人比较喜欢从主页面最下方进入 API（这不是建议，只是个人喜好）。

接下来找到我们需要的 textbox 单击，进入后的页面如图 7-20 所示。

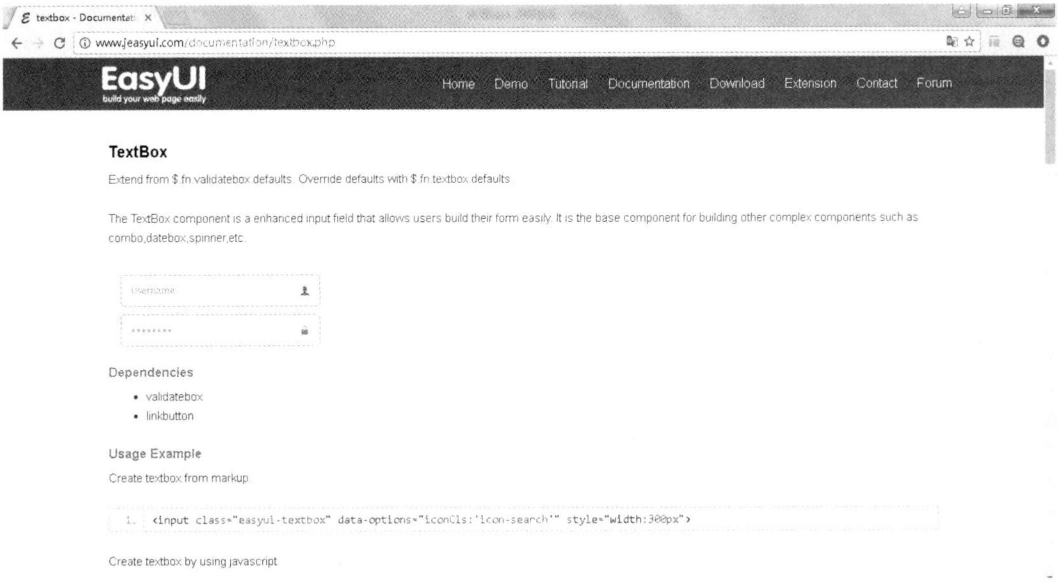

图 7-20　TextBoxAPI 页面

接下来就有的玩了。

（1）在页面的最前面，描述了 TextBox 是从哪个控件继承过来的。因为 EasyUI 的文档有一个特点，子控件是不描述父控件的属性和方法的，所以如果需要调用父控件的方法，就需要从这里查找到父控件，然后看父控件的说明。

（2）再往下看是 TextBox 依赖于哪些控件。例如，如果需要使用 TextBox 的验证功能，就需要去查看 validbox 的说明。

（3）接下来是举例说明，EasyUI 文档中的举例一般都会分两种情况来说明，就是用 HTML 创建控件和用 JavaScript 来创建控件。

（4）再往下就是控件的属性了，这个属性表里描述的内容是要写在 HTML 的 data-option 属性中的，如需要定义控件的 iconCls 属性，就需要写成：

```
<input class="easyui-textbox" data-options="iconCls:'icon-search'" style=
"width:300px">
```

（5）属性表格下面是事件表格，描述了 TextBox 支持哪些事件，例如，我需要在文本框内容发生变化时，把旧内容和新内容弹出来，就需要这样写：

```
$('#tb').textbox({
    onChange:function(newvalue,oldvalue)
     {
         alert('旧值是：'+oldvalue+"，新值是："+newvalue);
     }
});
```

这是固定写法，大家一定要记住。所有的事件，都需要写在对文本框的定义中。

（6）事件下面是方法列表，表示 TextBox 支持哪些方法。例如，主动设置文本框内容为 MOL，就需要这样写：

```
$('#tb').textbox('setText','MOL');
```

同样的，方法也需要写在对文本框的定义中。

然后就没有然后了。几乎所有的控件 API 都是这 6 大部分组成的。

经过这流水账一般的介绍，大家应该可以主动去查找控件 API 了。多说一点，大家在看完 API 以后，如果依然一头雾水，没有关系，EasyUI 还提供了示例供大家学习。在页面的导航菜单中有一个 Demo 选项，单击这个选项链接以后，可以在进入的页面中选择自己需要的控件进行学习，如图 7-21 所示。

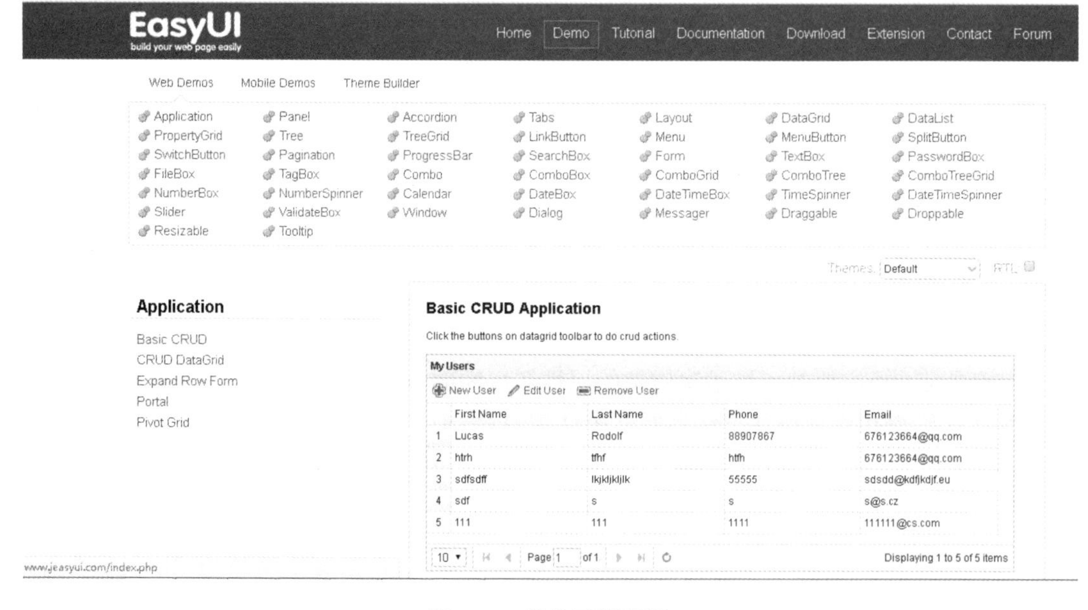

图 7-21　控件示例页面

2. 日期控件

TextBox 控件是一个相对比较简单的控件，而其他的控件就有点复杂了。这也是 MOL 为什么把 TextBox 控件放在最前面说的原因。

接下来要说的是日期控件，先来认识一下日期控件，如图 7-22 所示。

图 7-22　日期控件

看着是不是挺漂亮的？只需要写下面一行代码就可以实现这样的效果：

```
<input id="dd" type="text" class="easyui-datebox">
```

鹏辉：既然代码这么简单，那为什么还说日期控件有点复杂呢？

MOL：简单，是因为只需要写寥寥一行代码就可以实现日期控件；复杂，是因为我们需要设置更多的属性来适应业务需求。

例如，常见的时间显示格式为“四位年－两位月－两位日”，那么就需要把日期控件中的文字进行格式化，就需要用到 formmatter 属性，代码如下：

```
$('#dd').datebox({
    formatter: function(date){
     var y = date.getFullYear();
     var m = date.getMonth()+1;
     var d = date.getDate();
     return m+'-'+d+'-'+y;
}
});
```

还有一个常见的需求，就是展示控件的默认值。例如，在编辑商品的时候，商品有一个属性叫“上架时间”，当编辑页面打开的时候，需要展示当前商品上一次上架的时间。这个时间，就需要用到日期控件的默认值属性。

```
$('#dd').datebox({
    parser:  function(s){
     var t = Date.parse(s);
     if (!isNaN(t)){
         return new Date(t);
     } else {
         return new Date();
     }
}
});
```

再往深说一下，一般来说，数据库中的日期都是带有时、分、秒的，格式如 yyyy-MM-dd HH:mm:ss，这就要求有些场景需要手动输入时间部分，这样 DateBox 就无法满足要求了。别担心，DateBox 还有一个“姊妹”控件叫 DateTimeBox，DateTimeBox 在可以选择日期的同时，也可以输入时间部分，这样就非常方便了。DateTimeBox 控件效果如图 7-23 所示。

在大多数时候，我们在做后台时更倾向于使用 DateTimeBox 控件，而不是简单的日期控件。

图 7-23　DateTimeBox 效果图

3. 下拉框

接下来要说的是下拉框控件。可能大多数人觉得下拉框控件是一个非常简单的控件，在 HTML 里是<select>标签，在 WebForm 里是 DropDownList 控件，如图 7-24 所示。

这样的下拉框其实好丑！而且这种下拉框只能单一地展示一种信息。例如，图 7-24 中的下拉框只展示了用户姓名，如果用户有重名的话，管理员将会看到如图 7-25 所示的界面。

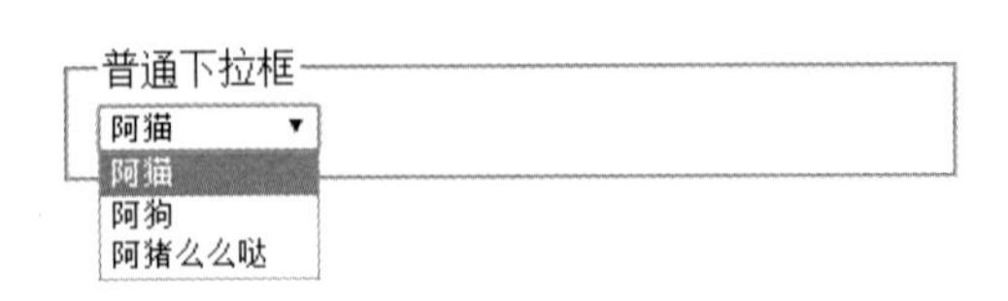

图 7-24　大多数人写出来的下拉框

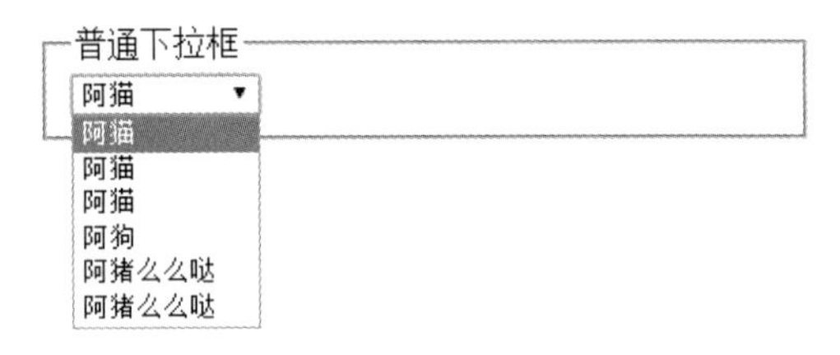

图 7-25　用户名有重名

管理员会很痛苦，这种情况下，我们希望下拉框可以展示更多的信息，如手机号、性别等。你想用普通的<select>标签来实现？MOL 会毫不犹豫地告诉你 3 个字：“呵呵哒……”

如果我们用 EasyUI 来实现，首先界面会比较漂亮，EasyUI 中的简单下拉框如图 7-26 所示。

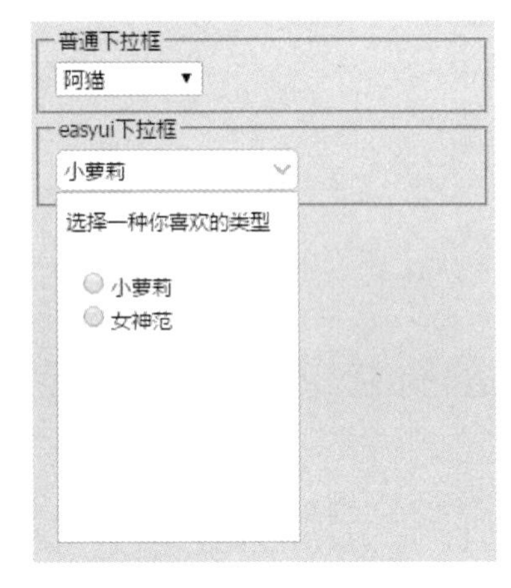

图 7-26　简单下拉框

图 7-26 中展示的下拉框是一个“基本下拉框”，也就是说它的功能和普通的<select>标签差别不大。图 7-26 的实现代码如下：

```
<input id="cc" value="小萝莉">
<div id="sp">
      <div
style="line-height:22px;background:#fafafa;
padding:5px;">选择一种你喜欢的类型</div>
      <div style="padding:10px">
          <input type="radio" name="lang" value="01"><span>小萝莉</span>
<br/>
          <input type="radio" name="lang" value="02"><span>女神范</span>
<br/>
      </div>
   </div>
</div>
<script>
$(function(){
$('#cc').combo({
   required:true,
   multiple:true
});
 $('#sp').appendTo($('#cc').combo('panel'));
             $('#sp input').click(function(){
                 var v = $(this).val();
                 var s = $(this).next('span').text();
                 $('#cc').combo('setValue', v).combo('setText', s).combo
 ('hidePanel');
             });


});
</script>
```

可以看到，这样的实现并不简单，如果我们希望像写<select>标签一样简单，而且要有比较漂亮的效果，这时需要使用 combobox。下面是使用 combobox 控件实现的下拉菜单，如图 7-27 所示。

```
<select class="easyui-combobox" >
    <option value="AL">i have a pen</option>
    <option value="AK">i have an apple</option>
</select>
```

其实，combobox 的使用更贴近 EasyUI 的思想，我们更希望只需要增加或修改一些属性，就可以达到实现样式或功能的目的。而 combobx 只是修改了<select>标签，就可以达到如图 7-27 所示的效果。

刘朋：这不还是只展示了一种信息吗？说好的多信息展示呢？

MOL：你说的应该是下拉表格吧。接下来我们就来看看下拉表格的实现。下拉表格看起来如图 7-28 所示。

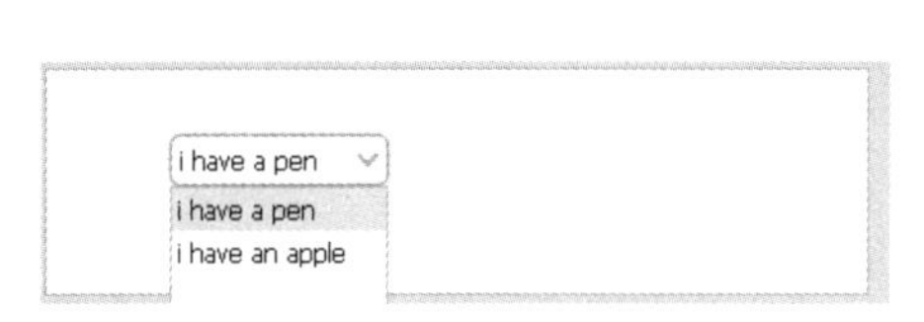

图 7-27　combobox 示例

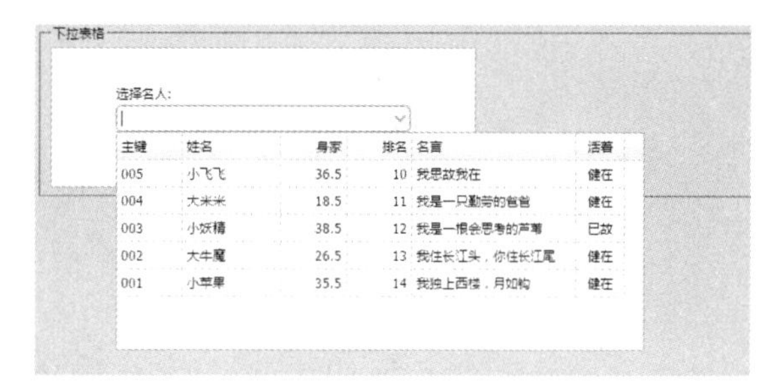

图 7-28　下拉表格

这个表格只通过下拉框控件就可以展示很多信息，下拉表格控件一般用在后台管理系统中，使用 ComboGrid 来实现。实现方法如下：

```
<select class="easyui-combogrid" style="width:100%" data-options="
        panelWidth: 500,
        idField: 'itemid',
        textField: 'productname',
        url: 'datagrid_data1.js',
        method: 'get',
        columns: [[
            {field:'itemid',title:'主键',width:80},
            {field:'productname',title:'姓名',width:120},
            {field:'listprice',title:'身家',width:80,align:'right'},
            {field:'unitcost',title:'排名',width:80,align:'right'},
            {field:'attr1',title:'名言',width:200},
            {field:'status',title:'活着',width:60,align:'center'}
        ]],
        fitColumns: true,
        label: '选择名人:',
        labelPosition: 'top'
    ">
</select>
```

可以看到，下拉表格的实现思想也是在<select>标签的基础上，增加一些属性。

除了上面说到的下拉框和下拉表格之外，常见的还有下拉树、下拉表格树等，这里不再细说。

4．表格控件

之所以把表格控件放在最后再说，是因为表格控件是 EasyUI 里最复杂的控件之一。先来看一下表格控件是什么样的，如图 7-29 所示。

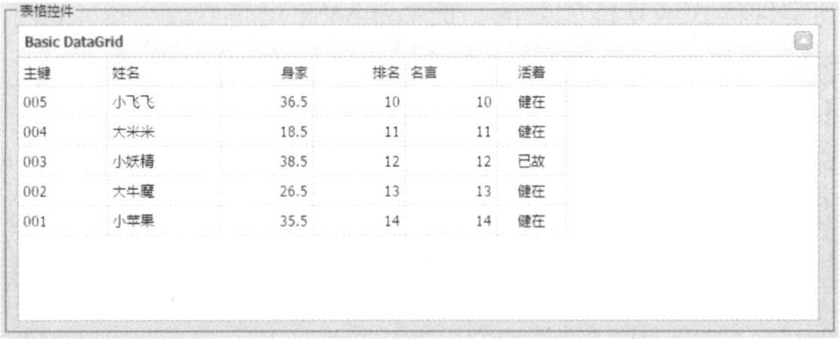

表格控件

Basic DataGrid

主键	姓名	身家	排名	名言	活着
005	小飞飞	36.5	10	10	健在
004	大米米	18.5	11	11	健在
003	小妖精	38.5	12	12	已故
002	大牛魔	26.5	13	13	健在
001	小苹果	35.5	14	14	健在

图 7-29　表格控件示例

这个表格看起来和普通的 table 功能很相似，唯一的区别是样式比较好看一些，它的实现方式也和<table>标签类似，代码如下：

```
<table class="easyui-datagrid" title="Basic DataGrid" style="width:700px;
height:250px"
          data-options="singleSelect:true,collapsible:true,url:'datagrid_
data1.js',method:'get'">
      <thead>
          <tr>
              <th data-options="field:'itemid',width:80">主键</th>
              <th data-options="field:'productname',width:100">姓名</th>
              <th data-options="field:'listprice',width:80,align:'right'">
身家</th>
              <th data-options="field:'unitcost',width:80,align:'right'">排
名 </th>
              <th data-options="field:'unitcost',width:250">名言</th>
              <th data-options="field:'status',width:60,align:'center'">
活着</th>
          </tr>
      </thead>
  </table>
```

可以看到，其代码和普通的<table>差不多，不同的地方有两点：

- 在声明 table 标签的时候，需要有 data-options 属性的描述，这个属性描述了表格里的数据要从哪里取、是否可以单选……
- 在表头标签中，需要描述每个表头列对应哪个数据字段，如上面的代码中，表头第一列对应数据的 itemid 字段，显示文字为“主键”。

这样看起来是不是简单许多了？

当然，在实际项目中可能不用标签声明的这种表格，更多的时候是使用 JavaScript 来声明一个表格。比如图 7-28 中的表格，就可以使用 JavaScript 来这样声明：

```
$('#jstable').datagrid({
    url:'/datagrid_data1.json',
    columns:[[
        {field:'itemid',title:'Code',width:80},
        {field:'productname',title:'Name',width:100},
        {field:'listprice',title:'Price',width:80,align:'right'},
         {field:'unitcost',title:'Code',width:80,align:'right'},
        {field:'attr1',title:'Name',width:250},
        {field:'status',title:'Price',width:60,align:'center'}
    ]]
});
```

使用 JavaScript 来描述表格，更适合后端程序员来理解，而且 JavaScript 的写法和 AJAX 很像。除此之外，可以很方便地定义数据显示的格式（如时间字符串格式化）、宽度等样式。

再回过头来看一下“下拉表格”控件，其实就是在 combobox 的基础上，加入了 datagrid 的格式，是不是很简单？再来拓展一下，如果我想要一棵下拉树怎么办？

鹏辉：那就是 combobox 和树控件结合喽。

MOL：没错，其实下拉树（ComboTree）就是 Combobox 和 Tree 控件的集合体。

刘朋：讲了这么多，无非就是后端给数据，前端调用 EasyUI 来显示。那 EasyUI 的显示讲明白了，后端数据应该怎么给呢？

MOL：后端提供数据一定是要给前端使用的。也就是说，前端需要什么样的数据，后端就要提供什么样的数据。

万幸的是，前端和后端都认识 JSON 的数据格式，这就给开发带来了很大的便利。因为 EasyUI 要求的数据其实就是 JSON 格式的，后端只需要把查询结果格式化为 JSON 对象就可以了。接下来，我们就来实现一个查询用户的表格。

首先来看一下，前端需要什么样的数据。前端需要的 JSON 数据如下：

```
{
total=2,
rows={
        {customername:'mol',
        createdate:'2017-3-2'}
        {customername:'jack',
        createdate:'2017-3-2'}
    }
}
```

鹏辉：这个 JSON 格式看起来怪怪的，如果是把所有用户信息都变成 JSON 数据的话，可以直接使用 JSON 序列化来实现，但上面的这个 JSON 数据根本不是一个标准的用户对象的序列化格式啊。

冲冲：你忘了？我们写的代码里面，强调“一切皆对象”，既然没有现成的类来描述这个 JSON 数据，那我们新定义一个类不就可以了？我定义的类是这样的：

```
/// <summary>
/// 为了配合前端，重新定义一个类来描述 JSON 数据
/// </summary>
public class CustomerJson
{
    /// <summary>
    /// 共多少条数据
    /// </summary>
    public long total { get; set; }
    /// <summary>
    /// 需要显示在页面上的用户信息
    /// </summary>
    public IList<T_CustomInfo_TB> rows { get; set; }
}
```

这样一来，我只需要在后台构建一个 CustomerJson 类型的对象，然后再序列化它就可以了。

MOL：能有这样的思路，说明你对面向对象的思维已经掌握了不少。但是这个思路有明显的陷阱。

冲冲：用面向对象的思路来解决问题肯定会导致速度方面的下降。

MOL：陷阱并不在速度上，再想想。

冲冲：还真想不出来。我自己把序列化过程写一下看看有啥陷阱吧。

刘朋（补刀）：实践是检验真理的唯一标准。

冲冲：测试完毕，没有问题，下面是我写的代码，运行效果如图 7-30 所示。有图有真相，咱说话就是这么讲理。

```
CustomerJson json = new CustomerJson();
json.total = 1;
json.rows = new List<T_CustomInfo_TB>();
List<T_CustomInfo_TB> customerJsonList = custominfobll.GetListByPageBase
(t => t, t => t.DeleteFlag == 0, t => t.LoginUserName, true).ToList();
json.rows = customerJsonList;
JavaScriptSerializer js = new JavaScriptSerializer();
var re= js.Serialize(json);
return Content(re);
```

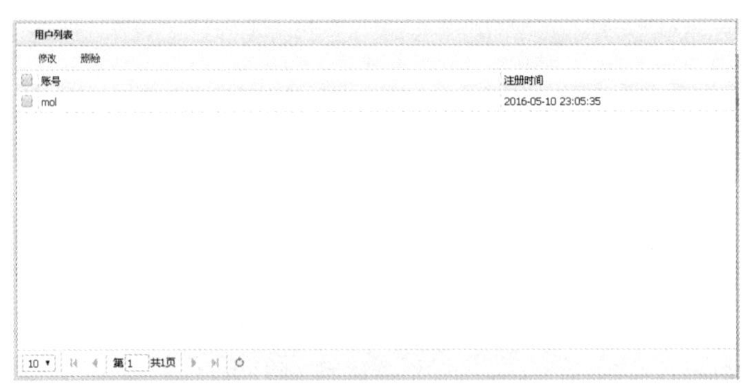

图 7-30　测试前端显示结果

MOL：大家千万不要被表现所迷惑。

首先，数据库中只有一条用户信息，这样无法体现用户间的关联。我们来设想这样一种情况，用户之间有关联，MOL 是领导，冲冲是职员，也就意味着 MOL 的用户对象是这样的：

```
01  T_CustomerInfo_TB Mol=new T_CustomerInfo_TB(){
02  CustomerId=1,
03  ……
04  IList<T_CustomerInfo_TB> Staff=new List<T_CustomerInfo_TB>()
05  {
06      New T_CustomerInfo_TB(){CustomerName="冲冲",领导=MOL 对象}
07  ……
08  }
09  }
```

冲冲：这样不挺好吗？

MOL：来看第 6 行，这行代码描述了一个叫“冲冲”的员工，而且领导是指向 MOL 对象的。

冲冲：这不是跟业务很吻合吗？

MOL：注意，MOL 对象是不是有个员工叫“冲冲”？“冲冲”是不是又追溯到了 MOL？这样一来，就会产生循环引用，在序列化的时候就会出错了。

冲冲：哦，是这样啊。那只要解决循环引用的问题不就 OK 了？

MOL：有什么思路？

冲冲：产生循环引用的根源就是 IList<T_CustomerInfo_TB>这个属性。那我只需要把这个属性进行修改就 OK 了。我可以把 IList<T_CustomerInfo_TB>改成 IList<T_New_CustomerInfo_TB>，NewCustomerInfo_TB 这个类型只包含简单类型，不包含层级关系。这样就可以了。

MOL：这个思路是比较靠谱的。除了循环引用的问题，大家再看看还有什么潜在的问题？

鹏辉：我们前端只展示了“姓名”和“注册时间”这两个信息，但是把 T_CustomerInfo_TB 序列化之后会有很多字段前端是不需要的。这些不必要的字段是不是也会浪费宝贵的网络资源？

MOL：对，这种浪费是非常恐怖的，比如 T_CustomerInfo_TB 有 10 个字段，但前端只显示两个字段，也就意味着，80%的网络资源要被浪费。

为了防止这种浪费，我们把前端需要的信息摘出来，只把这些信息返回给前端，这时可以使用 LINQ 语句或 Lambda 表达式来实现 LINQ 实现方式：

```
var data = new
{
   total = total,
   rows = from a in customerList
         orderby a.LoginUserName, a.LoginUserName
         select new
```

```
            {
                a.CustomerId,
                a.CustomerName,
                a.CreateDate
            }
};
var reJson= Json(data, JsonRequestBehavior.AllowGet);
return reJson;
```

Lambda 表达式实现方式如下：

```
var data = new
{
    total = total,
    rows = customerList.select(a=>new
     {
         a.CustomerId,
         a.CustomerName,
         a.CreateDate
     }
     ).Orderby(a.LoginUserName).ThenBy(a.LoginUserName)
};
var reJson= Json(data, JsonRequestBehavior.AllowGet);
return reJson;
```

在这两种实现方式中，大家选择一种自己习惯使用的就可以了，二者没有本质上的区别。

刘朋：在最后返回的时候，指定了 JsonRequestBehavior.AllowGet，从字面上看，它应该描述的是允许 Get 请示的意思吧。

MOL：很聪明，因为在 EasyUI 里请求 URL 的时候，默认都是 Get 请求，所以在返回 JSON 的时候，需要描述一下我们返回的 JSON 是可以被 Get 请示获取到的。

再来看一下图 7-29，表格上方有两个按钮，分别是“修改”和“删除”。这两个按钮应该怎么实现呢？先来看前端源码：

```
01  //初始化表格
02  function initTable(sarcheParam) {
03      $('#tt').datagrid({
04          url: '/CUstomerManager/CustomerIndex',//rows=10  page=1
05          title: '用户列表',
06          width: 1280,
07          height: 420,
08          fitColumns: true,
09          idField: 'CustomerID',
10          loadMsg: '正在加载用户信息...',
11          pagination: true,
12          singleSelect: false,
13          pageSize: 10,
14          pageNumber: 1,
15          pageList: [10, 20, 30],
16          queryParams: sarcheParam,//表格初始化往后台发送异步请求后台的json
    数据时额外发送的请求
17  参数
18          columns: [[
```

```
19                { field: 'ck', checkbox: true, align: 'left', width: 50 },
20                { field: 'LoginUserName', title: '账号', width: 300 },
21                {
22                    field: 'CreateDate', title: '注册时间', width: 350,
   formatter: function (value, row, index) {
23                        if (value == null) return "";
24                        return (eval(value.replace(/\/Date\((\d+)\)\//gi,
   "new Date($1)"))).pattern("yyyy-MM-dd HH:mm:ss");
25                    }
26                }
27            ]],
28            toolbar: [{
29                id: 'btnEdit',
30                text: '修改',
31                iconCls: 'icon-edit',
32                handler: function () {
33                    //先拿到你选中的所有的 rows
34                    var rows = $("#tt").datagrid('getSelections');
35                    //rows 是选中行的数据的 json 对象的集合
36                    if (rows.length != 1) {
37                        $.messager.alert("错误消息", "请选中要修改的用户信息");
38                        return;
39                    }
40                    edit(rows[0].CustomerID);
41                }
42            }, {
43                id: 'btnDelete',
44                text: '删除',
45                iconCls: 'icon-remove',
46                handler: function () {
47                    doDelete();
48                }
49            }],
50            onHeaderContextMenu: function (e, field) {
51
52            },
53            onDblClickRow: function (rowIndex, rowData) {
54                showAmount(rowIndex, rowData);
55            }
56        });
57    }
```

代码中第 28～49 行描述了两个按钮，分别是“修改”“删除”按钮，可以看到，每个按钮都是一个对象，由多个按钮对象组成一个对象数据，就是 toolbar 工具栏。

再来看每个按钮对象，以“删除”按钮为例来说明。代码如下：

```
{
    id: 'btnDelete',
    text: '删除',
    iconCls: 'icon-remove',
    handler: function () {
        doDelete();
    }
}
```

其中，id 属性用来唯一标识按钮，text 属性用来描述按钮文字，iconCls 表示按钮上要显示的图标样式，handler 属性是最重要的，它描述了单击按钮后要执行的事件。

刘朋：示例代码中 handler 是一个匿名函数，更奇葩的是这个函数是没有参数的，我咋知道管理员要删除哪行数据呢？

MOL：这样来想，用户选择某一行和用户要删除某一行其实是没有必然联系的，因为用户选择某一行之后不一定要执行删除动作。所以，删除函数是没有参数的，我们需要通过其他途径知道用户选择的是哪一行。

这时我们应该查一下 datagrid 控件的 API 文档，看看如何获取用户选择的行。

找到 API 文档中的 Method 部分，从前往后看（看的时候不许偷懒哦），直到看见有一个方法叫 getSelections，如图 7-31 所示。

getRowIndex	row	Return the specified row index, the row parameter can be a row record or an id field value.
getChecked	none	Return all rows where the checkbox has been checked. Available since version 1.3.
getSelected	none	Return the first selected row record or null.
getSelections	none	Return all selected rows, when no record selected, an empty array will return.

图 7-31　DataGrid 控件的 getSelections 方法

对于 getSelections 方法的描述是：Return all selected rows, when no record selected, an empty array will return.

刘朋：这句洋文我能看懂，意思是说，GetSelections 这个方法返回的是用户选择的行集合，如果用户没有选择的话，将返回一个空数组。

鹏辉：哎哟喂，能耐见长啊。

刘朋：承让，承让。

MOL：找到这个方法以后，就可以得到用户选择的行了。使用方法如下：

```
var rows = $("#tt").datagrid('getSelections');
```

例如，用户选择了 3 行，我要拿到选择行的第 2 行的用户 ID，那么就应该这样写：

```
rows[1].CustomerID
```

我咋知道 rows[1]对象就一定有 CustomerID 属性呢？那是因为我在后返回 JSON 的时候，包含了 CustomerID 属性，也就是说，只要后台返回的 JSON 中包含的属性，在前台就可以访问得到。

接下来写删除按钮的代码。前面说过，删除按钮要执行 doDelete()函数，也就是实现 doDelete()函数即可。

```
//删除用户信息
function doDelete() {
    //先拿到你选中的所有的 rows
    var rows = $("#tt").datagrid('getSelections');
    //rows 是选中行的数据的 json 对象的集合
    if (rows.length <= 0) {
```

```
            $.messager.alert("错误消息", "请选择要删除的用户");
            return;
        }
        $.messager.confirm("提示消息", "确认要删除吗？", function (r) {
            if (r) {
                var ids = "";
                for (var i = 0; i < rows.length; i++) {
                    ids += rows[i].CustomerID + ",";
                }
                ids = ids.substr(0, ids.length - 1);
                //启动异步请求到后台，批量删除数据
                $.post("/CustomerManager/Delete", { ids: ids }, function (data)
    {
                    if (data == "ok") {
                        //清除选中数据
                        $("#tt").datagrid("clearSelections");
                        initTable();
                    } else {
                        $.messager.alert("错误提示", data);
                    }
                });
            }
        });

    }
```

后台的 CustomerManager/Delete 请大家自行实现。到这里为止，EasyUI 中常见的控件及具体的使用方法已经讲解完毕。

7.2.3　小说权限分配

前面所讲到的所有东西，都是应用于后台管理系统的，后台是一个很神奇的东西，它不仅仅是技术的体现，还需要迎合用户公司的政治体系。例如，领导有查看和删除的权限，而职员就只有查看的权限，不同部门间的人看到的菜单也是不一样的，这就引出了下面要讲的内容——权限分配。

其实真正的权限管理模块也是一个比较复杂的小系统，因为权限分配里会涉及很多你知道的和不知道的名词概念，如部门、层级、角色等。下面所讲的权限分配，只是一个简单的权限模型，适用于小型公司的管理，或者管理员非常少的管理员之间没有复杂的层级关系。

说得直白一点，权限是什么？权限就是有些人可以看到某些菜单，但有些人看不到；有些人可以看到删除按钮，但有些人看不到，这就是权限。翻译成程序员可以听得懂的话，就是管理员可以看到的权限表中自己对应的那些菜单和按钮。

1．权限数据字典

首先来定义数据库表，我们需要下面几张表，如表 7-1～表 7-5 所示。

表 7-1　管理员用户表

字 段 名	类　型	主　键	可　空
AdminUserID	bigint	yes	no
UserName	nvarchar(MAX)		no
PassWord	nvarchar(MAX)		no
CreateDate	datetime		no
CreateIP	varchar(100)		yes
UpdateDate	datetime		no
DeleteFlag	int		no
OrderBy	int		no
Remark	varchar(2000)		no

建表语句如下：

```
USE [JinCardDB]
GO

/****** Object:  Table [dbo].[T_AdminUser_TB]    Script Date: 2017/3/7
2:57:22 ******/
SET ANSI_NULLS ON
GO

SET QUOTED_IDENTIFIER ON
GO

SET ANSI_PADDING ON
GO

CREATE TABLE [dbo].[T_AdminUser_TB](
    [AdminUserID] [bigint] IDENTITY(1,1) NOT NULL,
    [UserName] [nvarchar](max) NOT NULL,
    [PassWord] [nvarchar](max) NOT NULL,
    [CreateDate] [datetime] NOT NULL,
    [CreateIP] [varchar](100) NULL,
    [UpdateDate] [datetime] NOT NULL,
    [DeleteFlag] [int] NOT NULL,
    [OrderBy] [int] NOT NULL,
    [Remark] [varchar](2000) NOT NULL,
 CONSTRAINT [PK_T_AdminUser_TB] PRIMARY KEY CLUSTERED
(
    [AdminUserID] ASC
)WITH (PAD_INDEX = OFF, STATISTICS_NORECOMPUTE = OFF, IGNORE_DUP_KEY = OFF,
ALLOW_ROW_LOCKS = ON, ALLOW_PAGE_LOCKS = ON) ON [PRIMARY]
) ON [PRIMARY] TEXTIMAGE_ON [PRIMARY]

GO

SET ANSI_PADDING OFF
GO

ALTER TABLE [dbo].[T_AdminUser_TB] ADD  CONSTRAINT [DF_T_AdminUser_TB_
CreateDate] DEFAULT (getdate()) FOR [CreateDate]
```

```
GO

ALTER TABLE [dbo].[T_AdminUser_TB] ADD CONSTRAINT [DF_T_AdminUser_ TB_
UpdateDate] DEFAULT (getdate()) FOR [UpdateDate]
GO

ALTER TABLE [dbo].[T_AdminUser_TB] ADD CONSTRAINT [DF_T_AdminUser_TB_
DeleteFlag] DEFAULT ((0)) FOR [DeleteFlag]
GO

ALTER TABLE [dbo].[T_AdminUser_TB] ADD CONSTRAINT [DF_T_AdminUser_TB_
OrderBy] DEFAULT ((0)) FOR [OrderBy]
GO

ALTER TABLE [dbo].[T_AdminUser_TB] ADD CONSTRAINT [DF_T_AdminUser_TB_
Remark] DEFAULT ('') FOR [Remark]
GO

EXEC sys.sp_addextendedproperty @name=N'MS_Description', @value=N'创建时
间' , @level0type=N'SCHEMA',@level0name=N'dbo', @level1type=N'TABLE',
@level1name=N'T_AdminUser_TB', @level2type=N'COLUMN',@level2name=N'CreateDate'
GO

EXEC sys.sp_addextendedproperty @name=N'MS_Description', @value=N'创建者
的 IP' , @level0type=N'SCHEMA',@level0name=N'dbo', @level1type=N'TABLE',
@level1name=N'T_AdminUser_TB', @level2type=N'COLUMN',@level2name=N'CreateIP'
GO

EXEC sys.sp_addextendedproperty @name=N'MS_Description', @value=N'更新时
间' , @level0type=N'SCHEMA',@level0name=N'dbo', @level1type=N'TABLE',
@level1name=N'T_AdminUser_TB', @level2type=N'COLUMN',@level2name=N'UpdateDate'
GO

EXEC sys.sp_addextendedproperty @name=N'MS_Description', @value=N'删除标
识，0 表示未删除，1 表示已删除 catalog=''DeleteFlag''' , @level0type=
N'SCHEMA',@level0name=N'dbo', @level1type=N'TABLE',@level1name=N'T_AdminUser_
TB', @level2type=N'COLUMN',@level2name=N'DeleteFlag'
GO

EXEC sys.sp_addextendedproperty @name=N'MS_Description', @value=N'排序标
识' , @level0type=N'SCHEMA',@level0name=N'dbo', @level1type=N'TABLE',
@level1name=N'T_AdminUser_TB', @level2type=N'COLUMN',@level2name=N'OrderBy'
GO

EXEC sys.sp_addextendedproperty @name=N'MS_Description', @value=N'备注' ,
@level0type=N'SCHEMA',@level0name=N'dbo', @level1type=N'TABLE',@level1name=
N'T_AdminUser_TB', @level2type=N'COLUMN',@level2name=N'Remark'
GO
```

表 7-2　按钮表

字 段 名	类　　型	主　　键	可　　空
ButtonID	bigint	yes	no
ButtonName	nvarchar(MAX)		no
MenuID	bigint		no
CreateDate	datetime		no
CreateIP	varchar(100)		yes
UpdateDate	datetime		no
DeleteFlag	int		no
OrderBy	int		no
Remark	varchar(2000)		no
ButtonIDAttr	nvarchar(MAX)		no

建表语句如下：

```
USE [JinCardDB]
GO

/****** Object:  Table [dbo].[T_Button_TB]    Script Date: 2017/3/7 3:00:56
******/
SET ANSI_NULLS ON
GO

SET QUOTED_IDENTIFIER ON
GO

SET ANSI_PADDING ON
GO

CREATE TABLE [dbo].[T_Button_TB](
    [ButtonID] [bigint] IDENTITY(1,1) NOT NULL,
    [ButtonName] [nvarchar](max) NOT NULL,
    [MenuID] [bigint] NOT NULL,
    [CreateDate] [datetime] NOT NULL,
    [CreateIP] [varchar](100) NULL,
    [UpdateDate] [datetime] NOT NULL,
    [DeleteFlag] [int] NOT NULL,
    [OrderBy] [int] NOT NULL,
    [Remark] [varchar](2000) NOT NULL,
    [ButtonIDAttr] [nvarchar](max) NOT NULL,
 CONSTRAINT [PK_T_Button_TB] PRIMARY KEY CLUSTERED
(
    [ButtonID] ASC
)WITH (PAD_INDEX = OFF, STATISTICS_NORECOMPUTE = OFF, IGNORE_DUP_KEY = OFF,
ALLOW_ROW_LOCKS = ON, ALLOW_PAGE_LOCKS = ON) ON [PRIMARY]
) ON [PRIMARY] TEXTIMAGE_ON [PRIMARY]

GO

SET ANSI_PADDING OFF
GO

ALTER TABLE [dbo].[T_Button_TB] ADD  CONSTRAINT [DF_T_Button_TB_CreateDate]
```

```
DEFAULT (getdate()) FOR [CreateDate]
GO

ALTER TABLE [dbo].[T_Button_TB] ADD  CONSTRAINT [DF_T_Button_TB_UpdateDate]
DEFAULT (getdate()) FOR [UpdateDate]
GO

ALTER TABLE [dbo].[T_Button_TB] ADD  CONSTRAINT [DF_T_Button_TB_DeleteFlag]
DEFAULT ((0)) FOR [DeleteFlag]
GO

ALTER TABLE [dbo].[T_Button_TB] ADD  CONSTRAINT [DF_T_Button_TB_OrderBy]
DEFAULT ((0)) FOR [OrderBy]
GO

ALTER TABLE [dbo].[T_Button_TB] ADD  CONSTRAINT [DF_T_Button_TB_Remark]
DEFAULT ('') FOR [Remark]
GO

ALTER TABLE [dbo].[T_Button_TB]  WITH CHECK ADD  CONSTRAINT [FK_T_Button_
TB_T_Menu_TB] FOREIGN KEY([MenuID])
REFERENCES [dbo].[T_Menu_TB] ([MenuID])
ON DELETE CASCADE
GO

ALTER TABLE [dbo].[T_Button_TB] CHECK CONSTRAINT [FK_T_Button_TB_T_Menu_
TB]
GO

EXEC sys.sp_addextendedproperty @name=N'MS_Description', @value=N'按钮文
字' , @level0type=N'SCHEMA',@level0name=N'dbo', @level1type=N'TABLE',
@level1name=N'T_Button_TB', @level2type=N'COLUMN',@level2name=N'ButtonName'
GO

EXEC sys.sp_addextendedproperty @name=N'MS_Description', @value=N'哪个菜
单下的按钮' , @level0type=N'SCHEMA',@level0name=N'dbo', @level1type=N'TABLE',
@level1name=N'T_Button_TB', @level2type=N'COLUMN',@level2name=N'MenuID'
GO

EXEC sys.sp_addextendedproperty @name=N'MS_Description', @value=N'创建时
间' , @level0type=N'SCHEMA',@level0name=N'dbo', @level1type=N'TABLE',
@level1name=N'T_Button_TB', @level2type=N'COLUMN',@level2name=N'CreateDate'
GO

EXEC sys.sp_addextendedproperty @name=N'MS_Description', @value=N'创建者
的 IP' , @level0type=N'SCHEMA',@level0name=N'dbo', @level1type=N'TABLE',
@level1name=N'T_Button_TB', @level2type=N'COLUMN',@level2name=N'CreateIP'
GO

EXEC sys.sp_addextendedproperty @name=N'MS_Description', @value=N'更新时
间' , @level0type=N'SCHEMA',@level0name=N'dbo', @level1type=N'TABLE',
@level1name=N'T_Button_TB', @level2type=N'COLUMN',@level2name=N'UpdateDate'
GO
```

```
EXEC sys.sp_addextendedproperty @name=N'MS_Description', @value=N'删除标识，0 表示未删除，1 表示已删除 catalog=''DeleteFlag''' , @level0type=N'SCHEMA', @level0name=N'dbo', @level1type=N'TABLE',@level1name=N'T_Button_TB', @level2type=N'COLUMN',@level2name=N'DeleteFlag'
GO

EXEC sys.sp_addextendedproperty @name=N'MS_Description', @value=N'排序标识' , @level0type=N'SCHEMA',@level0name=N'dbo', @level1type=N'TABLE', @level1name=N'T_Button_TB', @level2type=N'COLUMN',@level2name=N'OrderBy'
GO

EXEC sys.sp_addextendedproperty @name=N'MS_Description', @value=N'备注' , @level0type=N'SCHEMA',@level0name=N'dbo', @level1type=N'TABLE',@level1name=N'T_Button_TB', @level2type=N'COLUMN',@level2name=N'Remark'
GO

EXEC sys.sp_addextendedproperty @name=N'MS_Description', @value=N'页面上的 ID 属性值' , @level0type=N'SCHEMA',@level0name=N'dbo', @level1type=N'TABLE',@level1name=N'T_Button_TB', @level2type=N'COLUMN',@level2name=N'ButtonIDAttr'
GO
```

表 7-3　菜单表

字 段 名	类　　型	主　　键	可　　空
MenuID	bigint	yes	no
MenuName	nvarchar(MAX)		no
MenuUrl	nvarchar(MAX)		no
CreateDate	datetime		no
CreateIP	varchar(100)		yes
UpdateDate	datetime		no
DeleteFlag	int		no
OrderBy	int		no
Remark	varchar(MAX)		no
ParentId	bigint		yes

建表语句如下：

```
USE [JinCardDB]
GO

/****** Object:  Table [dbo].[T_Menu_TB]    Script Date: 2017/3/7 3:03:15 ******/
SET ANSI_NULLS ON
GO

SET QUOTED_IDENTIFIER ON
GO

SET ANSI_PADDING ON
GO

CREATE TABLE [dbo].[T_Menu_TB](
    [MenuID] [bigint] IDENTITY(1,1) NOT NULL,
```

```
    [MenuName] [nvarchar](max) NOT NULL,
    [MenuUrl] [nvarchar](max) NOT NULL,
    [CreateDate] [datetime] NOT NULL,
    [CreateIP] [varchar](100) NULL,
    [UpdateDate] [datetime] NOT NULL,
    [DeleteFlag] [int] NOT NULL,
    [OrderBy] [int] NOT NULL,
    [Remark] [varchar](max) NOT NULL,
    [ParentId] [bigint] NULL,
 CONSTRAINT [PK_T_Menu_TB] PRIMARY KEY CLUSTERED
(
    [MenuID] ASC
)WITH (PAD_INDEX = OFF, STATISTICS_NORECOMPUTE = OFF, IGNORE_DUP_KEY = OFF,
ALLOW_ROW_LOCKS = ON, ALLOW_PAGE_LOCKS = ON) ON [PRIMARY]
) ON [PRIMARY] TEXTIMAGE_ON [PRIMARY]

GO

SET ANSI_PADDING OFF
GO

ALTER TABLE [dbo].[T_Menu_TB] ADD  CONSTRAINT [DF_T_Menu_TB_CreateDate]
DEFAULT (getdate()) FOR [CreateDate]
GO

ALTER TABLE [dbo].[T_Menu_TB] ADD  CONSTRAINT [DF_T_Menu_TB_UpdateDate]
DEFAULT (getdate()) FOR [UpdateDate]
GO

ALTER TABLE [dbo].[T_Menu_TB] ADD  CONSTRAINT [DF_T_Menu_TB_DeleteFlag]
DEFAULT ((0)) FOR [DeleteFlag]
GO

ALTER TABLE [dbo].[T_Menu_TB] ADD  CONSTRAINT [DF_T_Menu_TB_OrderBy]
DEFAULT ((0)) FOR [OrderBy]
GO

ALTER TABLE [dbo].[T_Menu_TB] ADD  CONSTRAINT [DF_T_Menu_TB_Remark]
DEFAULT ('') FOR [Remark]
GO

EXEC sys.sp_addextendedproperty @name=N'MS_Description', @value=N'菜单名
称' , @level0type=N'SCHEMA',@level0name=N'dbo', @level1type=N'TABLE',
@level1name=N'T_Menu_TB', @level2type=N'COLUMN',@level2name=N'MenuName'
GO

EXEC sys.sp_addextendedproperty @name=N'MS_Description', @value=N'菜单链
接' , @level0type=N'SCHEMA',@level0name=N'dbo', @level1type=N'TABLE',
@level1name=N'T_Menu_TB', @level2type=N'COLUMN',@level2name=N'MenuUrl'
GO

EXEC sys.sp_addextendedproperty @name=N'MS_Description', @value=N'创建时
间' , @level0type=N'SCHEMA',@level0name=N'dbo', @level1type=N'TABLE',
@level1name=N'T_Menu_TB', @level2type=N'COLUMN',@level2name=N'CreateDate'
```

```
GO

EXEC sys.sp_addextendedproperty @name=N'MS_Description', @value=N'创建者的 IP' , @level0type=N'SCHEMA',@level0name=N'dbo', @level1type=N'TABLE', @level1name=N'T_Menu_TB', @level2type=N'COLUMN',@level2name=N'CreateIP'
GO

EXEC sys.sp_addextendedproperty @name=N'MS_Description', @value=N'更新时间' , @level0type=N'SCHEMA',@level0name=N'dbo', @level1type=N'TABLE', @level1name=N'T_Menu_TB', @level2type=N'COLUMN',@level2name=N'UpdateDate'
GO

EXEC sys.sp_addextendedproperty @name=N'MS_Description', @value=N'删除标识，0 表示未删除，1 表示已删除 catalog=''DeleteFlag''' , @level0type=N'SCHEMA', @level0name=N'dbo', @level1type=N'TABLE',@level1name=N'T_Menu_TB', @level2type=N'COLUMN',@level2name=N'DeleteFlag'
GO

EXEC sys.sp_addextendedproperty @name=N'MS_Description', @value=N'排序标识' , @level0type=N'SCHEMA',@level0name=N'dbo', @level1type=N'TABLE', @level1name=N'T_Menu_TB', @level2type=N'COLUMN',@level2name=N'OrderBy'
GO

EXEC sys.sp_addextendedproperty @name=N'MS_Description', @value=N'备注' , @level0type=N'SCHEMA',@level0name=N'dbo', @level1type=N'TABLE',@level1name=N'T_Menu_TB', @level2type=N'COLUMN',@level2name=N'Remark'
GO
```

表 7-4　菜单权限表

字　段　名	类　　型	主　　键	可　　空
RollID	bigint	yes	no
AdminUserID	bigint		no
MenuID	bigint		no
ISAllow	int		no
CreateDate	datetime		no
CreateIP	varchar(100)		yes
UpdateDate	datetime		no
DeleteFlag	int		no
OrderBy	int		no
Remark	varchar(2000)		no

建表语句如下：

```
USE [JinCardDB]
GO

/****** Object:  Table [dbo].[T_Roll_TB]    Script Date: 2017/3/7 3:06:44 ******/
SET ANSI_NULLS ON
GO
```

```
SET QUOTED_IDENTIFIER ON
GO

SET ANSI_PADDING ON
GO

CREATE TABLE [dbo].[T_Roll_TB](
    [RollID] [bigint] IDENTITY(1,1) NOT NULL,
    [AdminUserID] [bigint] NOT NULL,
    [MenuID] [bigint] NOT NULL,
    [ISAllow] [int] NOT NULL,
    [CreateDate] [datetime] NOT NULL,
    [CreateIP] [varchar](100) NULL,
    [UpdateDate] [datetime] NOT NULL,
    [DeleteFlag] [int] NOT NULL,
    [OrderBy] [int] NOT NULL,
    [Remark] [varchar](2000) NOT NULL,
 CONSTRAINT [PK_T_Rool_TB] PRIMARY KEY CLUSTERED
(
    [RollID] ASC
)WITH (PAD_INDEX = OFF, STATISTICS_NORECOMPUTE = OFF, IGNORE_DUP_KEY = OFF,
ALLOW_ROW_LOCKS = ON, ALLOW_PAGE_LOCKS = ON) ON [PRIMARY]
) ON [PRIMARY]

GO

SET ANSI_PADDING OFF
GO

ALTER TABLE [dbo].[T_Roll_TB] ADD  CONSTRAINT [DF_T_Rool_TB_ISValid]
DEFAULT ((0)) FOR [ISAllow]
GO

ALTER TABLE [dbo].[T_Roll_TB] ADD  CONSTRAINT [DF_T_Rool_TB_CreateDate]
DEFAULT (getdate()) FOR [CreateDate]
GO

ALTER TABLE [dbo].[T_Roll_TB] ADD  CONSTRAINT [DF_T_Rool_TB_UpdateDate]
DEFAULT (getdate()) FOR [UpdateDate]
GO

ALTER TABLE [dbo].[T_Roll_TB] ADD  CONSTRAINT [DF_T_Rool_TB_DeleteFlag]
DEFAULT ((0)) FOR [DeleteFlag]
GO

ALTER TABLE [dbo].[T_Roll_TB] ADD  CONSTRAINT [DF_T_Rool_TB_OrderBy]
DEFAULT ((0)) FOR [OrderBy]
GO

ALTER TABLE [dbo].[T_Roll_TB] ADD  CONSTRAINT [DF_T_Rool_TB_Remark]
DEFAULT ('') FOR [Remark]
GO

EXEC sys.sp_addextendedproperty @name=N'MS_Description', @value=N'创建时
间' , @level0type=N'SCHEMA',@level0name=N'dbo', @level1type=N'TABLE',
```

```
@level1name=N'T_Roll_TB',
@level2type=N'COLUMN',@level2name=N'CreateDate'
GO

EXEC sys.sp_addextendedproperty @name=N'MS_Description', @value=N'创建者的 IP' , @level0type=N'SCHEMA',@level0name=N'dbo', @level1type=N'TABLE',
@level1name=N'T_Roll_TB', @level2type=N'COLUMN',@level2name=N'CreateIP'
GO

EXEC sys.sp_addextendedproperty @name=N'MS_Description', @value=N'更新时间' , @level0type=N'SCHEMA',@level0name=N'dbo', @level1type=N'TABLE',
@level1name=N'T_Roll_TB', @level2type=N'COLUMN',@level2name=N'UpdateDate'
GO

EXEC sys.sp_addextendedproperty @name=N'MS_Description', @value=N'删除标识，0 表示未删除，1 表示已删除 catalog=''DeleteFlag''' , @level0type=N'SCHEMA',
@level0name=N'dbo', @level1type=N'TABLE',@level1name=N'T_Roll_TB', @level2type=
N'COLUMN',@level2name=N'DeleteFlag'
GO

EXEC sys.sp_addextendedproperty @name=N'MS_Description', @value=N'排序标识' , @level0type=N'SCHEMA',@level0name=N'dbo', @level1type=N'TABLE',
@level1name=N'T_Roll_TB', @level2type=N'COLUMN',@level2name=N'OrderBy'
GO

EXEC sys.sp_addextendedproperty @name=N'MS_Description', @value=N'备注' ,
@level0type=N'SCHEMA',@level0name=N'dbo', @level1type=N'TABLE',@level1name=
N'T_Roll_TB', @level2type=N'COLUMN',@level2name=N'Remark'
GO
```

表 7-5 按钮权限表

字 段 名	类 型	主 键	可 空
RollButtonID	bigint	yes	no
RollID	bigint		no
ButtonID	bigint		no
ISAllow	int		no
CreateDate	datetime		no
CreateIP	varchar(100)		yes
UpdateDate	datetime		no
DeleteFlag	int		no
OrderBy	int		no
Remark	varchar(2000)		no

建表语句如下：

```
USE [JinCardDB]
GO

/****** Object:  Table [dbo].[T_RollButton_TB]    Script Date: 2017/3/7
3:11:59 ******/
SET ANSI_NULLS ON
```

```
GO

SET QUOTED_IDENTIFIER ON
GO

SET ANSI_PADDING ON
GO

CREATE TABLE [dbo].[T_RollButton_TB](
    [RollButtonID] [bigint] IDENTITY(1,1) NOT NULL,
    [RollID] [bigint] NOT NULL,
    [ButtonID] [bigint] NOT NULL,
    [ISAllow] [int] NOT NULL,
    [CreateDate] [datetime] NOT NULL,
    [CreateIP] [varchar](100) NULL,
    [UpdateDate] [datetime] NOT NULL,
    [DeleteFlag] [int] NOT NULL,
    [OrderBy] [int] NOT NULL,
    [Remark] [varchar](2000) NOT NULL,
 CONSTRAINT [PK_T_RollButton_TB] PRIMARY KEY CLUSTERED
(
    [RollButtonID] ASC
)WITH (PAD_INDEX = OFF, STATISTICS_NORECOMPUTE = OFF, IGNORE_DUP_KEY = OFF,
ALLOW_ROW_LOCKS = ON, ALLOW_PAGE_LOCKS = ON) ON [PRIMARY]
) ON [PRIMARY]

GO

SET ANSI_PADDING OFF
GO

ALTER TABLE [dbo].[T_RollButton_TB] ADD  CONSTRAINT [DF_T_RollButton_TB_
ISAllow]  DEFAULT ((0)) FOR [ISAllow]
GO

ALTER TABLE [dbo].[T_RollButton_TB] ADD  CONSTRAINT [DF_T_RollButton_TB_
CreateDate]  DEFAULT (getdate()) FOR [CreateDate]
GO

ALTER TABLE [dbo].[T_RollButton_TB] ADD  CONSTRAINT [DF_T_RollButton_TB_
UpdateDate]  DEFAULT (getdate()) FOR [UpdateDate]
GO

ALTER TABLE [dbo].[T_RollButton_TB] ADD  CONSTRAINT [DF_T_RollButton_TB_
DeleteFlag]  DEFAULT ((0)) FOR [DeleteFlag]
GO
```

```
ALTER TABLE [dbo].[T_RollButton_TB] ADD  CONSTRAINT [DF_T_RollButton_TB_
OrderBy]  DEFAULT ((0)) FOR [OrderBy]
GO

ALTER TABLE [dbo].[T_RollButton_TB] ADD  CONSTRAINT [DF_T_RollButton_TB_
Remark]  DEFAULT ('') FOR [Remark]
GO

ALTER TABLE [dbo].[T_RollButton_TB]  WITH CHECK ADD  CONSTRAINT [FK_T_
RollButton_TB_T_Rool_TB] FOREIGN KEY([RollID])
REFERENCES [dbo].[T_Roll_TB] ([RollID])
GO

ALTER TABLE [dbo].[T_RollButton_TB] CHECK CONSTRAINT [FK_T_RollButton_TB_
T_Rool_TB]
GO

EXEC sys.sp_addextendedproperty @name=N'MS_Description', @value=N'创建时
间' , @level0type=N'SCHEMA',@level0name=N'dbo', @level1type=N'TABLE',
@level1name=N'T_RollButton_TB', @level2type=N'COLUMN',@level2name=N'CreateDate'
GO

EXEC sys.sp_addextendedproperty @name=N'MS_Description', @value=N'创建者
的 IP' , @level0type=N'SCHEMA',@level0name=N'dbo', @level1type=N'TABLE',
@level1name=N'T_RollButton_TB', @level2type=N'COLUMN',@level2name=N'CreateIP'
GO

EXEC sys.sp_addextendedproperty @name=N'MS_Description', @value=N'更新时
间' , @level0type=N'SCHEMA',@level0name=N'dbo', @level1type=N'TABLE',
@level1name=N'T_RollButton_TB', @level2type=N'COLUMN',@level2name=N'UpdateDate'
GO

EXEC sys.sp_addextendedproperty @name=N'MS_Description', @value=N'删除标
识,0 表示未删除,1 表示已删除 catalog=''DeleteFlag''' ,@level0type=N'SCHEMA',
@level0name=N'dbo', @level1type=N'TABLE',@level1name=N'T_RollButton_TB',
@level2type=N'COLUMN',@level2name=N'DeleteFlag'
GO

EXEC sys.sp_addextendedproperty @name=N'MS_Description', @value=N'排序标
识' , @level0type=N'SCHEMA',@level0name=N'dbo', @level1type=N'TABLE',
@level1name=N'T_RollButton_TB', @level2type=N'COLUMN',@level2name=N'OrderBy'
GO

EXEC sys.sp_addextendedproperty @name=N'MS_Description', @value=N'备注' ,
@level0type=N'SCHEMA',@level0name=N'dbo', @level1type=N'TABLE',@level1name=
N'T_RollButton_TB', @level2type=N'COLUMN',@level2name=N'Remark'
GO
```

以上 5 张表间的关系如图 7-32 所示。

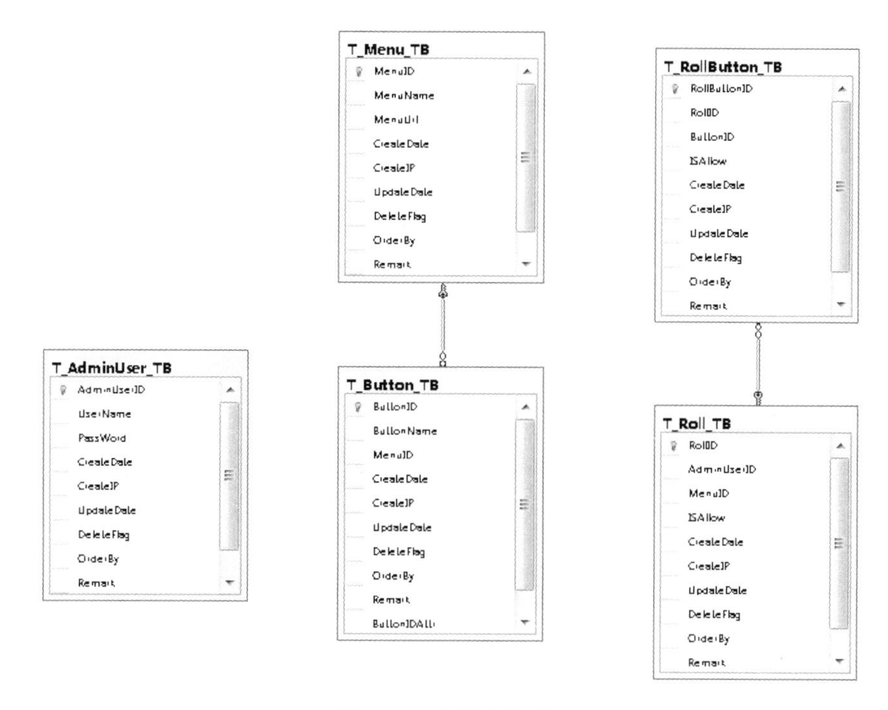

图 7-32　权限表关系

2．权限设计

前面的内容可能是本书中最没意思的一节了，不过我们得到了权限管理的 5 张表。通过这几张表的关系，我们捋一下程序设计。

有两张表是基础表，分别是菜单表（T_Menu_TB）和按钮表（T_Button_TB），这两张表描述了后台所有的菜单和按钮。权限表（T_Roll_TB）描述了用户具有的菜单权限，按钮权限表（T_RollButton_TB）描述了用户具有权限的菜单下面对应的可操作按钮。

下面大家先把后台中所有的菜单及按钮添加到数据库中，然后我们再来设计程序来实现。当然，为了体现我们的懒人精神，MOL 在这里不会去描述 insert 语句怎么写。直接进入程序实现。

先来看一下我们在 7.2.1 节中对菜单的设计（图 7-8）。程序会把菜单表中所有的菜单都罗列出来展示给前端，这显然是没有对权限进行分配的。我们希望有一个人是超级管理员，其他人都是普通管理员。超级管理员可以看到所有的菜单，而普通管理员需要根据权限来展示不同的菜单。

鹏辉：那就是修改 LoadMenu()函数，针对不同的管理员返回不同的菜单。对于超级管理员来说，要返回所有的菜单。代码如下：

```
public string LoadMenu()
{
    if ("admin".Equals(Session["adminusername"].ToString().ToLower()))
    {
            var menulist = menuBll.GetListAll();
            JavaScriptSerializer js = new JavaScriptSerializer();
            string json = js.Serialize(menulist);
            return @"{'menus':" + json + "}";
    }
    else
    {
        var rollList = rollBll.GetListByPageBase(t => t, t => t.AdminUserID
== AdminCustomInfo.AdminUserID && t.ISAllow==0, t => t.RollID, true).
ToList();
        //node
        var nodeList = new List<Node>();
        foreach (var roll in rollList)
        {
            if (string.IsNullOrEmpty(roll.T_Menu_TB.MenuUrl))
            {
                var node = new Node();
                node.menuid = roll.T_Menu_TB.MenuID;
                node.menuname = roll.T_Menu_TB.MenuName;
                foreach (var rollChild in rollList)
                {
                    if (node.menus == null)
                    {
                        node.menus = new List<Leaf>();
                    }
                    if (!string.IsNullOrEmpty(rollChild.T_Menu_TB.MenuUrl)
&&rollChild.T_Menu_TB.OrderBy==roll.T_Menu_TB.MenuID)
                    {
                        node.menus.Add(new Leaf() { menuname=rollChild.T_
Menu_TB.MenuName,url=rollChild.T_Menu_TB.MenuUrl});
                    }
                }
                nodeList.Add(node);
            }
        }
        JavaScriptSerializer js = new JavaScriptSerializer();
        string json = js.Serialize(nodeList);
        return @"{'menus':"+json+"}";
    }
}
```

MOL：OK，非常好。菜单权限实现了以后，我们再来想一下按钮权限的问题。按钮权限就不像菜单这么简单了。首先，按钮是挂在菜单页面下的；其次，按钮是写在EasyUI控件里的，并不是获取后台数据来显示的。

在数据库级别，我们已经设置了按钮表T_Button_TB，对应的实体类如下：

```
public partial class T_Button_TB
{
    public T_Button_TB()
    {
```

```
        this.T_AdminLog_TB = new HashSet<T_AdminLog_TB>();
        this.T_RollButton_TB = new HashSet<T_RollButton_TB>();
    }

    public long ButtonID { get; set; }
    public string ButtonName { get; set; }
    public long MenuID { get; set; }
    public System.DateTime CreateDate { get; set; }
    public string CreateIP { get; set; }
    public System.DateTime UpdateDate { get; set; }
    public int DeleteFlag { get; set; }
    public int OrderBy { get; set; }
    public string Remark { get; set; }
    public string ButtonIDAttr { get; set; }

    public virtual ICollection<T_AdminLog_TB> T_AdminLog_TB { get; set; }
    public virtual T_Menu_TB T_Menu_TB { get; set; }
    public virtual ICollection<T_RollButton_TB> T_RollButton_TB { get; 
set; }
}
```

通过这个实体类的定义可以清晰地看到，对于每个按钮，我们都可以找到与之对应的菜单，这样就实现了“按钮挂在菜单下”。

接下来就要考虑如何根据权限，在前端显示不同的按钮。

正常的思路是我们应该先从数据库拿到某管理员的权限菜单，再拿到菜单下面此管理员可以操作的按钮，最后把这些按钮显示到界面上。当然，在大型的权限管理系统中也确实是这样做的。不过，基于具体问题具体考虑的原则，我们并不打算这样做，而且我们要把懒人精神发挥到极致。

这样来想，所谓按钮权限，其实就是先把所有的按钮都显示出来，然后把不需要的按钮都删除。

刘朋：这样会不会很不安全啊。只要拿到我们的 JavaScript 文件，就会很轻易地知道我们删除了哪些按钮。

MOL：没错，这样做确实不太安全，但是我们可以通过其他方式来避免嘛，如 JavaScript 压缩。而且，后台系统的操作人员都是内部人，出问题的机会还是非常小的。

按照这个思路，其实不用修改原有的代码，只需要增加类似下面的代码即可：

```
$('#btnEdit').remove();
```

需要注意的是，删除控件的 JavaScript 语句一定要在页面加载完后再执行。

鹏辉：这条语句我能看懂，但是你咋知道你要删除的按钮的 ID 一定是 btnEdit 呢？

MOL：大家来看 datagrid 控件中关于按钮的描述，还是以“删除”按钮为例。

```
{
    id: 'btnDelete',
    text: '删除',
    iconCls: 'icon-remove',
    handler: function () {
        doDelete();
```

```
        }
    }
```

在按钮属性里是不是有一个 id 属性？我们来看看页面上的删除按钮对应的 HTML 是什么样的，如图 7-33 所示。

图 7-33　删除按钮

可以看到，EasyUI 把 id 属性原封不动地转换成了 HTML 标签中的 id 属性。我们只需要把 HTML 中对应的 id 标签删除，即可达到控制权限的目的。

冲冲：那我明白了。我实现一下，大家看看。

```
window.onload = function () {
    $.post("/Roll/Index", { url: "currenturl" }, function (result) {
        $(result).each(function () {
            $(this).remove();
        });
    });
}
```

MOL：没错，就是这个思路。

刘朋：这样的代码会在每个后台页面中都出现一遍，这好像不太符合 DRY 原则吧，说好的懒人精神呢？

MOL：接下来，我们就来解决刘朋提出来的问题。

如果不希望在每个后台页面中都写一堆类似的 JavaScript 代码，就需要把这一堆代码抽象出来。通过观察发现，除了传入的 URL 参数不一样，其他的代码都是一样的。这样，我们就可以把上面的代码封装成一个函数，所有的页面都来调用这个函数。封装后的函数是这样的：

```
Function rollFun(url)
{
$.post("/Roll/Index", { url: url}, function (result) {
        $(result).each(function () {
            $(this).remove();
        });
    });
}
```

在每个后台页面中，我们只需要写下面一行代码即可：

```
window.onload=function()
{
rollFun("currendurl");
}
```

你以为这样就可以了吗？错了。这样的写法完全不够“懒”。如果有一个函数，它不需要你传入当前 URL，就可以把所有非权限内的按钮全部删除，这样会不会更简单？我们可以通过后台来获取当前管理员的所有非权限按钮，然后构建一堆 JavaScript 语句，把这些 JavaScript 语句放到前端，就万事大吉了。

后台代码如下：

```
/// <summary>
/// 获取权限操作的 JS 代码
/// </summary>
/// <returns></returns>
public ActionResult SetButtonIndex()
{
    //如果是超级管理员，那么不进行任何操作
    if ("admin".Equals(Session["adminusername"].ToString().ToLower()))
    {
        ViewBag.js = string.Empty;
    }
    else
    {
        //找到允许的菜单
        var  allowMenuList  =  rollBll.GetListByPageBase(t  =>  t,  t  =>
t.AdminUserID  ==  AdminCustomInfo.AdminUserID  &&  t.ISAllow  ==  0,  t  =>
t.RollID, true).ToList();
        var rollIdList = allowMenuList.Select(t => t.RollID);
        //找到允许的按钮
        var rollButtonList = rollButtonBll.GetListByPageBase(t => t, t =>
rollIdList.Contains(t.RollID)  &&  t.ISAllow  ==  0,  t  =>  t.RollButtonID,
true).ToList();
        var allowButtonIdList = rollButtonList.Select(t => t.ButtonID);
        StringBuilder js = new StringBuilder();
        //所有的按钮
        var allButtonList = buttonBll.GetListAll();
        foreach (var button in allButtonList)
        {
            if (!allowButtonIdList.Contains(button.ButtonID))
            {
                js.AppendLine(string.Format(@"$('#{0}').remove();",
button.ButtonIDAttr));
```

```
            }
        }
        ViewBag.js = js.ToString();
    }
    return View();
}
```

这样，只需要在前端调用这个 Action 即可。前端代码如下：

```
@{
    Html.RenderAction("SetButtonIndex", "Resurce");
}
```

这样就可以了？NO NO NO。这还不够“懒”，我甚至连上面的 3 行代码都不想写，怎么办？是不是可以把这 3 行代码放到模板里，然后所有的后台页面都继承这个模板？

冲冲：对哦，如果使用模板的话，不仅权限代码不用写了，还有一些公共的 JavaScript 引用也不用写了，这才是懒人嘛。

MOL：为了体现懒人精神，MOL 就不带着大家写模板了，相信以大家的 IQ，写个模板出来那都是分分钟的事情。

7.3　其他的前端框架

EasyUI 框架是一个非常优秀的框架，当然还有一些其他的框架也很优秀，我们来简单认识一下这些框架。

7.3.1　Bootstrap 框架

国外有一个很著名的社交网站 Twitter，这个网站的开发团队开发了一个前端框架 Bootstrap，和 EasyUI 一样，Bootstrap 也是基于 HTML、CSS 和 JavaScript 的。这个开发框架一经面世，很多程序员都趋之若鹜，甚至微软全国广播公司也使用了这个框架来搭建自己的网站。

Bootstrap 有一个非常了不起的特点，就是“自适应”，这个词看起来很陌生，MOL 给大家解释一下。

现在越来越多的网站从 PC 机搬到了移动设备上，如大家经常使用的购物网站，我们可以在计算机上操作购物，也可以在手机上操作，当然也可以在自己的平板电脑上购物。如果用传统的开发方式来开发这样的网站，意味着我们需要根据不同的显示大小及分辨率来设计不同的界面，大家想一下，这是个非常恐怖的开发量，而且维护成本也出奇的大。但是 Bootstrap 的出现，改变了这种设计理念。我们只需要写一套前端，就可以适应所有的终端。是不是很神奇？

7.3.2　jQuery UI 框架

jQuery 提供了很多可供大家选择的控件，而且依赖于 jQuery，所以上手非常简单，大家有兴趣的话可以自行查看一下 API 文档。

关于 jQuery UI，MOL 不知道怎么评价，它完全依赖于 jQuery（尽管很多程序员都比较喜欢 jQuery），而且并没有特别出彩的地方。和其他的前端框架相比，jQuery UI 的控件库并不丰富，最要命的是里面还有很多 Bug，没错，是很多 Bug。所以大家可以看到的 jQuery UI 的成型网站不是很多。

总的来说，有了这些现成的前端框架，给程序员的开发带来了很大的便利。

7.4　小说 HTML 5

前面我们讲的所有内容，都是基于 HTML 的，通常意义上的 HTML 都是说 HTML 4，那么 HTML 5 和 HTML 4 有什么区别？

从表面上看，HTML 5 更突出了“语义”，HTML 5 中增加了很多新的标签，如音频、视频标签、布局标签等。这些标签的出现，使得 HTML 代码更容易被理解。下面来看一个简单的例子。

如果我们想在页面上展示一个五角形，那么需要美工先画一个五角形的图片给程序员，然后程序员通过写下面的代码来展示。

```
<img src='五角形.png' >
```

在 HTML 5 中，可以使用 SVG 标签来实现，代码如下：

```
<svg xmlns="http://www.w3.org/2000/svg" version="1.1" height="190">
  <polygon points="100,10 40,180 190,60 10,60 160,180"
  style="fill:red;stroke:blue;stroke-width:3;fill-rule:evenodd;" />
</svg>
```

展示效果如图 7-34 所示。

看到了吧，我们没有加载任何图片，全凭几行 HTML 代码就可以实现一个五角形的展示。

图 7-34　五角形

再举个例子。有些信息需要存储在客户端如登录名，我们第一时间想到的肯定是 cookie。如果需要保存的客户端的数据量比较大，cookie 就不能胜任了。HTML 5“祭出”了 localstorage 和 sessionstorage，更神奇的是，localstorage 是没有时间限制的（假如你哪天想要翻看第 N 个前女友的照片，那么就把照片放在 localstorage 中吧）。Localstorage 的使用也非常简单，假如：

```
<script type="text/javascript">
localStorage.第 39 个前女友="范丁丁";
console.log(localStorage.lastname);
</script>
```

HTML 5 是一个非常有用的知识，不管是前端美工还是后端程序员都需要掌握它，但 MOL 在这里就不详述了。

7.5 小　　结

本章中介绍了常见的前端框架，并着重介绍了 EasyUI 框架的使用方法，以及简单的权限分配的实现。关于 HTML 5 的内容，大家可自行查询 HTML 5 的 API 文档继续学习。

第 8 章　人生中的第一次高并发

最近《成都》这首歌火得不要不要的，于是晋商卡商城附庸风雅地上架了一大批“成都”主题的商品，如“成都”的辣条、张飞牛肉……

当客户做出这个上架决定的时候，MOL 隐隐地有一丝不详的预感。于是，MOL 紧急把大家召唤在一起，准备迎接接下来可能出现的生产问题。

8.1　网站又崩溃了！

刘朋、鹏辉、冲冲一边心惊胆战地坐在计算机前打开生产日志开始监控，一边惴惴不安地等着客户的反馈。

AM7:30 鹏辉：生产日志无异常

AM8:00 鹏辉：生产日志无异常

AM8:30 鹏辉：生产日志无异常

鹏辉：是不是我们太谨慎了？到现在为止，一切正常啊。

冲冲也打着哈欠说：是呀，我都没睡好呢，现在没啥问题，我补个觉。

MOL：行，你们先休息会儿，我在这里盯着。

大家纷纷找地方休息去了。

MOL 盯着生产日志又看了近 1 个小时，也没有任何异常出现。难道是自己多心了？（此刻，北京时间 9:30）

就在 MOL 怀疑人生的时候，日志量开始多了起来，有大量的用户开始下单购买商品。除此之外，没有任何异常。

但好景不长，不一会就开始有异常日志了。MOL 赶紧把大家都叫起来。

MOL：异常日志已经出现，相信用户很快就会打电话报故障了。在用户报故障之前，我们把服务器重启一下，然后再分析日志。

众领命，分头行动。服务器很快就重启完成，所有人马上分析日志。

经过分析日志发现，9 点半以后，有大量用户下单购买商品，刚开始的时候一切正常，后来就出现数据库操作超时的错误日志，而且这样的错误日志越来越多。

MOL 心里一惊，这是属于高并发产生的问题，重启服务器是无法解决的。

果不其然，用户打电话报故障，说网站报 404 错误。MOL 马上跟用户商量应急方案，临时增加两台服务器用来做负载。

这样折腾了近 1 个小时，服务器总算是正常运行了，但网络还是比较拥堵，CPU 使用比例也一直在 90 %以上。

解决完生产问题以后，MOL 把大家召集到一起。

刘朋：加两台服务器有点不太够用啊，我们是不是考虑再多加一台？

鹏辉：加服务器的话，投入的成本好大的。

MOL：服务器先不用加，现有的 3 台服务器已经完全可以“抗”得住现有的并发。我们接下来要解决的是如何在程序级别处理并发。因为用户并不想再多买两台服务器，只希望使用现有的服务器来完成自己的业务流程。

8.2　从相亲说起

按照 MOL 的风格，MOL 肯定不会直接讲技术的。没错，我们这次就先讲下关于后半生幸福的那些事情。

MOL 有一个朋友，大家都管他叫李老板。李老板早已过了而立之年，却一直单身，于是相亲就成为他现在的生活中不可缺少的一个话题。在春节放假的时候，相亲就成为他人生中的主要活动。下面 MOL 采用对话的形式来叙述他的相亲经历。

李老板：你是不知道啊，每年过年，我最发愁的就是去亲戚家拜年。我们老家的规矩是，只要没有结婚就可以领压岁钱。你说我每年去亲戚家都领压岁钱，这是多闹心的一件事啊。

MOL：这不挺好嘛，又找到了一条发家致富的道路。

李老板：好啥呀，跟我一样大的亲戚们都是带着自己家孩子去的，或者带着自己的老婆去，或者带着未婚妻去，只有我还是跟着我爸妈去。人家都是发压岁钱，我还在领压岁钱。同样是生活在一个村里面的“屌丝”，做人的差距咋就这么大呢？

MOL 笑而不语。

李老板：不扯闲篇了。这不，刚走完亲戚，家里就给我安排了一堆相亲对象。从早上 8 点钟开始，到晚上 10 点钟，中间除了上厕所，剩下的时间全部都在相亲。很多时候，我还在和姑娘聊天的时候，电话就响了：我妈提醒我下一个相亲对象已在某咖啡厅等着了。这节奏，比上班都要累啊。

MOL：那你可以推掉一些相亲机会嘛，这样也能对一些姑娘有更加深入的了解。

李老板：那怎么能行，都是七大姑、八大姨介绍的，薄了谁的面子也不好。

MOL：你是怎么处理的呢?

李老板：没办法，只能让下一个姑娘稍微等会。

MOL：高，实在是高。

李老板：呵呵，不得以而为之嘛，就我这么一个人，同一时间肯定只能约会一个姑娘，总不能批量处理吧。

……

当然，李老板相亲的生活还在继续，而且在很长一段时间内还会继续下去。不知道大家从 MOL 和李老板的对话中，有没有得到一些启示？

刘朋：是要让我们也去尝试一下相亲吗？

冲冲：我们还小着呢。

鹏辉：是不是想说，让相亲姑娘等一会，让导弹飞一会？

MOL：看到差距了吧，同样是在一个公司工作的，理解差距咋就这么大呢。MOL 想说的是，当有大量请求需要你处理的时候，应该如何应对。

正如鹏辉所说，让导弹飞一会。可能姑娘在等你的时候会有怨言，但是你可以保证，你一定会和约会对象碰面，并处理这次碰面，而不会因为时间紧张而拒绝这次约会。

这就好比大家去银行办理业务，前面有长长的队伍，你去的时候，一定是排在最后面的。只要你足够耐心，那么就可以排到队首，顺利地办完业务。当然，在你排队的时候，还会有大量的人排到你的后面。

刘朋：哦，明白了。这其实就是一个先进先出的数据模型，我在《数据结构》这门课程中学过，它的学名叫队列（Queue）。

MOL：没错，在本书的“姊妹”篇《ASP.NET 入门很简单》这本书中，MOL 也讲过队列的使用方法。为什么在这里又提到队列了呢？难道是 MOL 在写书的时候写不下去了，随便找知识点凑篇幅吗？虽然这样做确实很懒，但明显不符合我们的懒人精神。

正如刘朋所说，队列的特点就是先进先出（FIFO First In First Out）。其实这个道理古人早已有知。比如大家熟知的“近水楼台先得月，向阳花木易逢春”。回到李老板相亲的事情中来看，我们把李老板看成是被动资源，有 100 个姑娘都要向李老板发起相亲请求。这个时候，李老板就要把这 100 个姑娘按照请求时间的先后顺序来排序，然后依次处理。李老板就相当于一个管道，100 个姑娘就相当于 100 个请求消息。这 100 个请求消息依次进入管道，并按照进入的顺序依次通过管道，这就是消息队列。当然也有特殊情况，比如李老板在相亲到第 49 个姑娘的时候，两个人情投意合，并且进行了深入浅出的交流。那么，剩下的 51 个姑娘就不用再约了，因为在第 49 个姑娘的时候，李老板已经解决了自己后半生幸福的问题。

对应到我们的程序中，当队列满足一定的条件，队列可以主动退出消息处理。比如，电商网站经常会做一些类似秒杀的活动。那么就会出现这样的场景：活动开始的一瞬间，会有大量的用户下单，但是能抢到商品的用户可能就那么几个（如第 49 个用户），消息队列在处理完 49 个用户的抢单以后，就不会再处理其他的请求了。

8.3　简述消息队列

没错，我们上面讲的一大堆有用、没用的话，都是为了引出消息队列这个神奇的中间件。

鹏辉：本来消息队列就没明白是个啥玩意，再来个中间件，话说，中间件是什么？

MOL：中间件是一种独立的系统或服务，它是分布式系统中非常重要的一个组成部分。分布式系统就借助中间件来共享资源和处理请求。比如我们常见的日志中间件 log4net、短信平台中间件、依赖反转中间件等。以 log4net 来举例，如果没有 log4net 这个中间件，我们可以自己写代码来记录日志到文件或数据库中，但这样做明显没有 log4net 专业。再比如，如果不使用 Spring，我们也可以通过工厂模式配合适配器模式来实现依赖反转，但这样做明显增加了工作量。总结一下，中间件是一个神器，我们可借助这个神器来减少工作量，提高工作效率。

当然，中间件的功能不止于此，比如接下来要介绍的消息队列。消息队列中间件算是一个架构层面的中间件，所以大家可能感觉用了消息队列和不用消息队列的代码级别区别不大。

下面以秒杀活动为例来说明。

8.3.1　串行设计

如果不使用任何技术，用户发起下单请求，后台就开始处理，处理完以后向用户发送短信，最后向用户发送邮件，流程如图 8-1 所示。

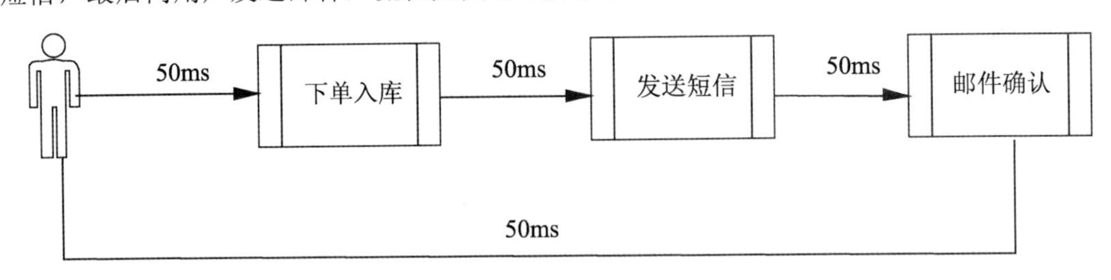

图 8-1　串行下单流程

从图 8-1 中可以看到，用户下单到入库需要 50 毫秒，这 50 毫秒服务器做了些什么事呢？服务器收到用户的下单请示，调用我们写的代码对用户请示进行处理，并对用户钱包金额进行扣款，然后增加一条订单信息。扣款和增加订单一定是一个事务，要么都成功，要么都不成功。

第一个 50 毫秒完成之后，程序进入发送短信流程，发送短信的时候需要调用短信平台的接口，发送短信也需要 50 毫秒。

第二个 50 毫秒完成之后，程序进入发送邮件的流程。程序调用邮件接口向用户的邮箱发送一份下单成功的邮件。

发送邮件的动作完成之后，最后把下单成功的信息返回给客户端，这个过程需要 50 毫秒。

这个流程总共需要 200 毫秒。200 毫秒是什么概念？假设我们的服务器是单核 CPU，这个 CPU 每秒有 1000 个时间片，也就意味着，这台服务器在什么都不干的情况下，1 秒钟可以处理 5 个下单请求（1000/200=5）。在秒杀活动的时候，这样的效率是非常恐怖的。如果 1 秒内有 100 个用户发起下单申请，而服务器只能处理 5 个用户，其他的 95 个用户会看到什么呢？那就是浏览器的刷新图标一直在转圈，过一段时间，系统提示超时。

在要求实时性高的场景中，千万不能使用上面说的这种串行设计。

8.3.2　多线程设计

鹏辉：与串行相对的就是并行喽，那我们可以把上面的“下单入库”、“发送短信”和“邮件确认”这 3 个动作做成 3 个线程。当用户发起下单请求的时候，就开启 3 个线程来处理用户的讲求，示意图如图 8-2 所示。

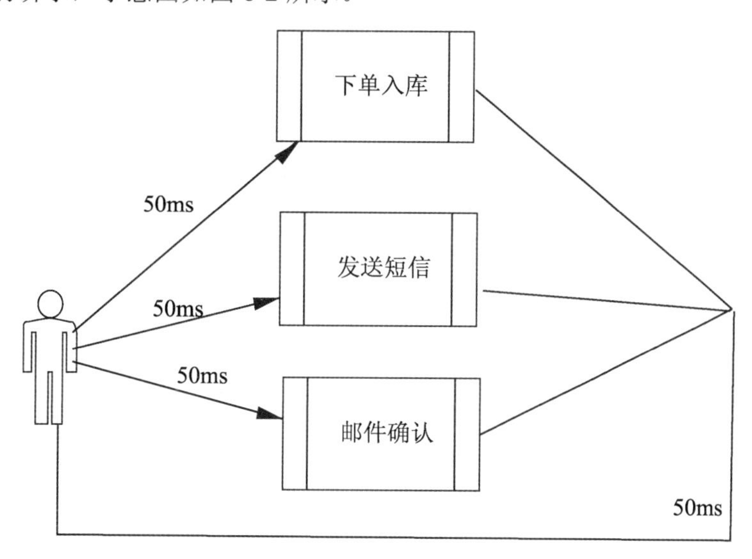

图 8-2　并行设计第一版

这样做整个流程只需要 100 毫秒。处理时间一下就减少了一半，效率自然就提高了很多。

MOL：这个思路方向是对的，使用多线程来压缩服务器处理请示的时间，但是这样的设计有非常明显的漏洞。

比如用户发起了下单申请，这时发送短信的线程先执行完了，用户收到了下单成功的短信。与此同时，下单入库的操作也在紧锣密鼓地进行着。如果这个时候数据库罢工了，也就意味着下单入库的操作没有完成。

当用户查看订单的时候，发现自己的下单并没有成功，那么用户一定是“黑人问号脸”，明明收到短信了，为啥我的订单不翼而飞了呢？

所以，发短信操作和发邮件操作一定要在入库操作之后进行。鹏辉需要再完善一下设计。

鹏辉：分分钟搞定。

不过多时，鹏辉拿出了第二版的并行设计图，如图 8-3 所示。

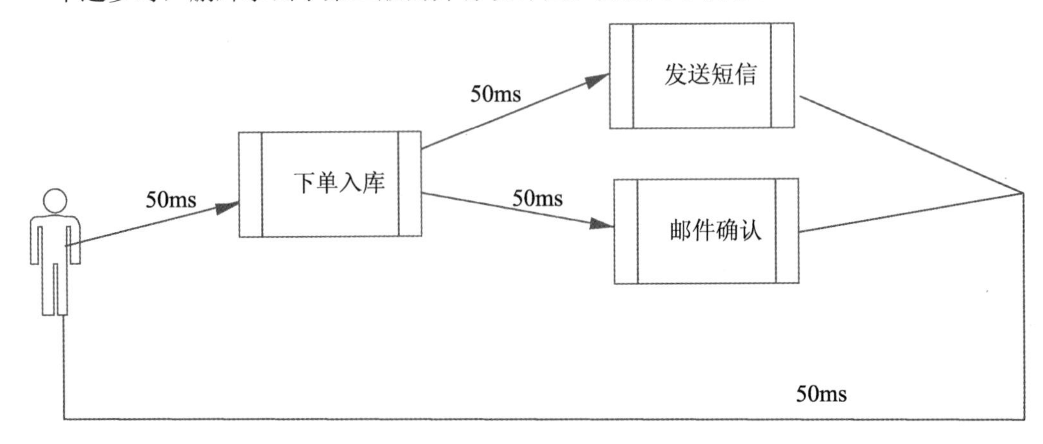

图 8-3　并行设计第二版

鹏辉：我来解释一下，用户发起下单请示后，程序先对下单进行入库操作，入库成功以后，再进行发送短信和邮件确认的操作。这样耗费的时间是 150 毫秒。下面是伪代码：

```
public class OrderController : BaseController
{
    #region property
    IT_Order_TBService orderBll { get; set; }
    IT_CustomInfo_TBService customerInfoBll { get; set; }
    IT_Product_TBService productBll { get; set; }
    #endregion
    /// <summary>
    /// 下单
    /// </summary>
    /// <param name="productID"></param>
    /// <returns></returns>
    public ActionResult CreateOrder(long productID)
    {
```

```
        var productModel = productBll.GetModel(productID);
        var orderModel = new T_Order_TB();
        var timenow = DateTime.Now;
        orderModel.CreateDate = timenow;
        orderModel.CreateIP = Request.UserHostAddress;
        orderModel.DealNo = timenow.ToLongDateString();
        orderModel.DeleteFlag = 0;
        orderModel.OrderCost = 98M;
        orderModel.OrderDateTime = timenow;
        orderModel.OrderState = 0;
        orderModel.StoreFrontID = Guid.NewGuid();
        orderModel.StoreName = "鹏辉的小店";
        orderModel.UpdateDate = timenow;
        orderModel.UserCardNo = customInfo.CardNo;
        orderModel.UserInfoID = customInfo.UserInfoID;
        if (orderBll.Add(orderModel) != null)
        {
            System.Threading.Thread  threadSMS  =  new  System.Threading.
    Thread(PostSMS);
            threadSMS.Start();
            System.Threading.Thread  threadEmail  =  new  System.Threading.
    Thread(PostEMail);
            threadEmail.Start();
            return Content("下单成功");
        }
        else
        {
            return Content("下单失败");
        }
    }
    /// <summary>
    /// 发短信
    /// </summary>
    /// <param name="phoneNo"></param>
    private void PostSMS()
    {
        //发送短信的代码
    }
    /// <summary>
    /// 发邮件
    /// </summary>
    /// <param name="email"></param>
    private void PostEMail()
    {
        //发送邮件的代码
    }
}
```

MOL：非常好。我们要的就是这样的效果，在保证业务流程正确的前提下，尽量减少系统的反应时间。

8.3.3　消息队列设计

经过鹏辉的处理，对于单用户下单的处理时间已经从 200 毫秒降到了 150 毫秒，而且从系统稳定上来说也有了很大的提高。但上面所有的设计都是传统的，接下来我们要做的是把响应时间进一步降低。

快闪开，我要放大招了！

先来看这样一个设计图，如图 8-4 所示。

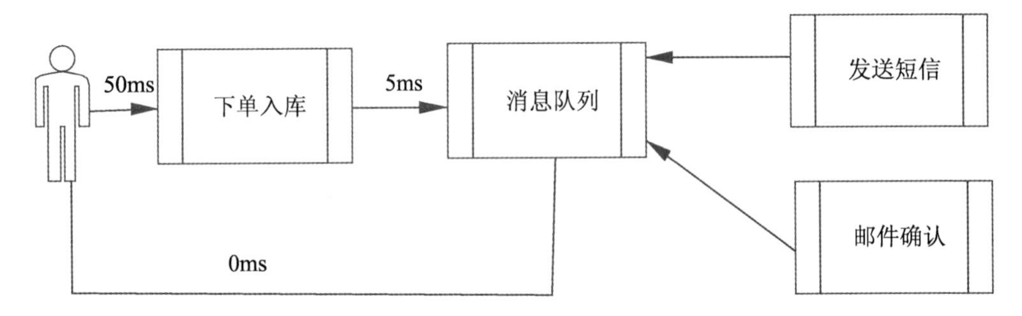

图 8-4　消息队列设计

稍微解释一下，用户发起下单请求，服务器接收到请求以后要进行下单入库的操作，这并不是重点，重点是入库以后的动作。

入库以后，程序会把入库成功的信息送给消息队列，然后直接把成功信息返回给客户端。图 8-4 中从消息队列到客户端耗费时间是 0 毫秒。这是为什么呢？大家想一下，程序把下单成功的信息告诉消息队列，然后就直接返回了，把下单成功的消息发出去需要 5 毫秒，直接返回的时候就不需要时间了。

刘朋：那消息队列里的消息怎么处理呢？

MOL：发送短信模块和邮件确认模块可以定时去消息队列中取数据，取到以后，就执行发短信和发邮件的操作，并且把当前消息从消息队列中移除。

这样程序对于单用户下单时间就从 200 毫秒降到了 55 毫秒，效率提高了近 4 倍。

刘朋：也就是说，程序需要做的工作就是下单，下单完了就不管了？那我怎么保证短信和邮件是成功发送的呢？

MOL：我们是不是可以给消息队列中的消息打一个标记，这个标识用来描述短信和邮件是否发送成功。短信模块和邮件模块从队列中取消息，发送成功以后，就给这个消息更新标识，用来描述发送成功。当短信和邮件都发送成功以后，就把当前消息从队列中删除。

这样做虽然不能保证实时性，但是可以保证用户一定能收到邮件和短信。

退一步讲，如果短信模块和邮件模块都“挂”了，造成的影响无非是用户收不到邮件和短信，但用户的下单流程一定是正常的。

8.4　常见的消息队列

消息队列有很多，常见的消息队列有微软自带的 MSMQ（MicroSoft Message Queue），Apache 出品的 ActiveMQ 和 RabbitMQ 等。

8.4.1　MSMQ 消息队列

微软的产品最大的特点就是用户只需要一直单击“下一步”按钮就可以完成安装。下面我们看看 MSMQ 如何安装。

1. MSMQ安装

打开控制面板，选择“程序和功能”，在界面最左边选择“打开或关闭 Windows 功能”，如图 8-5 所示。

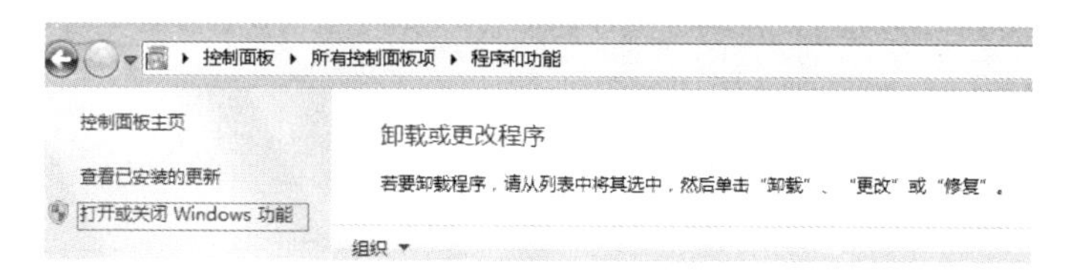

图 8-5　打开或关闭 Windows 功能

在弹出的界面中，勾选“Microsoft Message Queue（MSMQ）服务器”选项，并单击“确定”按钮，即可完成安装操作，如图 8-6 所示。

图 8-6　安装 MSMQ

安装好以后，还需要配置一个属于自己的 MSMQ。右击“计算机”图标，弹出如

图 8-7 所示窗口，然后选择“管理”→消息队列→专用队列。

在主界面处右击，新建一个专用的 MSMQ，如图 8-8 所示。

图 8-7　配置专用的 MSMQ

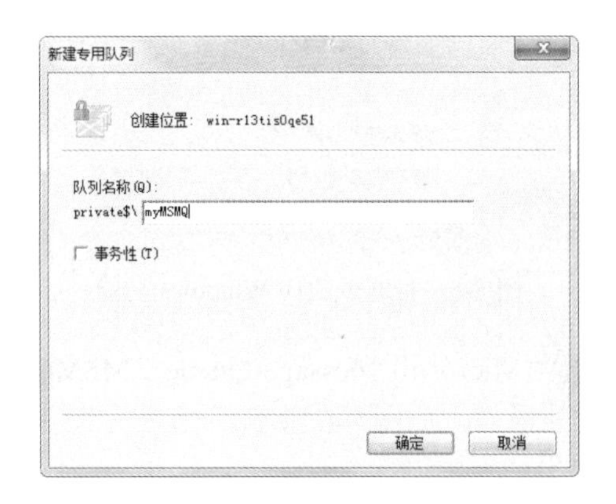

图 8-8　新建专用队列

配置完专用的 MSMQ 以后，就可以使用 MSMQ 了。接下来，MOL 通过一个小的 Demo 程序来演示如何使用 MSMQ。

2．使用MSMQ

这个 Demo 程序分为发送消息和接收消息两部分。先来看发送消息的代码：

```
static void Main(string[] args)
{
    SendToQueue();
    Console.Read();
}
/// <summary>
/// 发送消息到队列
```

```
/// </summary>
static void SendToQueue()
{
    var queuePath = @".\\Private$\\mymsmq";
    //
    if (!MessageQueue.Exists(queuePath))
    {
        MessageQueue.Create(queuePath);
    }
    var mymsmq = new MessageQueue(queuePath);
    for (int i = 1; i <= 10; i++)
    {
        var msg = string.Format("我是第{0}个消息",i);
        mymsmq.Send(msg);
    }
}
```

执行程序以后，再来看刚才建立的消息队列，如图 8-9 所示。

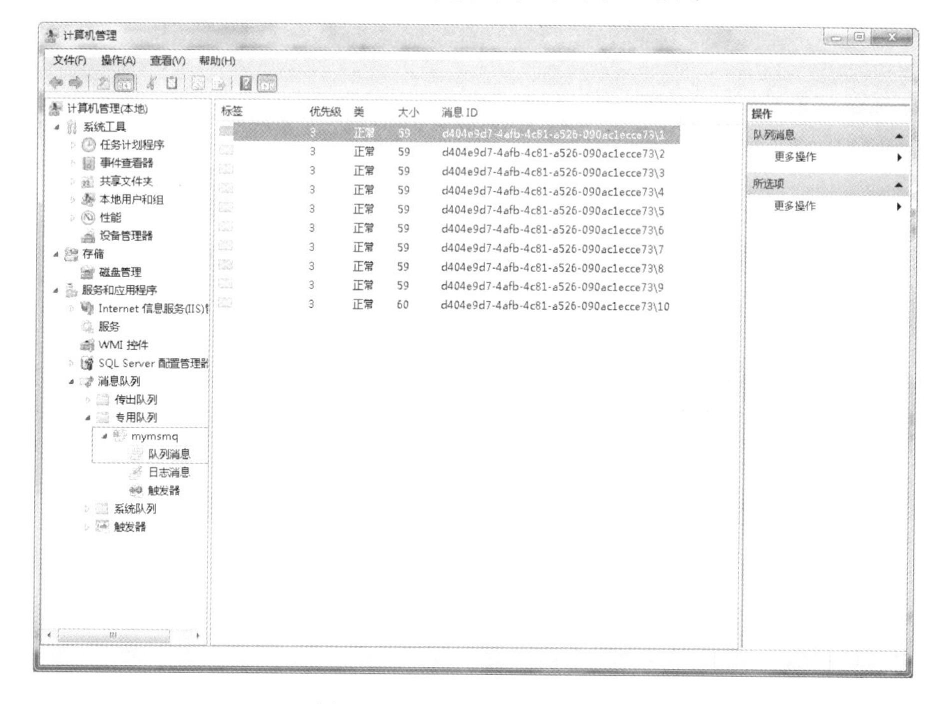

图 8-9　发送消息后的消息队列

可以看到，我们发送的消息已经全部到达 mymsmq 消息队列了。接收消息的代码如下：

```
static void Main(string[] args)
{
    ReceiveFromQueue();
    Console.Read();
}
static void ReceiveFromQueue()
{
```

```
    var queuePath = ".\\Private$\\mymsmq";
    using (var queue = new MessageQueue(queuePath))
    {
        queue.Formatter = new XmlMessageFormatter(new Type[] { typeof
(String) });
        var exist = false;
        while (!MessageQueue.Exists(queuePath))
        {
            Console.WriteLine("您指定的消息队列不存在");

        }
        exist = true;
        while (exist)
        {
            var m = queue.Receive();
            Console.WriteLine("收到消息，内容是：{0} \n--------------", (string)
m.Body);
        }
    }
}
```

运行程序，效果如图 8-10 所示。

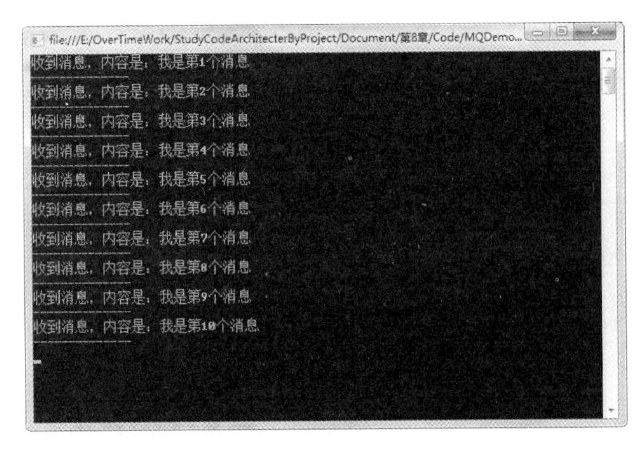

图 8-10　接收消息

到这里，这个 Demo 程序就做完了。是不是很简单？

应用到我们的晋商卡项目中，伪代码如下。

下单操作：下单后，发送订单主键到消息队列，代码如下：

```
public ActionResult CreateOrderMQ(long productid)
{
    //下单操作 得到 orderid
    ......
    var orderid = Guid.NewGuid();
    //发送消息到队列
    var queuePath = ".\\Private$\\mymsmq";
    //
    if (!MessageQueue.Exists(queuePath))
```

```
        {
            MessageQueue.Create(queuePath);
        }
        MessageQueue mymsmq = new MessageQueue(queuePath);
        mymsmq.Send(orderid);
    }
```

发送模块：先从消息队列中拿到需要处理的订单主键，然后根据订单主键取得订单，接着再取得下单人，最后发送短信和邮件，代码如下：

```
    public void AfterOrder()
    {
        var queuePath = ".\\Private$\\mymsmq";
        using (var queue = new MessageQueue(queuePath))
        {
            queue.Formatter = new XmlMessageFormatter(new Type[] { typeof(Guid) });
            while (true)
            {
                var orderid = queue.Receive();
                PostSMS(orderid);
                PostEMail(orderid);
                // 老纳感觉身份被掏空了，休息一秒钟。当然，也可以不休息
                System.Threading.Thread.Sleep(1000);
            }
        }
    }
    /// <summary>
    /// 发短信
    /// </summary>
    /// <param name="phoneNo"></param>
    private void PostSMS(Guid orderid)
    {
        //发送短信的代码
    }
    /// <summary>
    /// 发邮件
    /// </summary>
    /// <param name="email"></param>
    private void PostEMail(Guid orderid)
    {
        //发送邮件的代码
    }
```

刘朋：既然有了消息队列，那么下单模块、发短信模块和发邮件模块就完全分享了呀，我们是不是可以新建一个项目，这个项目专门用来发短信和发邮件。

MOL：没错。这也是消息队列的另外一个好处——业务解耦。我们不仅可以新建一个项目用来发短信和邮件，而且这个新建的项目可以布署到一台新的服务器上。如果某一天，我们的项目需要新增一个发微信通知的功能，那么就不需要修改下单模块，只需要在发送模块中新增功能即可。

需要注意的是，如果使用远程消息队列，那么特别要注意初始化消息队列的格式。例如我们的项目架构是这样的，如图 8-11 所示。

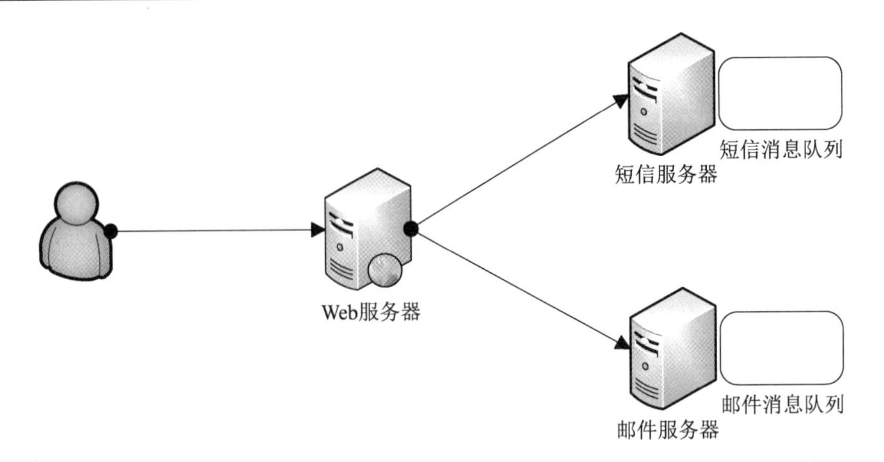

图 8-11　消息队列分布式架构示意图

很明显，下单操作一定是在 Web 服务器上进行的。完成下单以后，需要向短信服务器和邮件服务器的消息队列上各自发一个消息。假设短信服务器的 IP 是 192.168.1.31，邮件服务器的地址是 192.168.1.32，那么 Web 服务器上发送消息的代码就是这样的：

```
public ActionResult CreateOrderMQ(long productid)
{
    //下单操作得到orderid
    ……
    var orderid = Guid.NewGuid();
    //发送消息到队列
    var smsQueuePath = "FormatName:Direct=TCP:192.168.1.31\\private$\\
mymsmq";
    if (!MessageQueue.Exists(smsQueuePath))
    {
        MessageQueue.Create(smsQueuePath);
    }
    MessageQueue smsMQ = new MessageQueue(smsQueuePath);
    smsMQ.Send(orderid);
    var emailQueuePath = "Direct=TCP:192.168.1.32\\private$\\mymsmq";
    //
    if (!MessageQueue.Exists(emailQueuePath))
    {
        MessageQueue.Create(emailQueuePath);
    }
    MessageQueue emailMQ = new MessageQueue(emailQueuePath);
    emailMQ.Send(orderid);
}
```

鹏辉：我看出问题了，把常量直接写在代码里是典型的硬编码。我觉得这个 IP 可以写在配置文件中。

MOL：非常好，这也是我们代码演变的一个过程。接下来，我们把 IP 写在配置文件中，这样对代码的改动很小。改完以后的代码是这样的：

```
public ActionResult CreateOrderMQ(long productid)
{
```

```
    //下单操作得到 orderid
    ......
    var orderid = Guid.NewGuid();
    //发送消息到队列
    var smsQueuePath = System.Configuration.ConfigurationManager.AppSettings
["smsQueuePath"];
    if (!MessageQueue.Exists(smsQueuePath))
    {
        MessageQueue.Create(smsQueuePath);
    }
    MessageQueue smsMQ = new MessageQueue(smsQueuePath);
    smsMQ.Send(orderid);
    var emailQueuePath = System.Configuration.ConfigurationManager.AppSettings
["emailQueuePath"];
    //
    if (!MessageQueue.Exists(emailQueuePath))
    {
        MessageQueue.Create(emailQueuePath);
    }
    MessageQueue emailMQ = new MessageQueue(emailQueuePath);
    emailMQ.Send(orderid);
}
```

好，我们把 IP 写入了配置文件，大家再来看看这样做是否还有其他问题。

刘朋：发送给短信服务器和邮件服务器的消息是一样的，但我们写了两段几乎一样的代码，这明显不符合 DRY 原则嘛。如果以后要再加一个发送微信消息的功能，那么我们必须得修改这段代码喽。

MOL：没错，我们更希望把所有需要接收消息的服务器都整合在一起，这样也便对以后的业务进行扩展。其实，微软已经帮我们想到了这一点。我们可以把所有的 IP 都写在一个字符串里，Web 服务器上的代码只需要建立一个发送消息的对象就可以了。代码如下：

```
public ActionResult CreateOrderMQ(long productid)
{
    //下单操作得到 orderid
    ......
    var orderid = Guid.NewGuid();
    // 发送消息到队列
    // <appsetting name="allPath" value="FormatName:Direct=TCP:121.0.0.1\\
private$\\queue,Direct=TCP:192.168.1.2\\private$\\queue">
    var allQueuePath = System.Configuration.ConfigurationManager.AppSettings
["allPath"];
    if (!MessageQueue.Exists(allQueuePath))
    {
        MessageQueue.Create(allQueuePath);
    }
    MessageQueue allQueue = new MessageQueue(smsQueuePath);
    allQueue.Send(orderid);
}
```

这样就不用担心以后有其他的业务扩展了，再有业务扩展时，只需要修改配置文件中的字符串即可，完全不用修改现在的下单代码。

8.4.2　RabbitMQ 消息队列

鹏辉：如果我们要和其他语言开发的系统进行配合，那么不一定要把消息队列安装到 Windows 系统上吧。我记得咱们以前讲 NoSQL 的时候，用 Linux 系统安装 MongoDB 还是挺刺激的。要不，再来一把？

MOL：刺激的事情，做一遍就行了，不过 MOL 接下来要介绍的这个消息队列，是可以安装在 Linux 系统上的，这样就可以和其他语言开发的模块完美结合了。

为了演示方便，我们把 RabbitMQ 安装在 Windows 系统下。我们的项目如果以后有这样的需要，可以很快地把 RabbitMQ 移植到 Linux 系统下。

刘朋：稍等一下，怎么又蹦出来一个新名词？RabbitMQ 是什么？

MOL：RabbitMQ 是接下来我们要介绍的一个消息队列。

1．RabbitMQ的安装和配置

RabbitMQ 是一个开源的消息队列，是用 Erlang 语言编写的，可以支持很多语言，如 C#、Java、Python 和 PHP 等。它的安装过程可不像 MSMQ 那么简单，需要先下载安装包，安装包包括两部分，分别是 Erlang 运行时（相当于.net runtime）和 RabbitMQ 的服务端程序，下载地址如下。

- Erlang 运行时的下载地址是 http://www.erlang.org/download；
- 消息队列服务的下载地址是 http://www.rabbitmq.com/releases/rabbitmq-server。

安装完成以后，消息队列默认的监听端口是 15672。

安装完以后就完了？大家记住，只要是开源跨平台非微软出口的软件，在安装完成后，都需要做以下配置。

接下来激活 RabbitMQ，在命令行下执行以下语句：

```
RabbitMQ的安装目录\sbin\rabbitmq-plugins.bat enable rabbitmq_management
```

激活后，需要重启 RabbitMQ 后才能使用。还是在命令行模式下执行下面的语句：

```
net stop RabbitMQ && net start RabbitMQ
```

重启之后，需要进行创建用户、设置密码和绑定权限等操作。先在命令行模式下进入安装目录的 sbin 目录下。

创建用户，代码如下：

```
rabbitmqctl.bat add_user mol password
```

添加用户之后，通过下面的语句可查看添加结果。

```
rabbitmqctl.bat list_users
```

添加完成后，结果如图 8-12 所示。

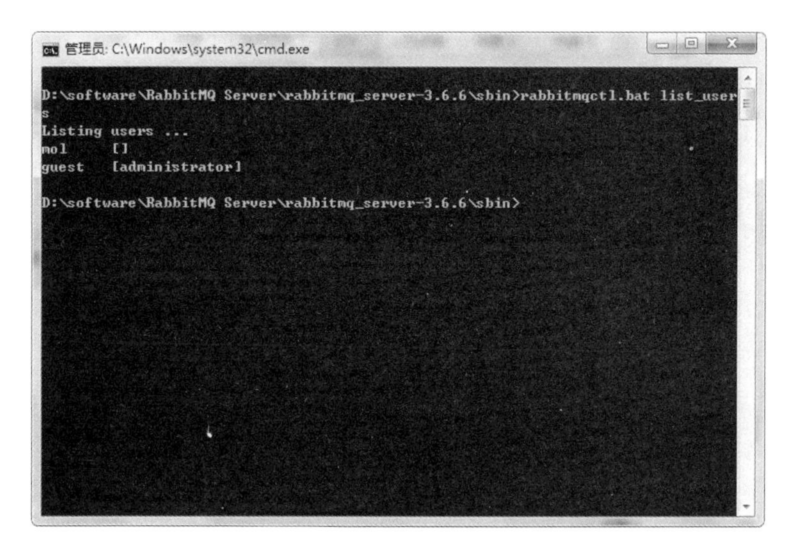

图 8-12　查看现有用户

可以看到，现在已经成功添加了用户 mol，但这个用户不属于任何用户组，所以接下来需要把 mol 加入 administrator 组中。

执行下面的代码进行权限组的分配：

```
rabbitmqctl.bat set_user_tags mol administrator
```

执行完成后，结果如图 8-13 所示。

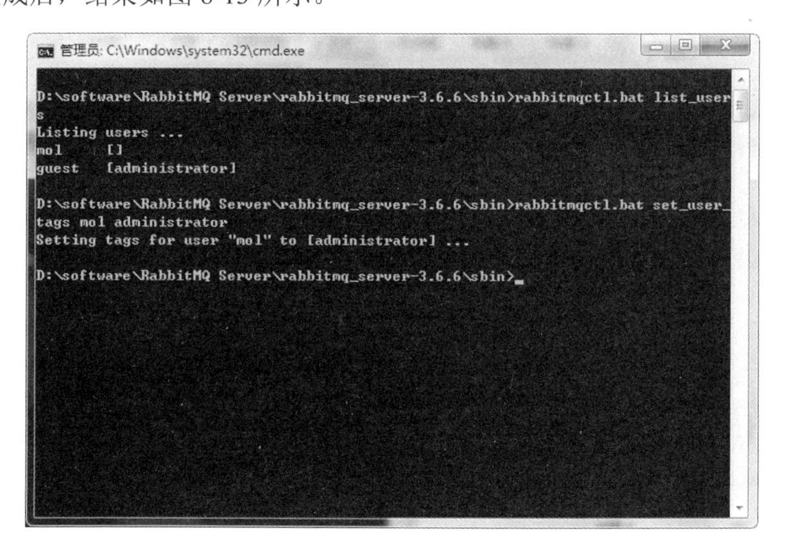

图 8-13　添加权限组

添加完权限以后，再来查看一下用户信息，如图 8-14 所示。

```
管理员: C:\Windows\system32\cmd.exe

D:\software\RabbitMQ Server\rabbitmq_server-3.6.6\sbin>rabbitmqctl.bat list_user
s
Listing users ...
mol     []
guest   [administrator]

D:\software\RabbitMQ Server\rabbitmq_server-3.6.6\sbin>rabbitmqctl.bat set_user_
tags mol administrator
Setting tags for user "mol" to [administrator] ...

D:\software\RabbitMQ Server\rabbitmq_server-3.6.6\sbin>rabbitmqctl.bat list_user
s
Listing users ...
mol     [administrator]
guest   [administrator]

D:\software\RabbitMQ Server\rabbitmq_server-3.6.6\sbin>
```

图 8-14　查看用户权限

可以看到，用户 mol 已经被加入到 administrator 组中了。接下来将 mol 的权限设置为所有权限，执行下面的代码：

```
rabbitmqctl.bat set_permissions -p /  mol ".*" ".*" ".*"
```

执行完成后，结果如图 8-15 所示。

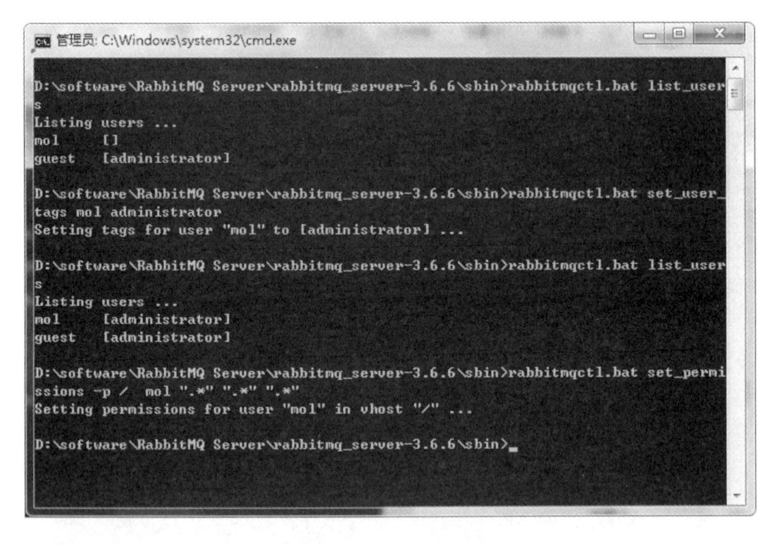

图 8-15　增加用户权限

到这里为止，RabbitMQ 就安装完成了，接下来验证一下安装是否成功。在浏览器中输入 http://localhost:15672，然后输入刚才设定的用户名 mol 和密码 password，如果可以看到如图 8-16 所示的页面，那么证明 RabbitMQ 已安装成功。

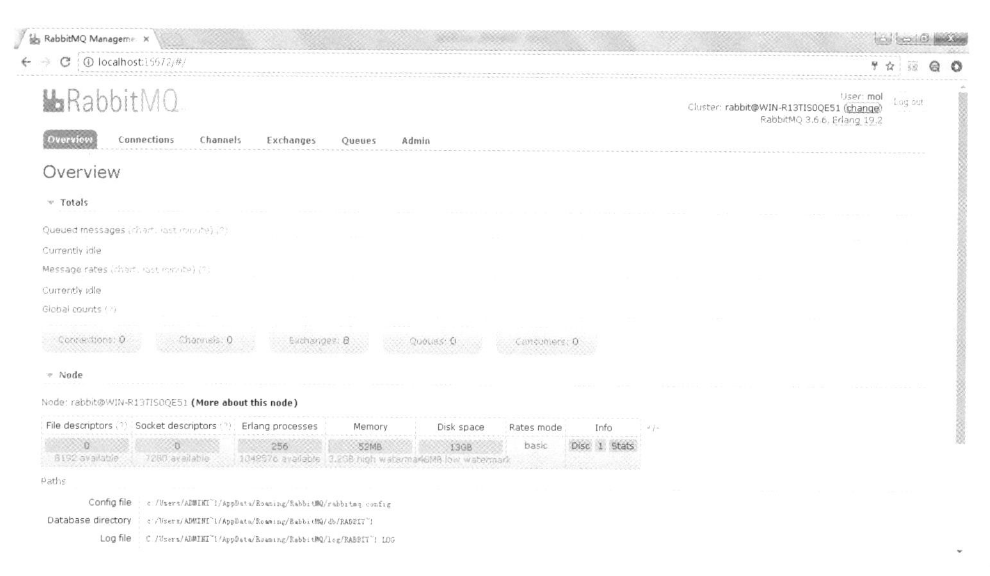

图 8-16　验证 RabbitMQ 已安装成功

2．使用RabbitMQ

在使用 RabbitMQ 之前，需要先下载消息队列的客户端 DLL，下载地址是 http://www.rabbitmq.com/releases/rabbitmq-dotnet-client/v3.4.2/rabbitmq-dotnet-client-3.4.2-dotnet-3.5.zip。下载完成后解压，找到 RabbitMQ.Client.dll 文件并将其引用到项目中。这样所有的准备工作就做完了，接下来我们要写一个发送消息和接收消息的 Demo。

先来看一下发送消息的代码：

```
private static void sendRabbitMQ()
{
    var factory = new ConnectionFactory();
    factory.HostName = "127.0.0.1";
    factory.UserName = "mol";
    factory.Password = "password";

    using (var connection = factory.CreateConnection())
    {
        using (var channel = connection.CreateModel())
        {
            channel.QueueDeclare("myFirstChannel", false, false, false,
null);
            string message = "这是我要发送的消息";
            var body = Encoding.UTF8.GetBytes(message);
            channel.BasicPublish("", "myFirstChannel", null, body);
            Console.WriteLine(" 已发送消息，消息内容是： {0}", message);
        }
    }
}
```

你们发现了什么吗？

刘朋：上面的代码和 MSMQ 的代码不太一样。看起来需要先创建一个连接工厂，然后再用工厂创建一个连接对象，再用连接对象创建一个连接频道，最后才通过频道把消息发送出去。

MOL：这也是很多开源软件的一个特点，它们公开了大量设计模式的细节，并允许程序员来使用这些细节，比如前面我们用到的工厂模式。

上面的代码执行完以后，我们再到 RabbitMQ 的管理界面中看一下，检查一下代码中发送的消息是否成功了，如图 8-17 所示。

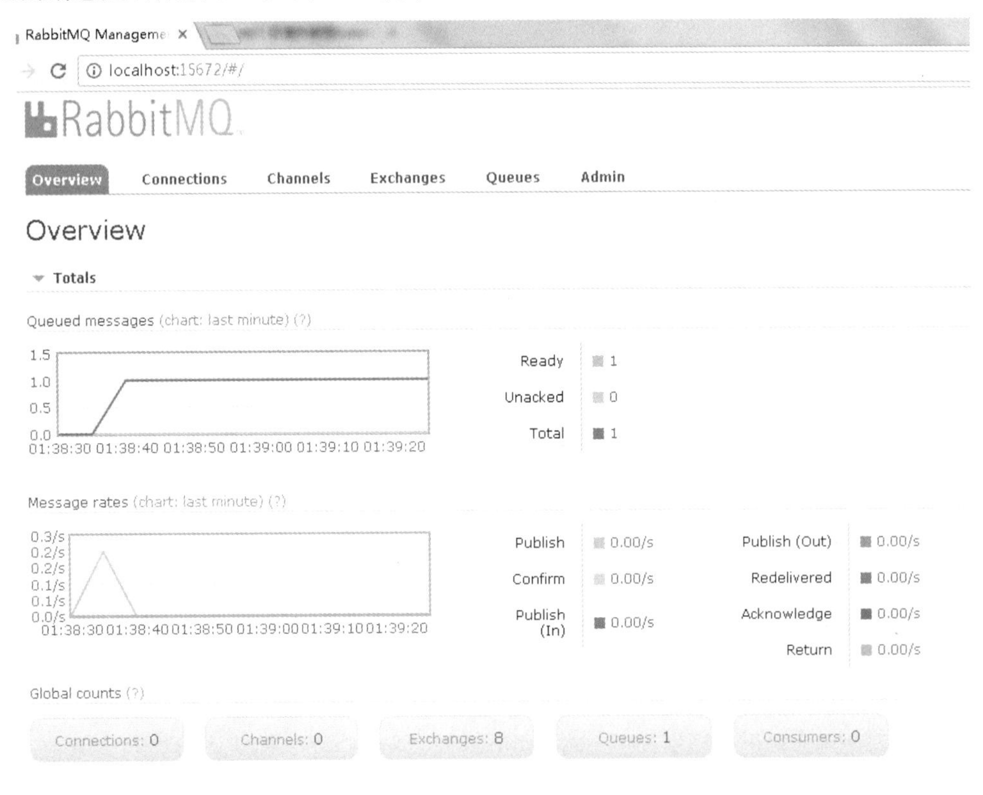

图 8-17　检查发送结果

通过消息队列的管理界面可以看出，在 1:38 分的时候，RabbitMQ 收到了一条消息，说明发送消息是成功的。

接下来写接收消息的代码：

```
static void receiveRabbitMQ()
{
    var factory = new ConnectionFactory();
    factory.HostName = "127.0.0.1";
    factory.UserName = "mol";
    factory.Password = "password";

    using (var connection = factory.CreateConnection())
```

```
    {
        using (var channel = connection.CreateModel())
        {
            channel.QueueDeclare("myFirstChannel", false, false, false, null);
            var consumer = new QueueingBasicConsumer(channel);
            channel.BasicConsume("myFirstChannel", true, consumer);
            Console.WriteLine("我已做好准备，等待接收消息");
            while (true)
            {
                var ea = consumer.Queue.Dequeue();
                var body = ea.Body;
                var message = Encoding.UTF8.GetString(body);
                Console.WriteLine("收到消息,内容是: {0}", message);

            }
        }
    }
}
```

可以看到，接收消息和发送消息的代码区别不大。程序运行的结果如图 8-18 所示。

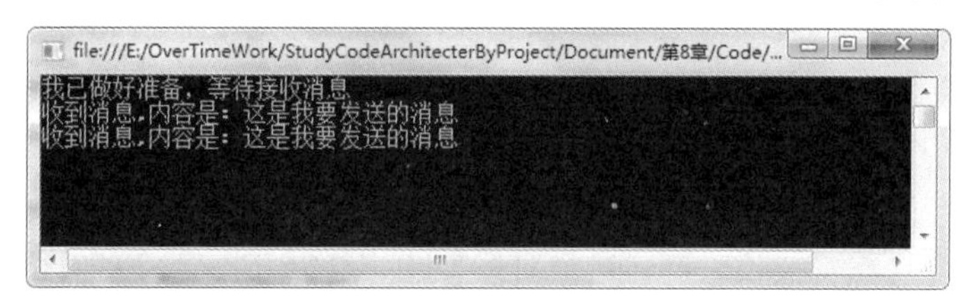

图 8-18　接收消息

然后再到 RabbitMQ 的管理界面中查看一下消息队列中是否还有消息存在，如图 8-19 所示。

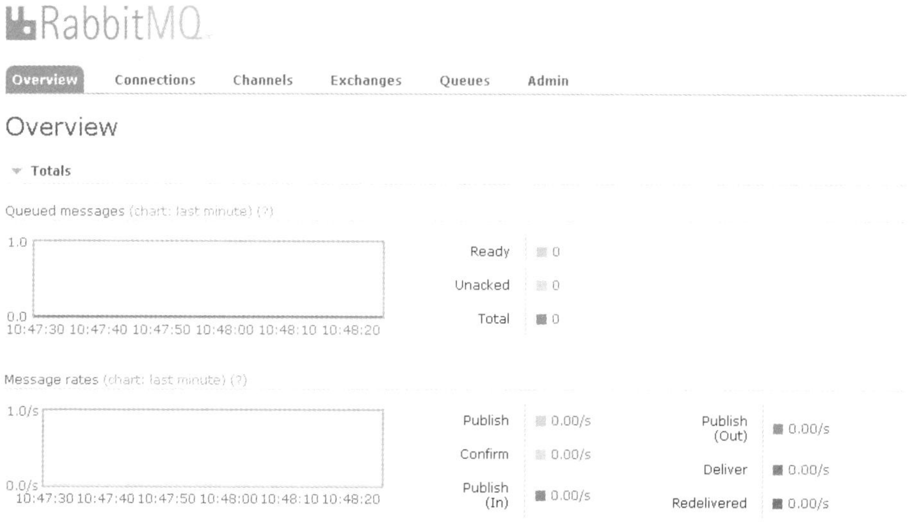

图 8-19　RabbitMQ 管理界面

可以看到，消息队列中已经没有消息了，说明我们的接收消息的代码是运转正常的。

需要注意的是，我们在 Demo 中写接收消息的代码是通过手动触发来接收消息的，而在真实的项目中，需要以死循环的方式来接收消息，例如：

```
While(true)
{
    //接收消息
}
```

3．RabbitMQ题外话

所有的消息队列都是采用“生产者-消息者模型”来构建的，而 RabbitMQ 有一个非常实用的功能，就是队列中的消息可以分配给多个消费者处理，如图 8-20 所示。

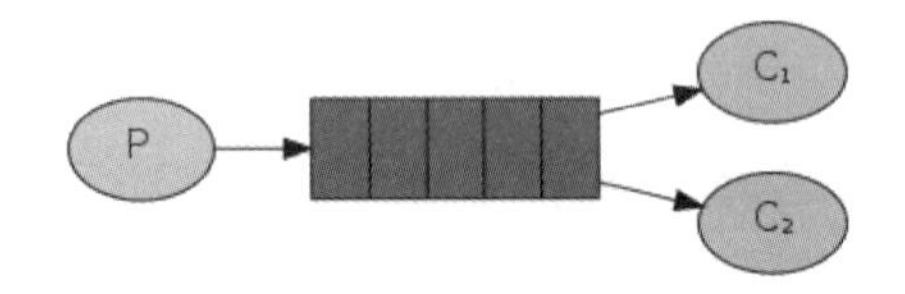

图 8-20　多消费者处理消息

这种处理消息的方式非常适合秒杀活动。简单来说，领导下发了很多任务，而一个员工完成这些任务需要花费很长时间，这个时候如由多个员工一起完成，可以减少总体的工作时间。

这也是消息队列的第三个作用，即“流量削峰”。

8.5　小　　结

本章中 MOL 介绍了消息队列的设计原由，并介绍了微软提供的 MSMQ 和开源的 RabbitMQ。其实，除了本章介绍的这两种消息队列，还有很多其他的消息队列表现也非常优秀，如 ActiveMQ、ZeroMQ，以及前面讲过的 Redis 也是具有消息队列功能的。我们在使用的时候，选择一个自己熟悉的就可以了。当然，如果项目比较庞大，就需要考虑消息队列支持负载均衡的问题了。

第 9 章　微信公众号

经过我们对晋商卡系统的改造，晋商卡系统已经很平稳地运行很长一段时间了。客户为了不让大家闲着，又提出了新的需求。

随着社会的发展，时代的进步，几乎人人都有了智能手机，而微信作为一个智能手机上不可或缺的软件，也成为了很多商家开展业务的一个平台。鉴于这样的形势，晋商卡也不能落后，我们希望能把晋商卡搬到微信公众号上去宣传。

面对这个需求，MOL 真是“丈二和尚，摸不着头脑”。因为 MOL 本人对这些新鲜的事物是不太感冒的。

大家还记得第 8 章中李老板和 MOL 吐槽他相亲的事吗？没错，李老板又要出场了。

9.1　李老板出场，请热烈鼓掌

MOL：感谢李老板的相亲经历为我们的消息队列的讲述提供了一个很好的素材，接下来，我们请李老板闪亮登场。

李老板垂头丧气地坐下：见笑，见笑。

MOL：李老板，有什么不开心的事情？说出来让大家开心一下嘛。

李老板：这不刚从老家回来嘛，有一个好消息和一个坏消息，你想先听哪个？

MOL：那就先听好消息吧。

李老板：好消息是，相亲的内容非常丰富，我几乎见到了地球上能看到的所有物种，像新世纪水缸青年啦、竹竿少妇啦、带着孩子的啦等各种奇葩人物，而我遇到最奇葩的一个人只有 18 岁，真是不知道她们咋想的。哥是一个有理想、有追求的程序“猿”，可不能将就。

MOL：我觉得你多给光头强发点工资，不要扣人家的奖金，很多姑娘就会来了。

李老板：唉，就哥租住的这 20 平米的房间，还有姑娘来？你想多了。

MOL：还有一个坏消息，再说来听听。

李老板：这不相亲完了回了北京嘛，每天都一个人在家也没个说话的人，老郁闷了，我都快抑郁了。

MOL：不是我说你，你这写代码也很多年了，这点事就把你难住了呀。来，给你看个二维码（如图 9-1 所示）。

李老板：这是什么？

MOL：废话真多，把你的 iPhone 6s 拿出来，打开微信扫一下不就知道了嘛。

李老板扫完之后：这是你自己做的测试账号嘛，有啥可稀奇的。

MOL：你现在是不是缺个跟你聊天的人？把你的想法告诉这个测试账号。

李老板扯着嗓子：我想要个姑娘！

MOL：咱这测试账号没那么智能，你得把你的想法打成字告诉它。

李老板斜了 MOL 一眼：早说嘛，害我丢人。

李老板在测试账号中输入了“我想要个姑娘！”，账号马上给出了回复，如图 9-2 所示。

图 9-1　测试二维码

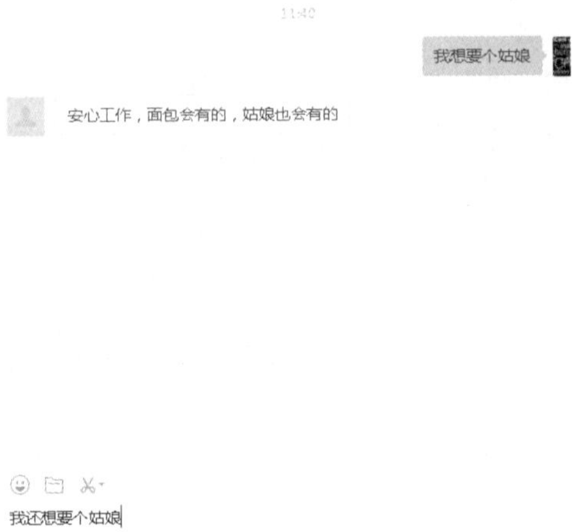

我想要个姑娘

安心工作，面包会有的，姑娘也会有的

我还想要个姑娘

图 9-2　李老板的理想

李老板：你是在逗我玩吗？

MOL：没有达到你的要求，是吧？不要紧，跟 MOL 一起看看下面的内容后，你自己就可以注册个账号陪你玩了。

9.2　初探微信公众号

微信公众号是商家在微信公众平台上申请的应用账号。注意，这句话的主干是“微信公众号是账号”。很多人都会把微信公众号理解成是一个开发平台或者某个网站，其实不然。微信公众平台是一个展示平台，而微信公众号是在这个平台上的一个账号，只不过这个账号可以在平台上做很多事情。

微信公众号分为服务号和订阅号，服务号是商家可以申请的，所以申请的时候需要商家的信息。由于 MOL 本人没有对公账户，也不是企业法人，所以不能申请微信服务号，下面我们将以“订阅号”来讲解说明。

订阅号是一种相对低级一些的公众号，它不能使用很多高级接口（如支付接口），但是订阅号和服务号的使用流程基本上是一样的。

9.2.1　申请订阅号

首先来申请一个订阅号。虽然订阅号的申请过程比较简单，但 MOL 在这里还是要说一下。先进入微信公众号的登录页面，网址是 https://mp.weixin.qq.com/，单击右上角的“立即注册”链接，如图 9-3 所示。

图 9-3　微信公众号登录页面

之后会进入选择公众号类型页面，如图 9-4 所示。

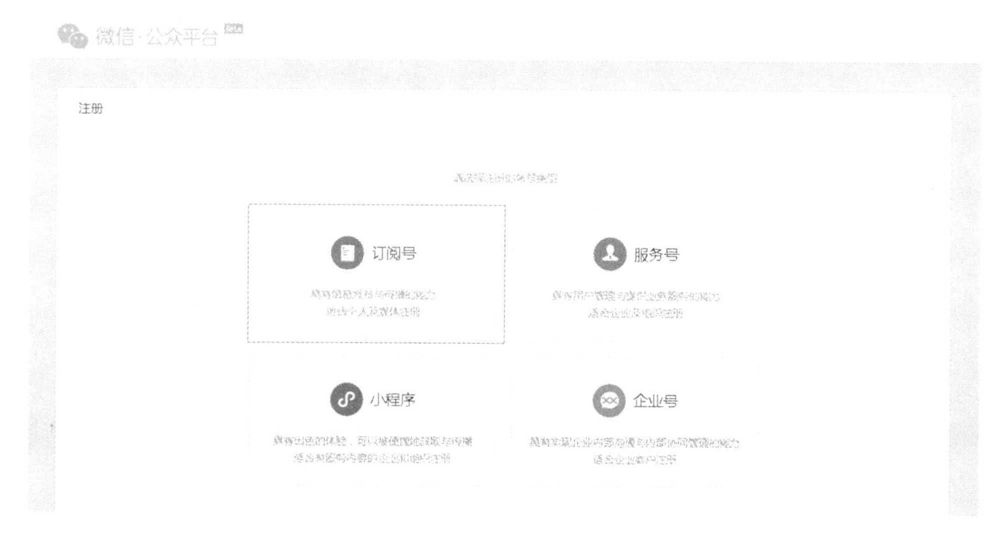

图 9-4　选择公众号类型

选择“订阅号”后进入注册页面，如图 9-5 所示。

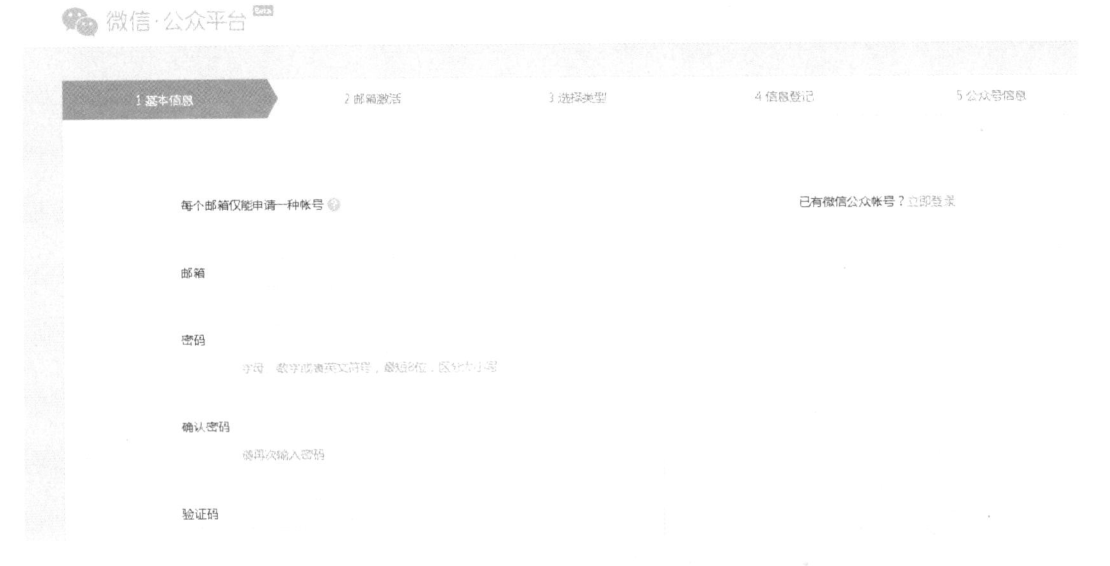

图 9-5　输入注册信息

输入注册信息，并勾选“我同意并遵守《微信公众平台协议》”后，单击“注册”按钮进入邮件确认页面，如图 9-6 所示。

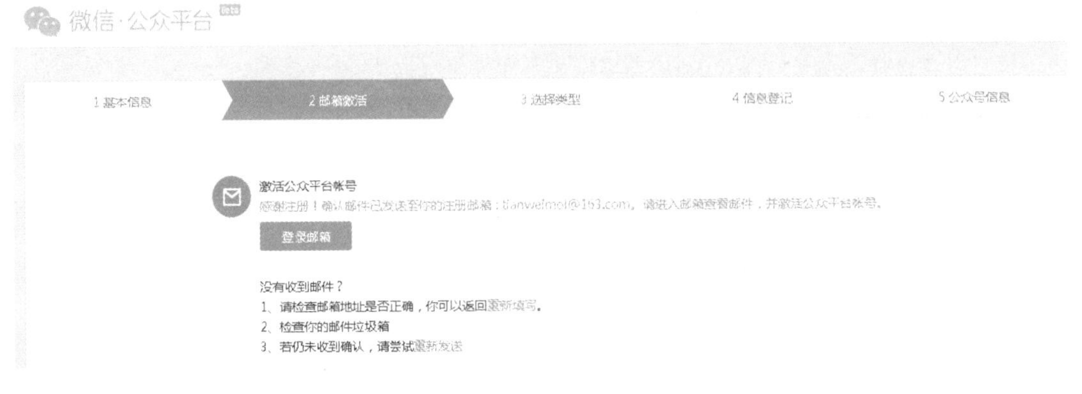

图 9-6　邮件确认页面

此时，微信将会给你的注册邮箱发一封确认邮件，单击注册邮箱中的链接激活账号，进入如图 9-7 所示的选择账号类型页面。

该页面与图 9-4 所示的页面是重复的，不用管，这里我们选择“订阅号”，此时微信会让再次确认所选择的账号类型，如图 9-8 所示。

图 9-7　选择账号类型

图 9-8　再次确认账号类型

单击“确定”按钮，进入“信息登记”页面，如图 9-9 所示。

用户信息登记

微信公众平台致力于打造真实、合法、有效的互联网平台。为了更好的保障你和广大微信用户的合法权益，请你认真填写以下登记信息。

用户信息登记审核通过后：
1. 你可以依法享有本微信公众帐号所产生的权利和收益；
2. 你将对本微信公众帐号的所有行为承担全部责任；
3. 你的注册信息将在法律允许的范围内向微信用户展示；
4. 人民法院、检察院、公安机关等有权机关可向腾讯依法调取你的注册信息等。

个人、个体工商户可注册5个帐号，企业、政府、媒体、其他组织可注册50个帐号。
请确认你的微信公众帐号主体类型属于政府、媒体、企业、其他组织或个人，并请按照对应的类别进行信息登记。

帐号类型　订阅号

主体类型

政府　媒体　企业　其他组织　个人

图 9-9　“信息登记”页面

该页面中的“主体类型”记得要选择“个人”，然后填写完相关的信息并通过微信公众号运营者身份确认后，你就可以拥有一个微信公众号的开发者账号了。

上面的这一些注册过程看起来非常简单，但是有很多人在申请的时候总是不顺利，其实无非是好奇心作祟，总想看看企业选项里有什么，但这样做会导致你申请的当前账号永远卡在企业服务号的申请流程里，如再想申请个人订阅号就不允许了。

9.2.2　小机器人

大家见过了各种各样的智能机器人，如百度的小度、苹果的 Siri、微软的小娜和小冰。其实这些机器人都是先接收指令，然后进行大量的运算，并将计算结果返回给用户。比如李老板打开手机问 Siri：“最近的酒店在哪里”，那么 Siri 会先把李老板的语言通过转换算法转换成字符串，然后再进行分词处理，拿到关键词“酒店、最近、在哪里”，然后再获取李老板当前的位置，调用地图 API 进行搜索，最后把搜索结果返回给李老板。

其实，通过微信订阅号也可以达到类似的效果，这就是“自动回复”的功能。下面先来体验一下订阅号的自动回复功能。

登录微信订阅号以后，选择“自动回复”选项卡，进入“自动回复”页面，如图 9-10 所示。

图 9-10　“自动回复”页面

单击“关键词自动回复”按钮，在进入的页面中再单击“添加规则”按钮，并为规则取名为“回复姑娘”，如图 9-11 所示。

图 9-11　设置规则名称

单击“添加关键字”链接，然后在弹出的页面中输入关键字，如图 9-12 所示。

图 9-12　输入关键字

关键字的意思是，当扫描到我们添加的这些词时，系统就会触发自动回复。例如，输入消息“李老板想结婚想疯了”，系统扫描到有“结婚”这个词，就会触发对应的自动回复。

刘朋：如果我输入的是“今天真热”，会触发这个自动回复吗？关键词里是有“天真”这个词的哦。

MOL：实践是检验真理的唯一标准，一会我们专门来测试一下这种情况。

然后单击“确定”按钮，返回到主页面，如图 9-13 所示。

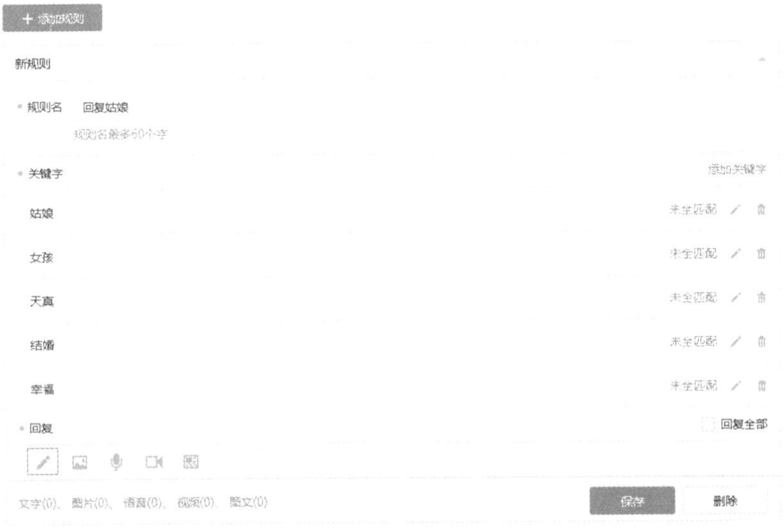

图 9-13　定义规则页面

定义好关键词以后，需要再定义回复内容，单击图 9-13 中所示的回复内容的图标后，可以看到，回复内容可以是文字、图片、语音、视频和图文。我们以文字回复来举例说明。单击笔的图标，然后在文本框中编辑回复内容，如图 9-14 所示。

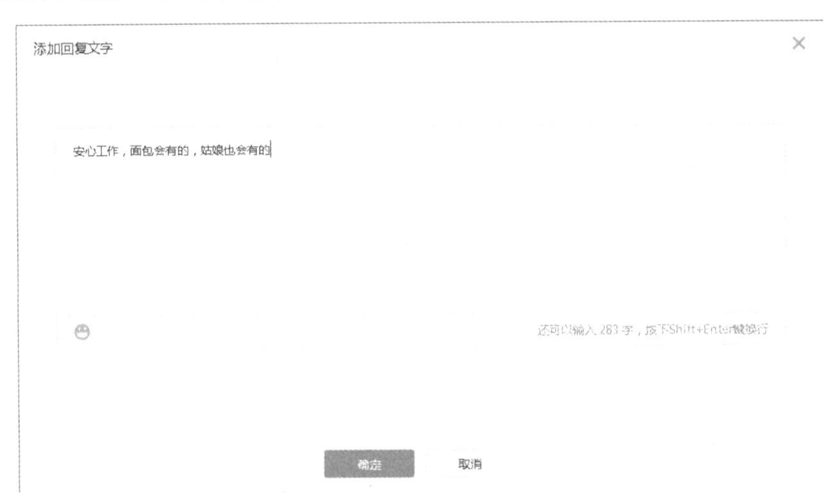

图 9-14　编辑自动回复内容

编辑完成后单击“确定”按钮，返回到主界面，然后再单击“保存”按钮，将当前设置的规则进行保存。这样一条自动回复的规则就创建完成了，如图 9-15 所示。

图 9-15　自动回复创建完成

选择左侧菜单中的“公众号设置”，可以看到订阅号对应的二维码，如图 9-16 所示。

打开微信关注这个订阅号，并发送消息“今天真热”，看看会得到什么？如图 9-17 所示。

图 9-16　二维码　　　　图 9-17　发送消息

可以看到，即使我们发送的消息中的“天真”不是一个完整的词，但微信还是按照自动回复的规则返回了回复内容。MOL 猜测微信应该是这样做的：

```
If(发送消息.IndexOf("关键词")>-1)
{
回复消息
}
```

通过这个自动回复的小机器人，希望大家可以对微信订阅号有一个感性认识。

9.2.3　把晋商卡挂到微信公众平台上

当然，微信订阅号的功能不止于此，接下来我们要把晋商卡挂到微信公众号上。这个结果看起来很神奇的样子，其实过程是非常简单的。

（1）进入到微信公众平台，然后选择左侧菜单中的“自定义菜单”，如图 9-18 所示。

图 9-18　“自定义菜单”页面

在“自定义菜单”的主页面中可以看到一个模拟的手机界面，如图 9-19 所示。

图 9-19　模拟的手机界面

单击最下面的“添加菜单”按钮，并输入菜单名称，如图 9-20 所示。

图 9-20　新增菜单

“菜单内容”选为“跳转网页”，然后在页面地址处输入晋商卡的发布地址即可。

这时就需要注意了，如果你申请的公众号是一个订阅号，那么是没有跳转网页功能的，因为微信要求你必须是一个认证用户。你可以找一个有资质的公司来申请一个服务号，这样就可以有跳转网页的功能了。

9.3　微信小程序

流水账一般的描述到此结束，接下来是大段的“干货”。

在本书拟稿之前，微信小程序并没有对个人用户开放，让 MOL 兴奋的是，就在几天前（2017-3-27），微信小程序对个人用户开放注册了。先来看看微信小程序是什么。

9.3.1　微信小程序是什么

大家的手机里都会安装很多 APP，安装的时候，首先要在 Android 市场或者 APP Store 中搜索，然后才能下载、安装。但有些 APP 的安装包比较大，从搜索到安装，将会耗费很多时间以及宝贵的流量。安装好 APP 以后，有没有感觉运行的时候手机内存被“吃掉”了很多？而且 APP 在不运行的时候，也会占据一部分手机的存储。

因此我们希望有一种 APP，当需要使用它的时候不需要下载，并且用完后能自动删除，完全不占用手机的内存。

OK，微信小程序（以下简称小程序）就是为了解决这类问题而出现的。用户只需要扫一扫或搜索一下就可以使用该 APP 了。小程序最大的好处就是即扫即用，用完即走，完全不用担心这个 APP 会占用手机的存储空间。

微信之父张小龙是这样述小程序的：

小程序是一种不需要下载、安装就可使用的应用，它实现了应用触手可及的梦想，用户扫一扫或者搜一下即可打开应用，也体现了用完即走的理念，用户不用关心是否安装太多应用的问题。应用将无处不在，随时可用，但又不需安装、卸载。

小程序问世后，也许你的手机桌面上的许多 APP 将会消失。那些功能简单、使用频率低的 APP 将会被小程序替代，它们不会在手机桌面上再占据一席之地，而是折叠在微信这个超级 APP 里，等到使用时再被“召唤”出来。

刘朋：我们经常会通过扫码来打开一个网站，微信小程序也是扫码打开的，那么小程序和 HTML 5 页面是不是一回事情？

MOL：微信本身是自带浏览器的，也就是说，在微信中可以扫码来打开一个网站，这个过程可以简单地理解为微信调用浏览器，浏览器渲染页面展示给用户。

而小程序是直接运行在微信上的，直接跳过了浏览器渲染的步骤，这样会有更好的用户体验。

9.3.2　写一个简单的 Demo

1．开发环境搭建

很多第三方平台都会提供一个叫 AppID 的程序来区分开发者或项目。当然，微信小程序也不例外。首先我们需要找到微信小程序的 AppID，如图 9-21 所示。

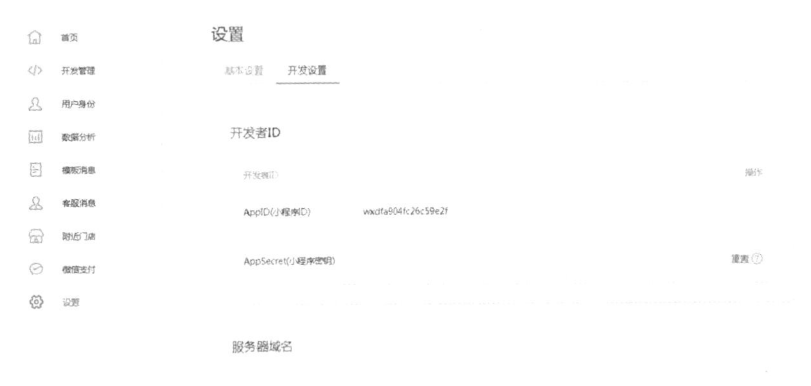

图 9-21　AppID 页面

接下来，我们要把开发环境搭建起来。先下载开发环境的安装包，下载地址是 https://mp.weixin.qq.com/debug/wxadoc/dev/devtools/download.html。微信提供了 Windows、Linux、Mac 这 3 种版本的安装包，大家需要根据自己的操作系统选择相应的安装包。

安装完成后打开 IDE，需要先输入 AppID 和项目名称，如图 9-22 所示。

图 9-22　填写项目信息

这里要填写的 AppID 就是前面说过的 AppID，是用来唯一区分小程序的。项目名称和项目目录需要根据实际情况来填写。填写完成以后，微信小程序的开发环境就搭建好了，相比 Visual Studio 来说，这个搭建环境是不是简单了许多？

2．认识IDE及代码结构

项目信息填写完成后，进入开发页面，如图 9-23 所示。

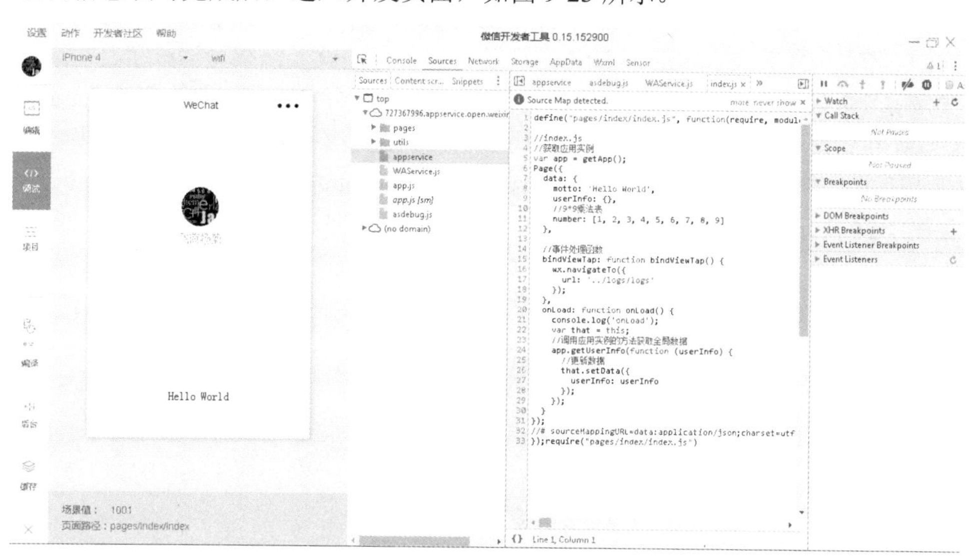

图 9-23　开发页面

相比 Visual Studio 来说，微信小程序的 IDE 还是简陋了许多。当然，简陋也意味着入门比较简单。常用的功能都显示在界面的最左侧了，其中，“编辑”和“项目”两个功能是最常用的。

在“编辑”选项中，可以编辑代码，在“调试”页面，可以以“所见即所得”的直观体验看到程序运行的结果。

接下来我们切换到“编辑”页面，如图 9-24 所示。

图 9-24 “编辑”页面

项目中有 3 个文件一定不能删除，分别是 app.js、app.json 和 app.wxss。这 3 个文件相当于.NET 程序里的 Web.config 和 DLL，少了它们，程序就无法编译运行了。

先来看 app.js 文件。这个文件相当于我们写 MVC 程序的时候用到的 Global.asax 文件。app.js 监听并处理小程序的生命周期及全局变量。当然，还可以在里面添加更多的功能，更多功能请参照微信 API，网址是 https://mp.weixin.qq.com/debug/wxadoc/dev/api/。

如图 9-25 所示，默认程序中已经加入了读写本地数据及获取用户信息的功能。

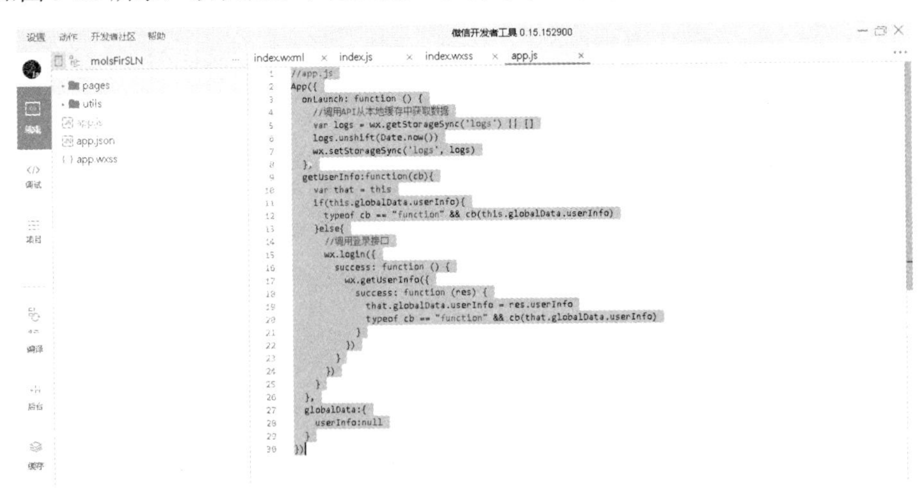

图 9-25　app.js 示例

app.json 文件相当于.NET 程序的 web.config 里的 appSetting 节点，提供了对小程序完整的全局配置，一定要在 app.json 中描述我们的项目由哪些页面组成，以及这些页面的样式。如图 9-26 所示，表示当前小程序由两个页面组成，分别是 pages/index/index 和 page/logs/logs，其次描述了页面的默认样式。

图 9-26　app.json 示例

最后是 app.wxss 文件。从后缀来看，这就是一个微信特色的 CSS 文件，里面定义的都是全局的样式，如图 9-27 所示。

图 9-27　app.wxss 示例

pages 文件夹是用来存放页面的，也可以命名为其他名字，如果将这个文件夹改名了，记得把 app.json 中的配置项也一并修改，否则程序将无法运行。

pages 文件夹下面是每个页面的文件夹，我们最好遵循默认实例的文件存放位置，每个页面都放一个独立的文件夹，这样比较方便管理。

打开 index 文件夹可以看到其下面有 3 个文件，分别是 index.js、index.wxml 和 index.wxss 文件，如图 9-28 所示。

图 9-28　页面文件

index.js 文件相当于 MVC 中的控制器 controller.cs 文件，用来处理数据，处理后的数据会被提交到前端。

index.wxml 文件相当于 MVC 中的 xxx.cshtl 视图文件，负责接收数据并展示。当然，在界面层也可以做逻辑处理，而且有些处理必须在界面层做。

index.wxss 文件还是一个样式文件，但这个样式文件只服务于 index.wxml 页面。

PS：对于每个页面，都可以有自己的 js 文件、json 数据、wxss 样式。如果页面元素和全局元素冲突，则页面元素会把全局元素覆盖掉。例如，index.wxss 和 app.wxss 中都定义了.mol 类样式，那么，index.wxml 在展示的时候是以 index.wxss 中的.mol 样式为准的。

3．开发Demo

接下来，我们要写一个自己的页面。

（1）先在 pages 文件夹下新建一个名为 myDemo 的文件夹，用来存放我们的页面及样式等。

（2）在 myDemo 文件夹下新增同名的 js 文件、wxml 文件、wxss 文件，如图 9-29 所示。

图 9-29　新建页面文件

（3）把 myDemo 页面的配置写入 app.json 的全局配置中，如图 9-30 所示。

图 9-30　写入新页面的全局配置

此时 IDE 已经自动帮我们在 myDemo 文件夹下创建了一个名为 myDemo.json 的文件。

鹏辉：那是不是其他的几个文件也可以不用手动创建？只需要在 app.js 文件中写下要新增的页面就可以了？

MOL：没错，我们又找到了一条创建页面的捷径，这样省去了创建文件的过程。更棒的是，这些自动初始化的文件已经有了一些基础代码，如图 9-31 所示。

图 9-31　自动生成的代码

接下来我们来做一个 9×9 乘法表。

先来看 myDemo.js 中自动生成的代码如下：

```
// pages/myDemo/myDemo.js
Page({
  data:{},
  onLoad:function(options){
    // 页面初始化 options 为页面跳转所带来的参数
  },
  onReady:function(){
    // 页面渲染完成
  },
  onShow:function(){
    // 页面显示
  },
  onHide:function(){
    // 页面隐藏
  },
  onUnload:function(){
    // 页面关闭
  }
})
```

这段代码只有一个 Page()函数，这个函数就相当于.NET 中管理页面生命周期的入口一样，它定义了页面在接收到每个动作时执行的函数。除此之外，还定义了一个 data 属性，这个 data 属性是一个 JSON 格式的数组，相当于 MVC 中的 ViewBag 或 ViewData，用来将数据传到前台页面进行展示。

接下来在 data 中定义一个数组，这个数组包含从 1～9 的 9 个数字。

```
data: {
  //9×9 乘法表
  number: [1, 2, 3, 4, 5, 6, 7, 8, 9]
}
```

在前台页面中，需要将 9×9 乘法表输出。如果使用 C#语言来写的话，代码是这样的：

```
for(int i=0;i<number.Length;i++)
{
    For(int j=i;j<number.Length;j++)
    {
        Console.WriteLine(number[i]*number[j]);
}
}
```

在微信小程序的界面上，我们需要这样写：

```
01  <view class="table">
02    <view class="tr" wx:for="{{number}}" wx:for-item="i">
03      <view wx:for="{{number}}" wx:for-item="j" class="td">
04        <view wx:if="{{i<=j}}" class="td">
05          {{i*j}}
06        </view>
07      </view>
08    </view>
09  </view>
```

可能大部分.NET 程序员都不太习惯这种写法，因为这种写法更接近于 PHP 的 for()函数，或者说更接近于.NET 中的 foreach()函数。

因为微信小程序的界面层是没有 table 标签的，所以我们在第 1 行定义了一个样式为 table 的 view 标签，用来模拟出一个表格。

同理，第 2 行是一个模拟 tr 标签的 view。除此之外，第 2 行还有一个名为 wx:for 的属性，用来描述要进行 for 循环了，循环对象是 number，而这个 number 就是我们在 myDemo.js 中定义的 data.number 参数。最后一个属性是 wx:form-item 表示当前循环变量是 i，相当于 C#的 for()函数中定义的变量 i。

第 3 行是一个模拟 td 标签的 view。和第 2 行一样，它也是一个 for 循环，循环变量为 j。

第 4 行是一个判断，所以使用了 wx:if 属性。当 i<=j 的时候，执行第 5 行的代码。

第 5 行把 i*j 的结果输出来。

从第 6 行开始，都是关闭标签。

到这里，这个 9×9 乘法表就完成了。我们切换到调试页面看一下预览效果，如图 9-32 所示。

总结一下，在前端中所有引用变量或使用 JavaScript 代码的地方，都需要使用两个大括号{{XXX}}来描述。这相当于我们写 MVC 的时候，使用@{}来使用 C#代码一样。

刘朋：我刚才写 Demo 的时候，想要弹出一个提示框，IDE 总提示错误，这是咋回事？

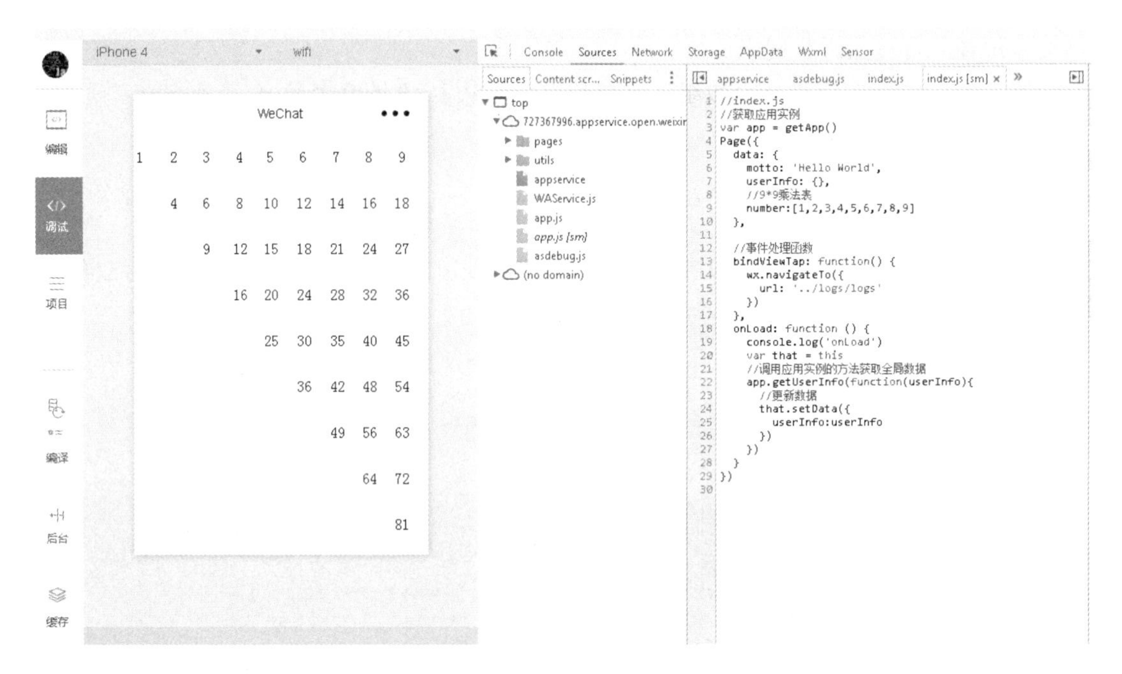

图 9-32　9×9 乘法表预览效果

MOL：我们都知道，JavaScript 中自带了 alert()函数来弹出一个对话框。但 alert()弹出的对话框实在是太丑陋了，因此已经很少有人用 alert()来弹出一个对话框。微信小程序也提供了很多对话框的弹出方法。接下来我们挑一个常见的对话框来说明，这个对话框叫模态对话框。

刘朋：我知道模态对话框呀，就是弹出对话框以后，就不能单击对话框后面的页面了。

MOL：没错。

其实模态对话框的使用非常简单。比如我们想要在页面加载的时候弹出一个对话框，就需要在 onLoad()函数里面增加弹出模态对话框的代码：

```
wx.showModal({
  title: '提示',
  content: '页面初始化 options 为页面跳转所带来的参数',
  success: function (res) {
    if (res.confirm) {
      console.log('用户单击确定')
    }
    else
    {
      console.log('我单击了取消');
    }
  }
```

增加之后，代码如图 9-33 所示。

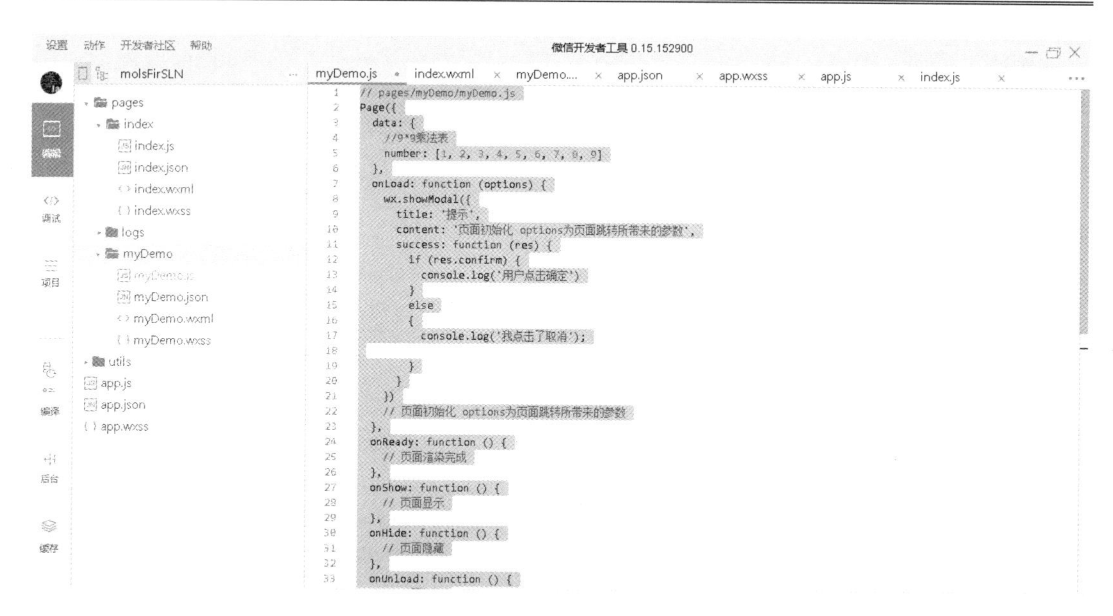

图 9-33　增加模态对话框

此时再切换到调试界面发现，一个模态对话框已经弹出来了，如图 9-34 所示。

图 9-34　弹出模态对话框

这种弹出提示的方法，也是手机端设计人员比较提倡的弹出方法。

其实微信的 API 提供了很多可以使用的接口，大家可以自行去查看 API 说明来实现自己的业务需求。

鹏辉：我理解 xx.js 就是后台程序，xx.wxml 就是前端代码，那我总不能用 JavaScript 去读我的数据库吧。这个后台怎么做？

MOL：首先，JavaScript 是可以读取数据库的，像现在比较流行的 Node.js 就是专门用来做后台程序的。其次，如果你不想在 JavaScript 上面花费更多的精力，那么可以把所有的业务逻辑、数据库操作都做成服务，并以服务接口的形式提供出来。微信小程序的 JavaScript 可以请求这些接口来获取数据。前几年比较流行的 Web Service 和 WCF 都是这样的思路。

刘朋：哦，这是不是传说中的微服务架构？

MOL：这样的理解是不对的。

9.4　微　服　务

MOL 刚才所描述的其实是一个 SOA（Service Oritented Architecture）。SOA 是面向服务的架构，目的是让业务逻辑和前端显示完全隔离开。

举个简单的例子，对于一个登录页面来说，通常要写一个控制器和一个视图来实现。但是在 SOA 里需要在服务端写关于登录的逻辑，完全不需要关心前端显示。而前端工程师只需要把登录表单的数据提交给服务端即可，无须关心服务端是用 C#写的还是用 Java 写的。

这样的架构实现了前、后端完全分离的目的，但也带来了弊端。我们来想一下，如果一个项目采用 SOA，那么它的服务端将会非常庞大，架构工作、开发工作、测试工作的难度也不言而喻，最痛苦的其实是项目发布的过程。

我们来想像一下，一个中型项目的代码量大约在 20 万行左右。项目发布的时候先要编译代码，然后将这些代码发布到生产服务器上。如果幸运的话，这个过程将会控制在 1 小时内，而这 1 个小时内，用户是无法访问项目的。这就造成了“网站宕机”的假象，用户体验非常差。SOA 示意图如图 9-35 所示。

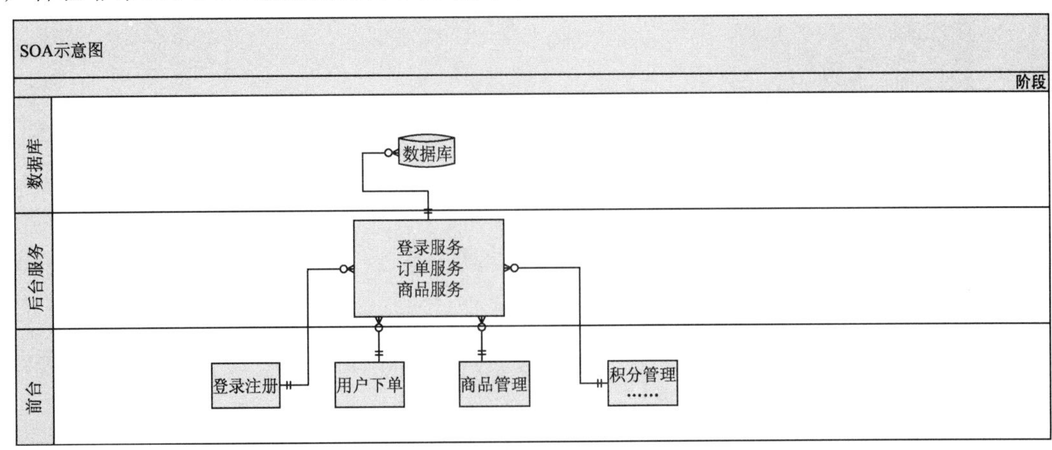

图 9-35　SOA 示意图

后来有一些聪明的工程师使用了“灰度发布”的方法来减少影响范围。灰度发布是建立在负载均衡基础上的。例如，我们的网站在全国共有 3 台服务器，分别放置在北京、上海、广州这 3 个城市，项目发布的时候可能会选择先发布北京的服务器，北京的发布完成以后再发布上海的服务器，最后再发布广州的服务器，这样就可以保证受影响的用户群体比较小了。一旦有用户的使用受到影响，则是我们所不能接受的，由此就有了微服务的诞生。

微服务（MicroService）是一个看起来非常复杂但用起来非常方便的架构思路。为了让大家有一个感性认识，MOL 将采用一种“错误”的描述方法来介绍微服务。

前面我们说过了 SOA，它的后台服务非常庞杂，而且项目的发布过程会对用户的使用造成影响。而微服务就是把 SOA 的后台切成很多块业务上没有耦合的功能模块，每个模块都是一个独立的服务，这就是微服务。

这样做的好处是，每个功能模块的开发、测试工作量都不会太大，而且在项目发布的时候只会影响当前模块的使用，并不会影响整个项目的使用，示意图如图 9-36 所示。

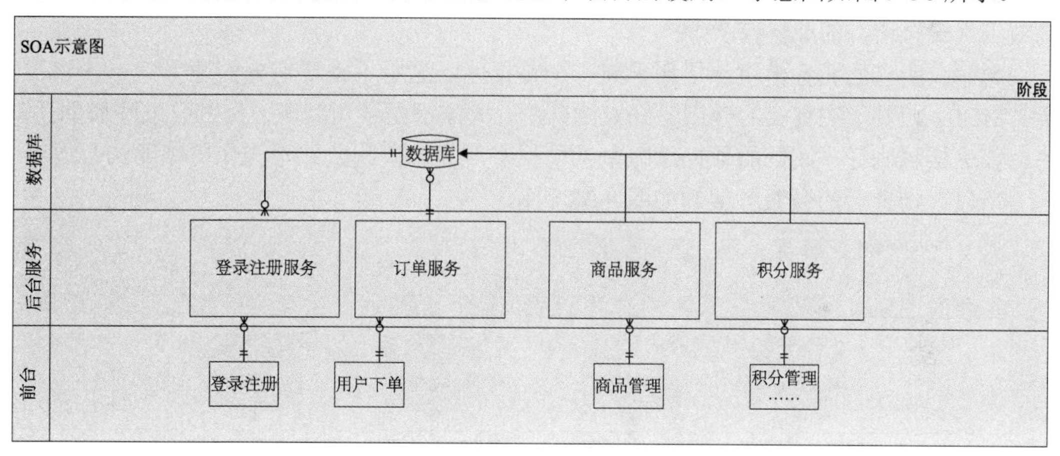

图 9-36 “山寨版”微服务示意图

设想一下，如果我们的晋商卡项目使用了上面所说的这种微服务架构，假如今天我要修改积分规则，应该怎么办？

冲冲：那就直接修改积分服务，项目发布的时候也只会影响用户无法看到自己的真正积分，这样做的影响确实很小。

微服务的概念是 Martin Fowler 在 2014 年提出的，但并没有给出很明确的定义，只给出了微服务的一系列特征，总结起来微服务的思想如图 9-37 所示。

图 9-37　微服务的思想

没错，只有“简单连接”和“分散管理”这两个中心思想。

1．简单连接

前面提到的 SOA 所涉及的协议是很重要的，SOA 常用到 Web Service 或 DCOME 协议，传输数据使用复杂格式，如 XML 或二进制。而微服务使用 HTTP 这样的简单协议，数据传输采用 JSON，这样就可以从很大程度上减轻传输压力。

2．分散管理

还记得前面提到的那个“山寨版”的微服务架构吗？之所以说它山寨，是因为它还没有进行彻底切分，大家来看一下，山寨版微服务有哪些地方没有切分出来？

刘朋：这不切得挺好吗，各业务模块之间没有相关连的地方。

MOL：注意一下，微服务是要极力弱化“中心”这个概念的。也就是说，不需要有一个节点来聚合所有的业务模块。

鹏辉：所有的业务模块都依赖于同一个数据库，这是不是要切分的地方？

MOL：没错，在真实的微服务开发团队中，大家都是各司其职，负责登录注册的团队怎么能去接触到订单团队的数据库呢？甚至很多时候这些团队并不会使用相同的数据库。

所以，切分后的微服务架构如图 9-38 所示。

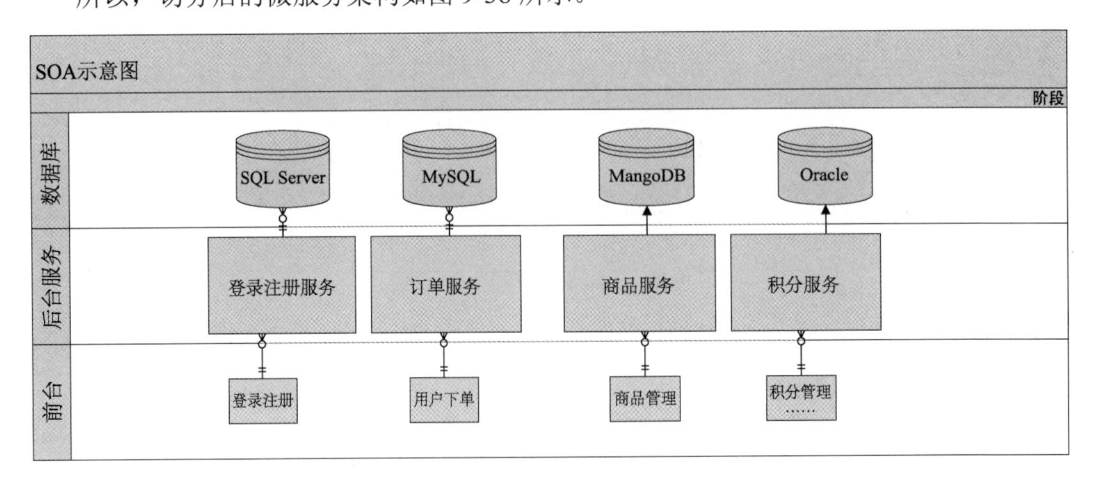

图 9-38　切分后的微服务架构

在真实的大项目开发中，基本上都是这样的切分方法。

9.5　MongoDB 数据库

刘朋：我又见到了亲爱的 MongoDB!

MOL：因为 MongoDB 的读取速度是非常快的，所以经常被用来当做频繁读取的数据库，而且商品详情中的商品属性也一直是业界一个很头疼的问题，如图 9-39 和图 9-40 所示。

图 9-39　商品属性 1

图 9-40　商品属性 2

这是两件相同的商品，但它们由不同的商家提供，所以图 9-39 中的商品是不支持分期付款的，而图 9-40 中的商品是支持分期付款的，所以这件商品就有了不同的属性。

可能细心的人还注意到了，我们不可能给商品定义一大堆属性，如衣服有“尺码”和“颜色”属性，而笔记本电脑却有 CPU 和“内存”等属性。这时，NoSQL 就派上用场了。我们可以建立一个商品文档，在这个商品文档中来描述商品属性，很多电商网站也确实是这样做的。

9.6 大　数　据

刘朋：我购物的时候，经常会看见网站给我推荐的一些商品，你别说，这些商品确实还真是我需要的。哎，你说这些网站还真是神了哈，能猜到我想要啥。

MOL：并不是网站神了，而是网站拿到了你购物和浏览商品的数据，并对这些数据进行分析，最后才推荐给你的。

马云说，过去是 IT 时代，而现在是 DT 时代。这说的就是大数据。

IT（Information Technology）时代，你可能只需要会写 C#代码，就可以拿到很高的薪水，但现在已经慢慢地进入 DT（Data Technology）时代了，满大街都是会写代码的“蓝领”，甚至在软件公司打扫卫生的大妈都可以很轻松地写一个 Hello World 出来，会写代码已经不足以成为你的优势了。

大家可能已经听过了太多大数据的理论和概念，但没有人可以说出来大数据到底是什么？

刘朋：数据库里有很多数据不就是大数据吗？

冲冲：应该还要加上对数据的分析才算吧。

MOL：MOL 也无法给出大数据的准确概念，而且你现在看到或听到的关于大数据的概念，极有可能在不久的将来就被推翻了，所以我们通过一张图来看看大数据是什么样子的，如图 9-41 所示。

鹏辉：这是什么呀，鸡蛋和面粉加工以后成了面饼子，抹上奶油就成了蛋糕，最后被人吃了，只剩下渣渣。

MOL：一听到吃的你就很开心。大家来看看每张小图上面的标题。

鸡蛋和面粉表示我们可以拿到的数据；面饼子表示通过数据得到的信息；蛋糕是信息的表现形式；最后的一点残渣表示我们可以从中学习到的知识。

鹏辉：这和大数据有什么关系呀。

MOL：这个图告诉我们，通过 4 个鸡蛋和半碗面粉，我们只能学到一点渣渣。但如果鸡蛋和面粉足够多，那我们的学习结果是不是可以无限接近于一个漂亮的蛋糕？

鹏辉：这也行？很多渣渣＝蛋糕？这个逻辑，呵呵。

MOL：确实，很多渣渣确实不可能等于一个蛋糕。但我们可以从某些原料中学到“面粉”，从某些原料中学到“鸡蛋”，从某些原料中学到“奶油”。随着学习知识的不断增加，总有一天，我们的学习结果就是一个“大蛋糕”。

图 9-41　蛋糕与大数据

再来说推荐系统。我们平常使用的社交聊天工具，基本上都有好友推荐的功能，有一种推荐算法能找出你的好友的朋友推荐给你，于是便经常会出现这样的场景：刘朋的女朋友会收到一条推荐信息，被推荐人是刘朋的前女友，理由是现女友和前女友，你们有共同好友。

说到大数据，就不能不提人工智能。大家是否还记得某电视台的一档非常火的综艺节目，内容是“水哥”和百度机器人“小度”同时看到某幅图像，并预测其以后的发展。这其实就是大数据在人工智能领域方面的表现。必须观察过大量类似事物的发展规律，才能推断出当前事物的发展走向，观察得越多，结果越准确。

不得不说，我们的祖先已经在大数据方面取得了相当卓越的成绩，他们在《易经》中已经描述了他们的观察结果并公布于众，其实《易经》就是通过长期观察积累了大量数据，并经过分析、研究后得出了事物的发展规律。

9.7　小　结

本章主要介绍了微信公众平台的使用，并通过实际操作完成了自己的小机器人的开发，最后还把晋商卡挂到了微信公从平台上。其次还介绍了对个人开放的微信小程序的开发，并完成了一个 9×9 乘法表。因为本章是本书的最后一章，所以最后又讲了一下微服务架构、MongoDB 数据库、大数据方面的知识。本章的知识基本没有难度，主要在于实际操作，希望读者能通过本章的学习，开发出一个自己的小程序。